高超声速飞行器鲁棒自适应控制

宗　群　田栢苓　董　琦
张秀云　张超凡　叶林奇　著

科学出版社
北　京

内 容 简 介

本书在深入分析高超声速飞行器模型特性的基础上，重点对高超声速飞行器巡航段的稳定跟踪控制及再入段的姿态控制问题进行研究。全书以实际工程为背景，所研究问题均来源于实际，如弹性和非最小相位影响下的高超声速飞行器的稳定跟踪控制问题、多约束及不确定影响下的再入轨迹姿态协同控制问题等。通过提炼关键科学问题，本书有针对性地提出了基于滑模控制、反步控制及干扰补偿控制的策略，建立了高超声速飞行器巡航段和再入段控制的一般框架。

本书从飞行器模型特性分析入手，在此基础上，根据不同的研究问题，融合了飞行控制领域的最新研究成果，适合自动化相关专业的本科生及研究生阅读，同时可供对高超声速飞行器感兴趣的高校师生、科研工作者和工程技术人员阅读参考。

图书在版编目(CIP)数据

高超声速飞行器鲁棒自适应控制/宗群等著. —北京：科学出版社，2018. 9
ISBN 978-7-03-058890-6

Ⅰ.①高… Ⅱ.①宗… Ⅲ.①高超音速飞行器-鲁棒控制-自适应控制-研究 Ⅳ.①V47

中国版本图书馆 CIP 数据核字(2018)第 216481 号

责任编辑：张海娜 赵微微 / 责任校对：何艳萍
责任印制：徐晓晨 / 封面设计：蓝正设计

科 学 出 版 社 出版
北京东黄城根北街 16 号
邮政编码：100717
http://www.sciencep.com
北京建宏印刷有限公司 印刷
科学出版社发行 各地新华书店经销
*
2018 年 9 月第 一 版 开本：720×1000 1/16
2021 年 1 月第二次印刷 印张：14 1/4
字数：287 000
定价：118.00 元
(如有印装质量问题，我社负责调换)

作 者 简 介

宗群,1961 年生,教授,博士生导师。现为天津大学电气自动化与信息工程学院控制理论与控制工程学科带头人;天津大学无人机联合研究中心主任;教育部新型飞行器制导与控制中心主任;教育部新型飞行器联合研究中心副主任;教育部科学技术委员会国防学部委员,中国自动化学会控制理论专业委员会委员,中国航空学会制导、导航与控制委员会委员,中国自动化学会技术过程故障诊断与安全性专业委员会委员,中国自动化学会过程控制专业委员会委员,中国自动化学会数据驱动控制、学习与优化专业委员会委员,中国人工智能学会智能空天系统专业委员会委员;天津自动化学会理事;教育部重大专项专家组副组长,国家 863 项目专家组专家,国家自然科学基金评审专家,教育部科技委国防学部专家组专家;参与国家重大专项项目论证,参与制定学校航空航天领域发展规划;《控制理论与应用》编委,《哈尔滨工业大学学报》编委,《宇航学报》编委。在国内外学术刊物发表学术论文 160 多篇,其中 SCI/EI 检索 100 多篇,ESI 高被引论文 2 篇,出版相关专著 1 部。获天津市科学技术进步奖二等奖、三等奖各 1 项,获授权发明专利 20 余项。作为项目负责人先后主持完成科研项目 30 多项,包括国家重点基金培育项目、国家自然科学基金、教育部重点培育基金、航空航天科研院所项目、天津市自然科学基金重点项目、天津市科技攻关重点项目、民用航天预研项目、军委科技委颠覆性创新项目等。主要研究方向包括飞行器建模、控制与仿真,高超声速飞行器轨迹优化与姿态协同控制,多智能体编队协同控制,无人系统类脑智能规划与控制,人机智能融合虚拟及实物平台建设等。

前　言

高超声速飞行器是指飞行马赫数大于 5，能在大气层和跨大气层中远程飞行的飞行器，其应用形式包括高超声速导弹、空天飞机、高超声速运输机、可重复使用运载器等多种飞行器。高超声速技术是集航空、航天、材料、气动、优化、控制及计算机为一体的多学科交叉研究领域，是航空航天技术的战略制高点。由于高超声速飞行器既能在大气层内以高超声速巡航飞行，又能穿越大气层进行再入飞行，具有巨大的军事价值和潜在的经济价值，是一种具有广阔开发前景的飞行器。然而，与传统飞行器不同，高超声速飞行器大空域、高机动、宽速域的特点，以及机身—发动机一体化的特殊设计结构，使得高超声速飞行器是一个集多变量、强耦合、非线性、不确定及多约束影响于一体的复杂被控对象，其制导控制系统设计面临巨大挑战，相关技术的研究已经成为当今航空航天领域最前沿的研究课题之一。

高超声速飞行器在实际飞行过程中，由于自身的复杂特性及外界环境干扰的影响，无法对其进行精确建模，如何设计强鲁棒的飞行控制器是高超声速飞行器控制领域亟待解决的核心问题。本书重点利用滑模和反步控制方法，从鲁棒和自适应角度对不确定影响下的高超声速飞行器稳定跟踪控制问题进行研究，探索建立面向高超声速飞行器的控制理论框架，为形成我国高超声速飞行器关键问题的创新理论提供参考依据。

本书作者十余年来一直从事高超声速飞行器建模、轨迹优化、制导控制及仿真的研究工作，先后承担完成了与高超声速飞行器相关的国家重大科技专项、国家高技术研究发展计划(863)项目、教育部科学技术研究重点项目、国家基金重点专项培育项目、国家自然科学基金项目及多项航空科学基金项目，取得了一定的研究成果。本书旨在系统地归纳与总结当前国内外在高超声速飞行器控制领域的最新研究成果，提炼其中的关键科学问题，为从事高超声速飞行器技术研究的科研工作人员提供有益参考。

本书的撰写特点如下：

(1) 在深入分析高超声速飞行器典型模型(如美国空军实验室的巡航段刚体模型、俄亥俄州立大学的巡航段弹性模型及美国 X-33 的再入模型)控制需求的基础上，阐述基于不同控制方法的控制器设计过程，为读者提供有益借鉴。

(2) 本书内容涉及高超声速飞行器巡航段不确定、最小相位、非最小相位及控制饱和约束等多种复杂特性影响下的稳定跟踪控制问题及再入过程中的轨迹与姿态协同控制问题，研究内容涵盖当前高超声速飞行器控制领域研究的重点和热点，提出的控制策略具有一定的理论意义和工程应用价值。

全书共9章。第1章绪论,在介绍高超声速飞行器基本概念的基础上,全面总结各国高超声速飞行器的研究进展,分析提炼与控制相关的关键科学问题,并给出本书的撰写特点和内容安排。第2章高超声速飞行器控制方法概述,分别从线性控制和非线性控制的角度,对高超声速飞行器的各种控制方法进行比较分析。第3章高超声速飞行器模型描述,重点对巡航段的纵向刚体模型、弹性体模型及六自由度的再入模型进行介绍,为后续控制系统设计提供依据。第4章基于典型滑模的高超声速飞行器稳定跟踪控制,在介绍典型滑模基本概念的基础上,重点研究基于积分滑模和终端滑模的高超声速飞行器巡航段稳定跟踪控制策略。第5章基于高阶滑模的高超声速飞行器稳定跟踪控制,在介绍高阶滑模基本原理的基础上,重点研究基于自适应高阶滑模和超螺旋滑模的高超声速飞行器跟踪控制策略。第6章基于反步控制方法的高超声速飞行器稳定跟踪控制,重点介绍利用反步控制解决高超声速飞行器输入约束情形下的稳定跟踪控制问题。第7章具有非最小相位特性的高超声速飞行器稳定跟踪控制,在深入分析非最小相位特性对飞行控制性能影响的基础上,分别给出强、弱两种非最小相位特性影响下高超声速飞行器的稳定跟踪控制策略。第8章和第9章重点对高超声速飞行器再入段的控制问题进行研究,其中第8章提出基于自适应多变量干扰补偿的再入姿态控制策略,第9章融合实时最优反馈制导与再入姿态控制,提出实时再入轨迹与姿态协同的控制策略,解决复杂飞行环境下的轨迹重构与姿态协同控制问题。

本书得到了国家自然科学基金项目“复杂环境影响下RLV再入轨迹姿态协同控制策略研究”(61673294)及装备预研教育部联合基金青年人才基金项目“高超声速飞行器先进再入制导控制一体化策略研究”(6141A02033311)等的资助。此外,燕山大学的王芳、天津理工大学的吉月辉及河北工业大学的王婕等也参与了本书的撰写工作,在此一并表示感谢。

限于作者水平,书中难免存在不妥之处,恳请读者批评指正。

作　者

2018年3月于天津大学

目　录

第1章　绪　　论

自古以来，在天空自由翱翔就是人类孜孜以求的梦想。自从1903年莱特兄弟发明飞机，人类便已实现了飞天的梦想。如今，人们可以乘坐飞机轻松跨越重洋，在空间站俯瞰地球，甚至通过宇宙飞船踏足月球。然而，人类并未停止对天空的征服之路，继续朝着更快、更高、更远的目标前进。在科技高度发达的21世纪，人类在航空航天领域有了一个新的追求目标，即高超声速飞行器。

高超声速(hypersonic)这一术语是在1945年钱学森先生的论文《论高超声速相似律》中首次提出的[1]。20世纪60年代，远程弹道导弹的出现、载人飞船的成功返回以及X-15验证机飞行速度超越马赫数6等系列事件，标志着人类进入高超声速的时代。由于高超声速飞行器所具有的强大的军事和民事应用前景，从20世纪80年代初开始，美国、俄罗斯、英国、法国、德国、日本、印度等国家就把探索与发展高超声速技术作为航空航天领域的一个重要目标，在世界上掀起了研究和发展高超声速飞行器的热潮。

飞行控制系统是高超声速飞行器最重要的组成部分之一，是其安全飞行完成任务使命的保证。受工程青睐的PID控制方法最早被应用于高超声速飞行器的控制，美国的高超声速飞行验证机X-33、X-43A采用的就是增益调度的经典PID控制。这种经典控制方法的鲁棒性、自适应性差，难以适应高超声速飞行器的多飞行任务、复杂飞行环境、特殊飞行模式的需求。本书以高超声速飞行器为背景，对高超声速飞行器的模型进行描述，介绍典型的高超声速飞行器控制方法，依托课题组在高超声速飞行器控制领域所取得的成果，以鲁棒自适应控制方法为基础，针对具有强非线性、强耦合、快时变、不确定性特性的高超声速飞行器控制中的弹性问题、非最小相位问题以及姿态轨迹协调控制问题，提出相应的解决思路和措施。

本章主要内容安排如下：1.1节介绍高超声速飞行器的基本概念；1.2节总结高超声速飞行器的研究进展；1.3节分析高超声速飞行器的控制难点问题；1.4节介绍本书的编写特点和内容安排；1.5节对本章进行总结。

1.1　高超声速飞行器基本概念

高超声速飞行器一般是指飞行马赫数大于5的有翼或无翼的飞行器。主要包括三类：高超声速巡航导弹、高超声速飞机和航天飞机。高超声速飞行器的关键技术包括推进技术、材料技术、空气动力学技术和飞行控制技术等，是多项前沿技术的高度综合。高超声速飞行器的主要特点主要体现在速度、动力和飞行范围上，典型的高超声速飞行器 X-33、X-43、X-51、X-37B 如图 1.1 所示。

(a) X-33

(b) X-43

(c) X-51

(b) X-37B

图 1.1　典型的高超声速飞行器

1. 速度

高超声速飞行器的马赫数是指飞行速度与当地大气(即一定的高度、温度和大气密度)中的声速之比。一般情况下，将 5Ma 作为超声速与高超声速的分界线。飞行器高超声速飞行时，将出现激波、膨胀波、黏性、湍流和转捩等现象，且由于其采用一体化设计，高速飞行时极易引起低头力矩和抬头力矩，这将对飞行器的飞行状况产生极大影响。目前国际上研究的高超声速飞行器的速度为 5Ma～20Ma。

2. 动力

高超声速飞行器多采用超然冲压发动机，与涡轮发动机相比，其具有结构简单、质量轻、速度快、推阻比高和成本低等优势，因此成为高超声速飞行器的首选。但是冲压发动机不能在静止的条件下启动，因而常与别的发动机配合使用，成为组合式动力装置，如火箭基组合循环(rocket based combined cycle，RBCC)推进系统、涡轮机组合循环(turbine based combined cycle，TBCC)发动机和协同吸气式火箭发动机(又称“佩刀发动机”,SABRE)等。组合循环发动机是未来的发展趋势,是实现大气层内高超声速飞行的关键技术。但目前的研究还集中在超燃冲压发动机的可实现性上,尚无法实现全弹道自主飞行。本书的研究也是以采用超燃冲压发动机的高超声速飞行器为背景展开的。

3. 飞行高度

高超声速飞行器能在大气层和跨大气层中远程飞行。其主要飞行高度为20~100km临近空间,该区域是传统的航空与航天之间的空白区域,是相对独立的“真空”层,高超声速飞行器在该空域飞行并完成特定任务,填补了航空与航天器飞行高度之间的空白,同时具有成本低、时间快的特点。除此之外,高超声速飞行器中的高超声速空天飞行器可以跨大气层飞行,其能够以普通飞机的方式起飞,并且能够直接加速进入地球轨道,完成航空航天任务后再返回大气层,并能水平着陆[2-4]。它集航空航天技术于一身,兼有航空和航天两种功能,既能完成民用航空航天运输任务,又能执行多种军事航空航天任务,是一种具有广阔发展前景的航空航天飞行器。

高超声速飞行器相比传统飞行器在速度、动力、飞行高度上具有无法比拟的优势,在军用和民用领域都有重要的应用价值,被认为是航空航天发展史上继飞行发明、突破声障的超声速飞行之后的又一划时代和里程碑意义的技术。但是,高超声速飞行器在带来巨大优势的同时也将伴随着前所未有的技术挑战,造成很多新的控制难点,1.3节将进行详细阐述。

1.2 高超声速飞行器研究进展

高超声速飞行器是21世纪世界航空航天事业发展的一个主要方向,在未来的军事、政治和经济中将发挥重要的战略作用。自20世纪80年代以来,美国、俄罗斯、法国、德国、英国、澳大利亚、日本、印度、中国等国家及地区都在进行这方面的研究,并相继进行了地面试验和飞行试验,在高超声速技术方面陆续取得了重大进展,下面详细地介绍各国研究进展。

1. 美国

美国是开展高超声速飞行技术研究最早的国家之一,相继制定实施了NASP、X-33、Hyper-X、HyFly、FALCON等临近空间高超声速飞行器计划,取得了技术上的重大突破,并相继进行了地面试验和飞行试验,引领了世界范围的高超声速飞行器技术研发热潮。美国高超声速技术发展历程如图1.2所示。

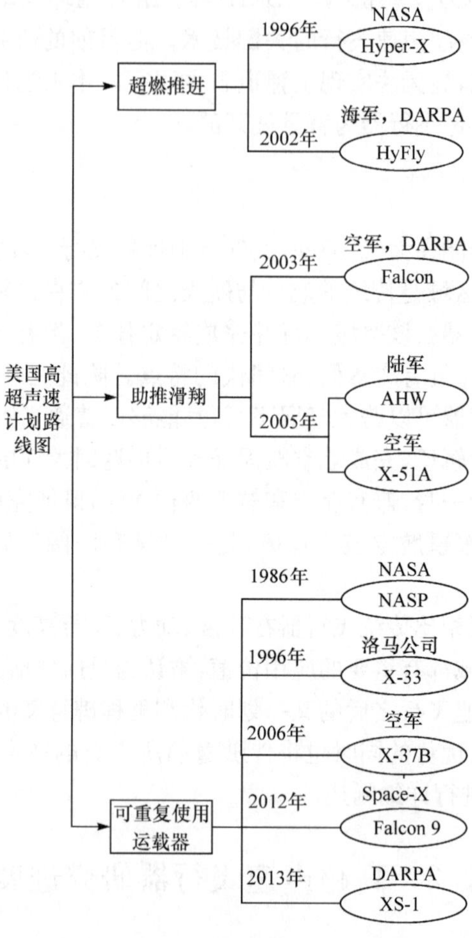

图 1.2　美国高超声速计划路线图

1) NASP 计划

NASP 计划全称“国家空天飞机”(national aerospace plane，NASP)计划，于 1986 年 2 月正式批准，以研制空天飞机 X-30 为目标。NASP 计划的研究重点主要集中在 5 个关键领域：吸气式发动机、轻质耐高温材料、飞行器空气动力学、机身/推进一体化以及各子系统。试验飞行器就是 X-30，是一种具有可操作性、机动性、可维护性和有经济潜力的飞行器。NASP 计划被迫于 1994 年 11 月取消。NASP 计划虽然失败，仍大大推动了高超声速技术的发展，为后续高超声速飞行器的立项和研发打下了技术基础。

2) X-33 计划

X-33 的研制始于 1996 年，技术验证机由洛克希德 · 马丁空间系统公司(洛马公司)臭鼬工厂研制,是可重复使用航天运载飞行器冒险星的 1/2 比例原型机。美国国家航空航天局(National Aeronautics and Space Administration,NASA)原计划于 1999 年 7 月 4 日制造出样机,1999 年 7 月 26 日进行 7*Ma* 的第一次飞行[5]。但由于技术难度太大,X-33 技术验证机的研制任务未能如期完成。在经过 5 年的研究,耗资 12.6 亿美元后,2001 年 NASA 宣布取消 X-33 技术验证机的研制计划。

3) Hyper-X 计划

1996 年,在 NASP 计划的基础上,NASA 兰利研究中心及德莱顿飞行研究中心联合提出了高超声速试验计划——Hyper-X 计划。该计划的主要目的是研究并验证高超声速飞机设计技术和可重复使用飞行器与超燃冲压发动机一体化的设计技术,为军用和民用高超声速飞行夯实基础。NASA 指出 Hyper-X 计划的研究核心是 X-43 系列验证机,包括 X-43A、X-43B 和 X-43C 高超声速飞行器。Hyper-X 计划研制时间为 5 年。2004 年 11 月 16 日,X-43A 第三次飞行试验又成功创造了 9.8*Ma* 的飞行记录,成为世界上速度最快的吸气式飞行器,达到了 X-43A 的预期目的。

4) HyFly 计划

2002 年,美国国防高级研究计划局(Defense Advanced Research Projects Agency,DARPA)和海军研究中心开始了高超声速飞行(HyFly)计划,目标在于验证以双燃烧室冲压发动机(dual combustor ramjet,DCR)为动力的高超声速攻击导弹技术。导弹的飞行速度可达到 6*Ma*,航程达到 740km。该计划分别于 2007 年、2008 年和 2010 年进行了飞行试验,均未能取得成功,三次故障的原因与 DCR 技术并无关联。

5) Falcon 计划

Falcon 计划的全称为“从美国本土运送和应用兵力计划”,也称猎鹰计划。DARPA 于 2003 年启动了 Falcon 计划,该计划的目的是开发和验证能够执行全球任务的高超声速飞行技术,演示成本可负担得起的空间飞行器。该计划分为三个阶段,对小型发射飞行器、高超声速巡航飞行器、通用航空飞行器和高超声速飞行器等进行了多方面的设计和试验。该计划中主要采用成熟、通用、可多次重复使用的高超声速巡航飞行器技术,这些关键通用技术主要包括高升阻比气动构型、主动冷却、弹道选择和自动飞行控制等。

6) X-51A 验证机计划

2005 年 9 月,美国空军批准了 X-51A 验证机计划。X-51A 是美国空军研究实验室(Air Force Research Laboratory,AFRL)与 DARPA 联合主持研制的超燃冲压发动机高超声速验证机(代号:乘波者)。该飞行器由波音公司与普惠公司共同开发,由一台 JP-7 碳氢燃料超燃冲压发动机推动,设计飞行速度为 6*Ma*～6.5*Ma*。

这个计划的终极目标是研制在 1h 内攻击地球任意位置目标的新武器。X-51A 相继进行了四次飞行试验。其中 2013 年 5 月 1 日进行的第四次试飞堪称圆满，完成了预计的动力与无动力滑翔过程，发送了大量的遥感数据。

7) AHW 计划

“先进高超声速武器”(advanced hypersonic weapon，AHW)计划是美国陆军提出的一种类似 HTV-2 的快速打击方案，主要目的是验证助推滑翔技术和动能技术，试验重点内容包括空气动力学，导航、制导与控制，热防护等技术。AHW 计划自 2005 年启动以来，由于技术跨度较低，一直得到美国国会和国防部的资金支持，项目研究进展较快。2011 年 11 月完成了先进高超声速武器的首次试飞，飞行距离为 4000km，试验获得成功，从而增加了 AHW 技术用于美国空军常规快速全球打击项目的可行性。

8) X-37B 计划

2006 年 11 月，美国空军宣布在 X-37 的基础上发展 X-37B 验证机，称之为轨道试验飞行器。X-37B 由波音公司作为主承包商负责研制和建造，主要用于空间技术试验与验证，X-37B 计划的目标是对可重复使用的空间飞行器技术进行空间验证、风险降低、运行方案研发。2010 年 4 月 22 日，美国空军利用宇宙神-5 运载火箭将 X-37B 轨道试验飞行器送入近地轨道。X-37B 是继航天飞机后美国发展最成功的跨大气层飞行器，目前已成功完成 3 次飞行试验，3 次试验都超预期和超设计指标。X-37B 演示验证了可重复使用空间飞行器的 20 多项重大技术，包括防热系统、推进系统、电子系统、资助导航与控制、资助返回与着陆及起落架技术等。

9) Falcon 9

2012 年，美国太空探索技术 (SpaceX)公司启动了垂直起降可重复使用运载火箭的飞行测试工作，在开展了多次成功飞行试验后，于 2015 年实施了发射任务，2016 年成功收回，但其在 2016 年 9 月 1 日再次进行发射试验时，发射台发生爆炸。2017 年 1 月 15 日，SpaceX 公司在时隔四个月后，采用 Falcon 9(猎鹰 9 号)运载火箭成功将铱星公司的 10 颗通信卫星送入 625km 高的低地球轨道，并在火箭升空约 8min 后成功地完成了海上回收。2017 年 9 月 7 日，美军 X-37B 验证机首度搭乘 SpaceX 公司的 Falcon 9 火箭，从佛罗里达州肯尼迪太空中心发射升空，执行第五次轨道飞行任务。

10) XS-1 项目

2013 年，DARPA 启动了 XS-1 可重复使用火箭动力运载器的研究项目，XS-1 为可重复使用的第一级助推器，本身并不入轨，每次的发射费用低于 500 万美元，并在 2018 年开始首次飞行试验。XS-1 飞行器应用了美国近 20 年航空航天技术的大量成果，在机体结构、材料、防热系统，尤其是可维护性上将有很大的进步，但它在设计上并不追求过于科幻的高科技和高指标，而是追求尽可能以现有成熟技术获得更廉价的太空发射能力。

除上述各高超声速飞行器计划之外，2016 年，美国又陆续开展了 HyRAX 项目、ETHOS 项目和 TBG 项目等。AFRL 计划通过 HyRAX 项目开发一款可重复使用的试验飞行器，用作高超声速试验平台，来促进多种高超声速技术的成熟和获取科学测量高超声速的方法。HyRAX 飞行器同时将通过高频次飞行验证可重复使用运载器进行高效、经济可承受的飞行，为未来发展可重复使用运载器奠定基础。而 ETHOS 项目，则着重开展包括高速试验科学、高速推进系统、气动结构、建模仿真、飞行器设计和集成等五个技术领域的研究。

2. 俄罗斯

俄罗斯临近空间高超声速技术研究工作在苏联的基础上开展，在超声速飞行器和冲压发动机技术领域，苏联在世界上处于绝对领先地位。茹科夫斯基中央空气流体力学研究院、巴拉诺夫中央航空发动机研究所、图拉耶夫联盟设计局、彩虹设计局、莫斯科航空学院等单位长期致力于高超声速技术基础理论研究，在亚/超燃冲压发动机、C/H 燃料、耐高温材料、CFD 技术及一体化设计技术等方面取得了重大突破。在高空飞行试验中，最先实现超声速燃烧，促进了高超声速技术应用研究的发展。

1）冷计划

冷计划是 20 世纪 80 年代初苏联制定的高超声速计划，由巴拉诺夫中央航空发动机研究所和茹科夫斯基中央空气流体力学研究院等单位共同实施，试验飞行器采用亚燃/超燃冲压发动机，是俄罗斯最早进行的高超声速技术飞行试验计划。在 1991 年 11 月 27 日进行的首飞试验中，飞行了 180km，飞行时间为 130s，最大飞行高度为 35km，实现了亚声速燃烧向超声速燃烧的转变，并首次实现了超燃冲压发动机的超声速稳定燃烧，这是人类历史上的首次超燃冲压发动机高空高超声速飞行试验，在现代科学史上具有划时代的意义。

2）鹰计划

巴拉诺夫中央航空发动机研究所以军用飞机和天地往返系统为应用背景，在进行冷计划的同时，就与茹科夫斯基中央空气流体力学研究院共同开发了“鹰高超声速发展计划”，简称鹰计划。鹰计划是俄罗斯诸多高超声速计划中最有挑战性的计划，技术先进，试验规模可与美国 Hyper-X 计划比拟。鹰试飞器长为 7.9m，翼展为 3.6m，发射质量为 2200kg，携带的液氢燃料质量为 18kg，速度为 $6Ma \sim 14Ma$，飞行高度为 0～80km，自主飞行时间为 7～12min。

3）彩虹-D2 计划

为了研发出更加接近实际应用的高超声速飞行器，俄罗斯彩虹设计局和巴拉诺夫中央航空发动机研究所共同开展了彩虹-D2 高超声速计划。彩虹-D2 试飞器由 AS-4 远程战略空面导弹改装而成，速度为 2.5*Ma*～6.5*Ma*，飞行高度为 15～30km。试验中，试飞器由 M3 飞机携带升空，在预定试验条件下发射，完成亚燃/超燃发动机试验后，在预定地点用降落伞系统回收。

4）鹰-31 计划

鹰-31 试飞器由 C-300A 防空导弹系统的 40H6 导弹改型而来，由俄罗斯火炬设计局、米格设计局、图拉耶夫联盟设计局等单位共同开展。飞行试验的程序是：米格-31 战斗机将试飞器带到 15～17km 的空中，加速至 2.5*Ma*～2.6*Ma*，之后进行机动爬升，试飞器以 20°～30°的飞行轨迹角分离、点火，25s 之后，达到 10*Ma*，然后试飞器进入水平飞行。该计划目前已成功进行了大量地面和风洞试验，但由于资金等方面，一直未进行高空靶场试验。

5）锆石高超声速导弹计划

锆石高超声速导弹(3M22)由俄罗斯战术导弹集团下属的俄罗斯机械制造科研生产联合体(NPOM)负责研制，项目于 2011 年启动，其研制目标是开发一种飞行速度达 5*Ma*～6*Ma*、射程约 400km 的舰射高超声速巡航导弹。目前该导弹已进入试验阶段，2016 年 3 月，锆石高超声速巡航导弹完成了最新一次试射。

6）布拉莫斯-2

布拉莫斯-2 于 2007 年 1 月开始立项，由印度和俄罗斯共同研制。除了印俄联合成立的布拉莫斯航空航天公司以外，有 20 多家俄罗斯企业参与了布拉莫斯高超声速导弹的研制工作，其中包括负责“锆石”高超声速导弹计划及 Yu-71 项目的机械制造科研生产联合体。在外形设计上，大量借鉴了印度的高超声速技术验证器。布拉莫斯-2 高超声速导弹的飞行速度将达到 6*Ma* 左右，设计射程约为 300km，将有陆射、空射和海射等发射方式。

7）高超声速隐身战略轰炸机 PAK-DA

俄罗斯正在研发能从太空发起核打击的高超声速隐身战略轰炸机 PAK-DA，该飞机具备水平起降能力，起飞质量为 20～25t，能在 1～2h 内到达全球任何位置。新型飞机的原型试验机预计在 2020 年前建成。该轰炸机的发动机将采用组合动力模式，并具备航空及航天两种飞行模态，在航空飞行模态下，飞机将使用甲烷和氧气作为燃料。

3. 欧洲

在美国高超声速技术发展得如火如荼的同时，欧洲各国也在按照自己的研究思路对高超声速技术进行了广泛而深入的研究。其项目与技术主要分为空间进入、大气层内运载器、双模冲压发动机方法研究以及技术基础研究等四大领域，每个领域包含飞行器项目若干，其中以法国、德国和英国发展较快。

以欧洲航天局为主体而推进的高超声速项目主要有 LAPCAT 项目、ATL-

LAS项目以及HEXAFLY项目等。

LAPCAT项目分为LAP-CAT-Ⅰ和LAP-CAT-Ⅱ两个阶段。2005～2008年，LAP-CAT-Ⅰ项目执行期间就选用哪种飞行器布局、动力装置等问题展开了大量方案论证。项目的主要目的是探索飞行速度为4*Ma*～8*Ma*一级的高速飞行器可能的推进概念(含涡轮机组合循环发动机和火箭基组合循环推进系统)。LAP-CAT-Ⅱ项目的主要任务则是完成巡航速度为5*Ma*和8*Ma*的两种超远程民用运输飞机的设计。

2006～2016年，欧盟13家科研机构在欧洲航天局的带领下完成了ATLLAS项目，欧洲航天局希望通过该项目能够为LAPCAT项目LAP-CAT-Ⅰ和LAP-CAT-Ⅱ两个阶段提出的气动概念和方案，提供可行的材料和结构研究做补充，从而将现有的技术成熟度提高1～2个等级。

欧洲航天局在上述高超声速研究计划的基础上，准备了下一阶段的飞行试验，即高超声速飞行器(HEXAFLY)项目。重点关注包含综合运用这些先进技术的高速飞行器概念，解决性能、空气动力学、推进、材料、控制和环境等一系列实际工程问题，最终实现一次成功的高超声速试验飞行。该项目从2012年开始实施，分为两期：第一期(2012～2013年)为短期项目，主要目的是再次论证运用现有技术进行飞行演示验证的可行性和可能遇到的问题；第二期(2014～2018年)为实质的飞行试验项目，称为HEXAFLY-International项目，拟邀请有能力的国际伙伴参与，共同完成。

1) 法国

法国从20世纪60年代开始进行超燃基本原理和模型发动机研究，取得了引人瞩目的研究成果。近20年来，法国一直致力于吸气式高超声速飞行器的研发工作。其研发的主要项目有PREPHA计划(1992)、JAPHAR计划(1997)、Promethee计划(1999)、LEA计划(2003)等[6]。

国家高超声速研究与技术计划(PREPHA计划)于1992年在法国国防部等单位领导下实施，其重点研究氢燃料高超声速发动机技术，涉及计算流体力学、材料、飞行器系统和试验设备的研究。PREPHA计划历时6年，最后研制了Chamois超燃冲压发动机，并在6*Ma*的速度下进行了反复试验。目前PREPHA计划已结束。

高超声速组合式发动机应用研究计划(JAPHAR计划)于1997年由法国航空航天局和德国宇航中心联合发起，为期4年。该项计划的目的在于验证空气动力学计算模型(包括发动机前部远场、进气道、燃烧室、喷管、超声速燃烧的建模并进行计算)和液氢双模冲压发动机的研制和试验。

在法国武器装备部的资助下，MBDA法国分公司和法国航空航天局于1999年初启动了普罗米修斯高超声速巡航导弹计划(Promethee计划)，重点研究碳氢燃料双模态冲压发动机推进的高超声速巡航导弹。

2003 年，MBDA 法国分公司和法国航空航天研究院联合实施了高超声速飞行器计划（LEA 计划）。LEA 计划为期 10 年，目前，LEA 计划已完成试验用飞行器和推进系统的设计指南，并在 2006 年初完成初步设计评估。现已进入计划的第二阶段，该阶段的主要工作是通过自由射流试验确定气动-推力结构并确定飞行器的详细设计和审查。

2）德国

德国在火箭技术和空天飞机技术的发展上曾经处于领先地位。但由于第二次世界大战的影响，德国不得不在较长一段时期内放弃发展空天飞机的计划，目前德国重点发展高超声速防空导弹。其主要研究项目有桑格尔计划、HFK 计划和 SHEFEX 计划。

20 世纪 80 年代中期，德国提出了名为桑格尔的空天飞机计划。桑格尔空天飞机分为两级，第一级是载机，第二级为轨道飞行器，轨道飞行器由载机驮在背部。桑格尔空天飞机第一级采用涡轮冲压发动机，第二级采用火箭发动机。桑格尔空天飞机在常规的机场水平起飞，飞行速度达到 $7Ma$ 时，轨道飞行器与载机分离，载机返回机场水平着陆，轨道飞行器利用液体火箭发动机进入地球轨道。完成任务后，轨道飞行器可以像航天飞机一样返回地面。

20 世纪 90 年代初，德国提出了高速导弹计划（HFK 计划，也称 HFL 计划），其目的是探索高超声速技术用于近程和极近程防空导弹的可行性。其预计飞行速度可以达到 $6.5Ma$，可从战斗机、轰炸机、水面战舰的垂直发射系统或潜艇上发射。整个计划分为 HFK1 和 HFK2 两个阶段。HFK1 阶段在经过几次制导飞行试验后已顺利结束。HFK2 阶段于 2000 年 10 月开始，进行了 4 次高超声速导弹的飞行试验，原计划高超声速导弹 2010 年以后服役。

尖前缘飞行试验（SHEFEX）属于再入技术和高超声速技术的研发项目，旨在对一种尖前缘多平面组成的新型再入飞行器的性能进行研究。SHEFEX 飞行试验计划是一个系列发展的战略计划，最终发展方向包括高超声速飞行器、太空旅行和微重力研究所需的平台和技术等。SHEFEX-Ⅰ于 2005 年 10 月 27 日试飞成功，以 $6Ma$ 的速度飞行了 20s，试验目的在于探索如何利用尖外形来提升飞行器气动特性；SHEFEX-Ⅱ于 2012 年 6 月 22 日试飞成功，最大速度达到 $11Ma$，试验的目的是验证气动力控制高超声速再入飞行的技术；SHEFEX-Ⅰ和 SHEFEX-Ⅱ的试飞成功为 SHEFEX-Ⅲ的研究和试飞奠定了基础。

3）英国

英国对于高超声速技术的研究重点主要集中在可重复使用运载器的研发和试验上，其主要计划有 HOTOL 计划、SKYLON 计划和云霄塔计划。

HOTOL 是水平起飞着陆的英文缩写，与美国的航天飞机、苏联的暴风雪号相似，它是英国于 1982 年提出的一种无人驾驶、可重复使用航天飞机概念。但 HOTOL 采用了一种全新的推进系统，既能像吸气式喷气发动机那样运作，又具备了火箭发动机的性能。HOTOL 采取从跑道上水平起飞的方式，在 5*Ma*～6*Ma* 时改为火箭发动机推进，直至进入轨道，并采用滑行方式着陆。该计划于 1992 年由于经费问题被迫取消。

SKYLON 飞行器是一种类似于航天飞机的飞行器，可以滑跑起飞，进入轨道，执行卫星发射、补给空间站等任务，并再入地球大气，最终滑跑着陆。与现有发射系统不同，SKYLON 将是一种完全可重复使用的飞行器，可以实现 200 次飞行任务。SKYLON 飞行器继承并应用了 HOTOL 项目已经取得的技术成果，但是在整体结构、机体以及发动机等方面进行了大量的技术创新，于 1995 年完成了初步方案设计工作。SKYLON 计划最早将在 2020 年实现商业运营。

云霄塔空天飞机根据 HOTOL 水平起降概念设计而成，继承并应用了 HOTOL 计划已取得的成果，而且在整体结构、机体以及发动机等方面进行了大量的技术创新，并于 1995 年完成了初步方案设计工作，云霄塔空天飞机是一种采用混合动力、可重复使用、水平起降的单级入轨运载器，其混合动力装置就是“佩刀”涡轮喷气发动机和火箭发动机，是世界上首个采用混合动力发动机的天地运输器。

除了法国、德国和英国这三个高超声速领域的“主力军”之外，意大利航空研究中心正在借助国际合作的方式发展“无人航天飞行器”(USV)项目。USV 项目隶属于 PRORA 国际航空研究项目，于 2000 年开始酝酿，其战略目标是研究一种可以从近地轨道再入大气层的多用途试飞器，定位是单级入轨水平起降空天飞机。

4. 澳大利亚

澳大利亚具有非常优良的合作传统，凭借着得天独厚的地理条件、先进的试验技术和资源，不仅吸引了德国、英国、日本、意大利等国家与其合作，还使美国成为其在高超声速技术领域上的重要盟友。目前，澳大利亚正在积极推进着多个高超声速国际合作项目。

1) HyShot 计划

HyShot 计划是 20 世纪 90 年代制定的一个国际合作计划，是国际高超声速技术合作的成功典范，参与该计划的国家有澳大利亚、英国、美国、法国、德国、韩国和日本，该计划由澳大利亚昆士兰大学领导。在该项目中，利用探空火箭对多国研制的多种高超声速飞行器部件(尤其是推进系统)进行了试验，并获得了大量有价值的试验数据，为推动参与高超声速技术的研究起到了重要的作用。目前，HyShot 计划已经进行了 4 次飞行试验。

2) HyCause 计划

2004 年 4 月正式启动的澳大利亚/美国高超声速联合试验 (HyCause 计划)

是美国和澳大利亚联合进行的一个研究项目，由美国 DARPA 和澳大利亚国防科学与技术组织(Defense Sciences and Technology Organization，DSTO)共同负责，旨在研究极高速飞行条件下氢燃料超燃冲压发动机的性能和可操控性，将地面试验结果和飞行试验结果进行对比，研究低成本飞行试验方法。2007 年 6 月 15 日，HyCause 高超声速试飞器进行了飞行试验，成功获取了有燃料注入时和没有燃料注入时流道的压力数据和表面温度数据。

3) HIFiRE 项目

高超声速国际飞行研究试验(HIFiRE)项目由美国 AFRL 和澳大利亚 DSTO 联合进行，该项目主要研究高超声速技术及其在以超燃冲压发动机为动力的空间发射飞行器上的应用，目标是支持波音公司的 X-51 超燃冲压发动机验证机，并且为快速响应空间发射研究和高超声速快速打击武器提供关于飞行试验数据的数据库。项目于 2006 年 11 月 10 日正式启动，HIFiRE 项目耗资 7000 万美元，是美国和澳大利亚在高超声速领域最大的合作项目。

5. 日本

早在 20 世纪 80 年代，日本就提出了高超声速运输机计划，日本宇宙航空研究开发机构还在研制低成本的可重复使用的航天运载系统——单级入轨飞行器/二级入轨飞行器(SSTO/TSTO)，以取代过去一次性使用的运载火箭。时至今日，日本在高超声速领域已经完成了一系列研究和试验项目，取得了丰富的经验，某些技术水平堪称世界先进[7]。1986 年，日本宇宙科学研究所(Institute of Space and Aeronautical Science，ISAS)联合日本国家空间研究局(Japan's National Space Development Agency，NASDA)提出了“ATREX 发动机计划”，并在 1992 年，在现有高超声速技术的基础上，提出了再入飞行器系统的技术验证 HOPE-X 计划。HOPE-X 计划的主要目的有两个：一是验证可重复使用运载器(reusable launch vehicle，RLV)所需的再入飞行器系统技术；二是研制出一个具有潜在实用用途的飞行器，进行轨道试验、对地观测和往返于 LEO 的后勤保障与回收等。

6. 印度

近年来，印度政府提出了多项高超声速飞行计划，包括先进跨大气层吸气式研究飞行器、布拉莫斯高超声速巡航导弹和高超声速技术验证器计划。其中布拉莫斯-2 高超声速巡航导弹计划和高超声速技术验证器计划引起较大关注。

印度的高超声速技术验证器计划旨在利用一台固体火箭助推器使其达到超燃冲压发动机的接力速度，然后在超燃冲压发动机推进下自主飞行 20s。最终目的是实现飞行器在 32.5km 高空以 6.5Ma 的速度飞行。这项研究同时也暗示着印度可能开发可重复使用的运载火箭。初期飞行试验的目的是验证高超声速技术验证器的气动特性、热性能以及超燃冲压发动机的性能。

2016年5月，印度空间研究组织(Indian Space Research Organisation，ISRO)成功完成了可重复使用运载飞行器技术验证机(RLV-TD)首飞。RLV-TD是印度瞄准完全可重复使用两级入轨运载飞行器开展的一个技术验证飞行器，外形与美国空军X-37B相似。在首飞试验中，RLV-TD的最大速度超过5*Ma*，飞行器最终溅落在预定海域，未进行回收。8月，ISRO又成功完成了首次超燃冲压发动机带飞点火试验。该技术未来将用于开展采用吸气式动力的可重复使用空天运载飞行器。试飞系统在达到高度20km、速度6*Ma*的预定条件后，超燃冲压发动机点火启动，并持续工作5s。此次试验成功验证了超声速点火、稳定燃烧、进气道结构、燃油喷注系统等关键技术。

7. 中国

我国在高超声速飞行器这一领域起步相对较晚，近几年，随着我国重大研究计划(近空间飞行器的关键基础科学问题)和863计划“可重复使用运载器再入飞行姿态控制”及“可重复使用跨大气层飞行器设计技术研究”等一些国家重点科研项目的实施，已逐渐开展可重复使用运载器的研发，旨在发展具有高速、高机动、长航程和可重复使用特点的空天飞行器。此外，我国已经开始着手研制的“组合动力飞行器”项目，将采用新型冲压发动机，速度有望达到7*Ma*甚至10*Ma*以上，此组合动力飞行器可以实现可重复的天地往返航天运输，为我国未来可重复使用运载器的发展奠定技术基础。

通过各国研究进展可以发现，虽然研究重点不同，但各国都在致力于推进高超声速飞行器技术，发展的同时也伴随着大量失败的教训。例如，美国HTV-2的两次试飞均告失败，官方报道“首次失败原因是偏航过大同时伴随翻滚，超出姿态控制的能力，导致飞行器坠毁”；第二次失败原因是“我们知道如何将飞行器带入到大气中超声速飞行，但是仍不知道如何在空气动力飞行阶段获得理想的控制”。可见两次失败原因都与控制密切相关。因此，本书的特点之一就是以工程应用为背景，提炼出关键科学问题，并且有针对性地引入先进控制理论加以解决，因此本书的研究成果对于工程实践也具有一定的指导意义。

1.3 高超声速飞行器控制难点问题

与传统飞行器相比，高超声速飞行器飞行环境复杂、飞行包线跨度大，其气动特性的变化更为复杂，控制要求严格等特点对飞行控制系统设计提出了许多新的研究挑战，使得高超声速飞行控制成为当前飞行控制研究领域的前沿热点问题。从控制理论角度看，高超声速飞行器模型表现为强非线性、强耦合、快时变、不确定、静不稳定、非最小相位等特点；此外，高超声速飞行器还存在弹性形变、控制输入约束、状态未知和传感器/执行器故障等问题[8-11]，如图 1.3 所示。下面对高超声速飞行器面临的各种控制问题进行详细阐述。

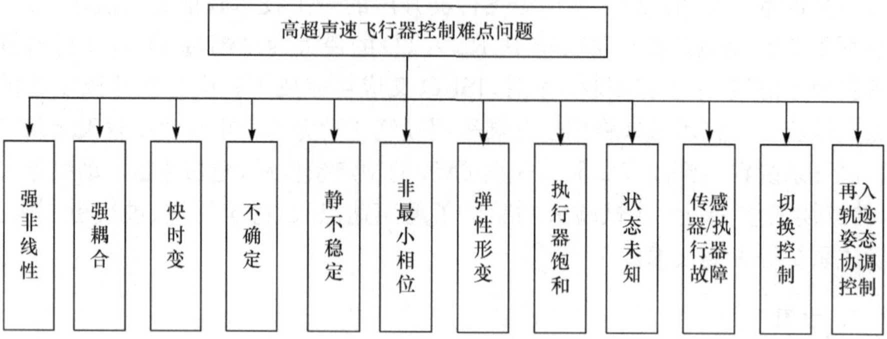

图 1.3　高超声速飞行器控制难点问题

1. 强非线性

高超声速飞行器模型表现出很强的非线性特点，主要体现在如下三个方面。

1) 模型结构的非线性

高超声速飞行器的气动布局较为特殊，数学模型结构上表现为高阶的非线性微分方程。高超声速飞行器的速度、航迹角、高度、攻角、俯仰角速度等状态变量的导数是飞行状态的非线性函数，体现了模型结构的非线性。各飞行器模型的数学表达可参见本书式(3.1)、式(3.4)、式(3.7)和式(3.15)。

2) 气动表达式的非线性

通过式(3.2)、式(3.3)、式(3.5)、式(3.6)、式(3.8)以及式(3.9)可以看出，高超声速飞行器的升力、阻力和推力的气动表达式是依赖于飞行状态的高阶多元非线性函数。

3) 约束条件的非线性

高超声速飞行器在飞行过程中，受到一些约束条件的影响，如飞行过程中的热流、动压约束、过载约束以及执行器饱和等，这些约束是通过飞行状态的非线性函数来定量描述的。执行器饱和的数学描述可参见式(6.106)。

这种强非线性特点将对控制器设计造成很大影响。首先，模型具有强非线性，使得在不同工作点上的线性化模型差异很大，导致线性控制方法的控制效果及鲁棒性能不佳；其次，模型的强非线性增加了控制器的设计难度。

2. 强耦合

高超声速飞行器机体发动机一体化设计、自身的弹性结构、高速飞行的特点，使得其耦合特性非常突出，主要体现为以下四个方面。

1）机身发动机一体化耦合

高超声速飞行器采用机体/发动机一体化技术，发动机在机身下部，由进气道、燃烧室和尾喷管组成，进气口处设计有可移动的罩门，以保证发动机在非设计工况下获取最大空气质量流。这种机身/发动机一体化的设计能够为飞行器获取强大的推力、提高升阻比以及减少燃料负载。但也会产生不利因素，即推进系统将与操纵面相互干扰，导致空气动力学与推进系统之间存在强耦合，这给飞行控制系统的设计提出了更高的要求和挑战。机体对发动机的影响主要体现在机体的前体上，前体进气道的压缩气流将产生升力和抬头力矩，攻角发生变化，从而对推进系统性能产生重要影响。发动机对机体的影响主要体现在高超声速飞行器的后体上，机体后缘作为发动机尾喷管的一部分，发动机尾喷管产生的推力气流，会影响机体后缘的流场分布，产生额外的升力和低头力矩，使得高超声速飞行器的稳定控制更困难。此外，机体/发动机一体化结构，使控制系统与推进系统之间相互影响，也使高超声速飞行器弹性机体、推进系统以及结构动态之间存在强耦合。

2）刚体/弹性耦合

高超声速飞行器由于自身结构及高超声速飞行的特点，在飞行过程中会产生包括结构弹性、气动热弹性和伺服弹性在内的弹性变形。机身的弹性变形进一步导致攻角和升降舵偏转角等刚体状态的改变，进而对飞行器表面的气动布局和推进系统产生重要影响，而气动布局和推进系统的改变，直接影响了飞行器控制性能。其中，攻角的变化将引起升力和阻力的改变，从而对飞行高度的控制产生影响。而升降舵是控制飞行高度的重要控制量，当攻角受到弹性影响时会对高度回路造成影响，需要升降舵控制量加以补偿。反之，刚体运动状态的改变，如飞行速度、攻角等的变化，将直接影响高超声速飞行器的受力，进一步影响弹性体的变形。

3）通道间耦合

高超声速飞行器通道间的耦合主要指飞行器俯仰通道、偏航通道及滚转通道三通道运动模态之间的耦合。飞行器所受的作用力（主要包括气动力、发动机的推力及飞行器自身的重力）是影响每个通道的主要因素，由于这些力的存在，飞行器在不同姿态下受力情况有很大的差异，致使飞行器任何一个通道的运动都会影响另外两个通道的受力与运动。把这种影响强行看成很小而加以忽略只在特殊的飞行状态（巡航飞行）下才能近似成立，这时可以简化为一个通道（如俯仰通道）的独立控制。但是，当飞行器在做机动飞行时（如高速转弯），必须考虑多通道之间的耦合关系，采用多变量控制算法。

4）轨迹姿态耦合

高超声速飞行器的轨迹动力学与姿态动力学方程存在着复杂的耦合关系，一般的高超声速飞行器轨迹优化中含有姿态约束，同时飞行器的姿态控制方程中又包含着轨迹状态信息。因此，在高超声速飞行器轨迹优化及姿态控制过程中需要考虑轨迹与姿态的耦合问题。高超声速飞行器的飞行走廊与气动力密切相关，而气动力的产生与机体参数及执行机构密切相关。高超声速飞行过程中的合外力不仅影响飞行器质心的轨迹运动，同时也是姿态调节的主要手段。高超声速飞行器飞行轨迹的改变主要通过姿态的调节来实现，而姿态的调节主要依赖飞行器的控制执行机构，如气动舵面。传统控制方式忽略了轨迹与姿态之间的耦合关系，对轨迹及姿态控制器进行独立设计，难以实现不确定情况下的飞行器轨迹精确跟踪和姿态稳定控制。

3. 快时变

1) 大空域飞行引起的时变

高超声速飞行器飞行过程中跨大空域、高速飞行的特点，以及飞行器高低空气动力特性的巨大差异，导致飞行器的动力学特征和模型参数在飞行中的变化非常显著，体现了飞行器气动特性和模型参数的时变性。

2) 高超声速流引起的时变

高超声速飞行器在大气层内飞行时，高超声速气流引起的局部流场中激波与边界层的干扰，以及飞行过程中遇到的湍流以及转捩现象，导致飞行器表面上局部压力及热流率的变化，进一步加剧了气动力的时变特性。

3) 质量变化引起的时变

高超声速飞行器因气动热产生弹性形变，加之飞行器燃料的快速消耗，都将造成飞行器质心具有一定的时变特性，而惯性力矩是飞行器质量的时变函数，因此飞行器质心的时变特性会使得整个飞行器系统体现一定的时变。

4. 不确定

相比于传统的航空航天环境，高超声速飞行器的飞行环境更为复杂，在近太空区域存在非连续流体的现象，难以精确描述其气动特性，常用的获得准确气动参数的风洞试验方法受到限制(速度为 $10Ma$ 以上很难由风洞试验获得)。高超声速飞行器的不确定特性主要集中在以下四个方面。

1) 未建模动态引起的不确定

飞行器模型中的未建模动态主要存在于气动力和动力系统中，由于高超声速飞行器气动力和动力系统的复杂性，难以用精确的解析形式进行描述，因此通常用不确定的形式进行处理。

2) 飞行试验数据稀缺引起的不确定

高超声速风洞具有局限性，无法实现长时间模拟，加上其他技术难题未解决，这使得真实的高超声速飞行试验少之又少，致使空气动力学试验数据稀疏，使得利用风洞数据建立的空气动力学数据库存在着一定程度的不确定性。

3）弹性变形引起的不确定

高超声速飞行器由于自身结构及高超声速飞行的特点，在飞行过程中会产生包括结构弹性、气动热弹性和伺服弹性在内的弹性变形。一方面，机身的弹性变形会导致飞行器周围流场的变化，使飞行器的受力不均匀，存在一定的扰动，在实际飞行控制中，可以将其作为不确定项进行处理；另一方面，机身的弹性变形也会导致飞行器攻角在一定范围内扰动，由于飞行器的气动力及发动机推力是与攻角相关的函数，攻角引起的扰动在控制上将间接表现为飞行器升力、阻力以及推力的不确定。

4）随机干扰引起的不确定

诸多随机干扰因素，如燃料的激荡性、大动压、湍流和转捩，以及外界的阵风干扰，进一步加重了模型和参数的不确定性以及随机干扰等控制上的问题，对高超声速飞行器的飞行状态有着重大影响。特别是当飞行器进行大跨度机动飞行时，突然的阵风干扰会引起气动攻角的瞬态变化，造成显著的气动俯仰力矩，需要足够的控制操纵力矩平衡，若不能及时恢复，则导致飞行器姿态失稳[12]。

5. 静不稳定

大多数飞机是按照静稳定进行设计的，而高超声速飞行器由于其独特的构造和环境而呈现静不稳定(即开环不稳定)特性。与传统有翼飞行器不同，高超声速飞行器细长扁平的机身前体取代机翼成为主要升力面，而主要载荷则分布在机腹位置，这必然造成气动力中心前移和质心后移，因此高超声速飞行器的纵向短周期运动常表现为静不稳定形态，其开环平衡点是不稳定的，必须设计反馈控制器对系统进行增稳。

6. 非最小相位

非最小相位系统是一类特殊的系统，是指系统中包含不稳定零动态。系统中的不稳定零动态一旦被激发，就会导致控制系统失稳失控。

高超声速飞行器中的非最小相位问题主要是由升降舵-升力耦合和欠驱动问题引起的。升降舵会影响升力，产生抬头力矩的同时导致升力下降，从而造成了飞行器爬升时先降后升的反向效应。当飞行器爬升，需要增大航迹角时，升降舵偏转角反而减小。这使得飞行器尾部升力瞬间减小，从而高超声速飞行器总升力暂时减小，飞行器高度下降。直到飞行器俯仰使得攻角足够大，升力增大到大于重力时，飞行器才开始爬升。这是非最小相位系统典型的反向特性。从高超声速飞行器数学模型的角度来看升降舵-升力耦合导致升降舵提前出现在高度的较低阶导数中，降低了系统的相对阶，给系统带来了零动态，并且该零动态是不稳定的，从而系统成为非最小相位系统。此外，高超声速飞行器进行大马赫数飞行，与大气层剧烈摩擦，会产生大量的气动热，从而导致飞行器的部分气动舵面失效，出现欠驱动问题，进而引起非最小相位问题。非最小相位特性对飞行器的轨迹设计与姿态控制都会产生重大影响，限制了系统的轨迹跟踪能力及许多控制方法的使用。不考虑非最小相位特性生成的轨迹可能无法进行精确跟踪，甚至引起零动态发散，且不稳定零动态不能直接反映在输入/输出的作用关系中，使控制器设计存在缺陷。

7. 弹性形变

高超声速飞行器的细长体结构和轻质材料，使机体较一般飞行器更易发生形变，产生结构弹性；当飞行器高速飞行时，流体流经机身会产生气动热，气动热本身会降低机体的刚度，导致机身发生一定程度的变形，产生气动热弹性；传感器除了接收飞行状态的信号，还会接收如机翼、机身的振动信号，这一信号通过控制器反馈于舵面，形成舵面的高频振动，这一高频振动模态将与原有的结构振动模态耦合，可能会降低原有气动弹性系统的稳定性，产生伺服弹性。这三种弹性相互耦合，严重影响高超声速飞行器系统的稳定性。弹性振动信息反馈到舵面系统，直接导致飞行控制系统的控制精度受到影响。反之，控制输入激发弹性模态之后，飞行器前体开始以弹性频率发生颤振，在实际系统中，颤振会影响发动机罩上的激波位置，而激波位置会影响推力和气动力。并且，超燃冲压发动机需要良好进气，但弹性振动问题极大影响姿态的精细控制，导致精细控制姿态无法保证，进而会对发动机的工作品质产生影响，甚至会导致飞行的失败。故弹性振动将严重影响飞行状态，降低飞行器性能，破坏飞行器结构，甚至引起潜在的结构危害，导致系统不稳定。在风洞中对结构弹性形变模型、气动热弹性形变模型和伺服弹性形变模型的试验显示，弹性形变对高超声速飞行器性能的影响不可忽视。在控制系统设计中，需要尽快地抑制弹性模态，保证弹性模态不会影响系统性能[10]。因此，在高超声速飞行器飞行控制系统的设计过程中，弹性问题是需要考虑的问题之一[13]。

8. 执行器饱和

在高超声速飞行器控制系统中，执行器的调整范围有限，其输出幅值不能无限增大。由此会降低闭环系统的控制性能，严重的情况下控制器对执行器失去控制能力，导致飞行器系统的不稳定，从而使整个控制任务失败。高超声速飞行器执行器饱和主要来源于发动机的热阻塞问题及舵面转角的限位约束。

9. 状态未知

当高超声速飞行器高速飞行时，气动热太强，飞行范围跨度大，飞行环境较为恶劣，传感器极易受损，导致无法获取系统状态信息或者获取的信息不准确，这使得控制器无法正常工作,造成控制过程出现偏差甚至失控。此外,在整个飞行器系统中,有些状态量(如攻角等)难以进行实时测量,从而造成状态未知现象的发生。

10. 执行器/传感器故障

高超声速飞行器与传统飞行器最大的差异在于飞行环境的不同,高超声速飞行器的大包线飞行,使其动力学特性变化非常显著。高低空动力学特性的巨大差异,可能导致系统元件,如传感器/执行器在运行过程中出现异常,产生不期望的性能变化,从而形成故障。此外,高超声速飞行会导致空气动力热和阻力的增大,运行环境的高温条件可能引发材料硬度的变化,产生气动热弹性,进而影响飞行器的结构动态,引发未知的传感器/执行器故障。传感器/执行器故障会严重影响系统控制性能和稳定性。当传感器发生故障时,会无法获取系统状态信息或者获取的信息不准确,控制器无法正常工作;当执行器发生故障时,执行器的实际输出与期望输出之间会存在偏差或者效率降低,严重影响系统控制性能和稳定性。

11. 切换控制

由于高超声速飞行器的大包线飞行特点,切换控制问题在飞行控制中尤为突出[14],主要体现在以下两个方面。

1) 飞行模式的切换问题

在高超声速飞行器的一次完整飞行过程中,其飞行模式通常需要经历多次切换。目前的高超声速飞行器验证机在上升过程中一般先利用火箭助推爬升,达到一定速度和高度后再启动超燃冲压发动机,进行吸气式动力加速和巡航飞行。在下降过程中,则先关闭发动机,进入无动力滑翔状态,通过反作用推力系统(reaction control system,RCS)和气动舵面进行控制。飞行器在不同飞行模式下的控制有非常大的变化,如何在不同飞行模式之间进行稳定切换是一个需要重点考虑的问题。

2) 控制器切换问题

由于高超声速飞行器的飞行跨度大,采用单一的固定增益控制器很难取得较好的控制效果,甚至无法保证全包线的稳定飞行。为了保证飞行器稳定的飞行性能,需要在不同飞行条件下对控制器结构和控制参数进行切换。但在切换过程中,如何减小切换时的瞬态误差是实现平滑切换的一个关键问题。

12. 再入轨迹姿态协同控制

高超声速飞行器的轨迹姿态存在复杂的耦合关系,传统控制方式忽略了它们之间的耦合关系,对轨迹及姿态控制器进行独立设计,难以实现不确定情况下的飞行器轨迹精确跟踪和姿态稳定控制。

高超声速飞行器的飞行走廊与气动力密切相关,而气动力的产生与机体参数及执行机构密切相关。对于某些特殊任务及情形必须考虑如何处理轨迹姿态之间的协同控制问题:①高超声速飞行器飞行过程中,飞行任务发生改变,例如,降落点发生改变时,需要飞行器根据飞行任务进行实时轨迹优化,进而调整姿态跟踪新的轨迹;②当飞行器的执行机构出现故障时,若控制器中加入了容错单元,且控制在误差跟踪容许范围内,则可以通过容错控制器的鲁棒性继续控制飞行器按原轨迹飞行;③当执行器的故障已经超过控制器的可控范围时,飞行器的飞行走廊发生改变,控制器已无法控制飞行器继续跟踪原始轨迹,物理约束无法满足,甚至发生严重事故,这使得之前设计的轨迹无法适用,需要在控制范围内进行轨迹重构,实现轨迹与姿态的协调控制。因此,如何通过飞行器轨迹姿态协同控制实现轨迹精确跟踪与姿态稳定控制是当前亟须解决的技术难题。

1.4 编写特点和内容安排

本书以经典高超声速飞行器模型为基础,重点研究巡航段纵向控制和再入段姿态控制问题。全书以实际工程背景为基础,所研究的问题如弹性问题、非最小相位问题均来源于实际。通过提炼关键科学问题,有针对性地引入先进控制理论加以解决,因此本书的研究成果对于工程实践具有一定的指导意义。在控制方法方面,重视文献概述,并将数学推导和仿真分析相结合,由浅入深,帮助读者逐步理解和掌握各种控制方法。本书的编排详略得当,尽量避免晦涩难懂,适用于有控制理论基础的读者。

本书共 9 章,各章内容安排如下:

第 1 章为绪论,介绍高超声速飞行器的基本概念,并列举世界各国的高超声速飞行器研究计划,使读者对高超声速飞行器的概念和研究进展有基本了解,然后分析高超声速飞行器控制中的难点问题。

第 2 章对高超声速飞行器控制方法进行概述,总结国内外百余篇高超声速飞行器控制文献,按照线性方法、非线性方法对各种方法进行归类,然后对每种方法依次进行概述,并分析其优缺点。目的在于使读者对高超声速飞行器控制方法有一个较为全面的了解。

第 3 章描述目前文献中公开的典型高超声速飞行器模型,包括巡航段纵向模型和再入段六自由度模型,其中巡航段刚体模型空军实验室模型,巡航段弹性模型介绍了 David 模型和 Lisa 模型。给出各个模型的具体数学表达形式、含义及参数取值,为后面章节的飞行控制器设计及仿真奠定了基础。

第 4 章研究基于典型滑模的高超声速飞行器稳定跟踪控制。主要针对积分滑模、终端滑模典型控制方法进行概述,并描述基于积分滑模、终端滑模的高超声速飞行器稳定跟踪控制方法，有助于读者掌握采用典型滑模理论设计高超声速飞行器稳定跟踪控制器的设计方法。

第5章研究基于高阶滑模的高超声速飞行器稳定跟踪控制。对高阶滑模控制方法进行概述，描述基于自适应拟连续高阶滑模和超螺旋滑模的高超声速飞行器稳定跟踪控制方法，使读者可以掌握采用高阶滑模理论设计高超声速飞行器稳定跟踪控制器的关键技术。

第6章研究基于反步控制方法的高超声速飞行器稳定跟踪控制。对反步控制方法进行相关概述，并考虑高超声速飞行器强不确定特性，基于自适应反步控制策略，实现高超声速的稳定跟踪控制。并利用动态面方法，结合神经网络，保证输入约束下的高超声速飞行器的稳定跟踪控制，使读者掌握反步法与自适应及智能控制相结合的设计过程及难点问题。

第7章研究具有非最小相位特性的高超声速飞行器稳定跟踪控制。描述高超声速飞行器不稳定零动态产生的原因和带来的影响，指出升降舵-升力耦合系数与高超声速飞行器非最小相位特性强弱的关系。并针对具有强、弱非最小相位特性的高超声速飞行器模型分别采用不同方法设计稳定跟踪控制器。使读者可以掌握解决高超声速飞行器中非最小相位问题的关键技术。

第8章研究基于自适应多变量干扰补偿的再入姿态控制。考虑再入过程中匹配干扰、非匹配干扰及潜在执行器故障对再入姿态控制性能的影响，提出基于自适应多变量干扰补偿的再入姿态控制器设计方法，并在此基础上，基于齐次性理论设计多变量再入姿态控制器，完成再入姿态控制器-观测器的综合设计。有助于读者理解和掌握高超声速飞行器再入姿态控制的关键技术。

第9章研究高超声速飞行器实时再入轨迹与姿态协同控制。考虑多约束、不确定及外界干扰综合影响，分别基于Gauss伪谱法完成再入飞行器的离线轨迹设计、基于自适应Gauss伪谱法的实时最优反馈再入制导律设计，以及基于多时间尺度划分的再入姿态控制器设计，并在此基础上，设计基于实时轨迹优化的再入制导控制策略，实现高超声速飞行器复杂飞行环境下的实时轨迹与姿态协同控制。有助于读者理解和掌握高超声速飞行器再入轨迹与姿态协同控制的关键技术。

1.5 小 结

本章首先介绍了高超声速飞行器的基本概念，从速度、动力和飞行高度三个方面对高超声速飞行器的特点进行了描述；然后对各国高超声速飞行器研究进展进行了概述，重点分析了高超声速飞行器典型的控制难点问题，为后续控制方法的研究提供了方向；最后给出了本书的编写特点和内容安排。

参考文献

[1] Tsien H S. Similarity laws of hypersonic flows. Studies in Applied Mathematics,1946,25(1-4):443-447.

[2] Sarigulklijn M,Sarigulklijn N. A study of air launch methods for RLVs. AIAA Space Conference and Exposition,Albuquerque,2001.

[3] Rasky D J,Pittman R B,Newfield M E. The reusable launch vehicle challenge. AIAA Space Conference and Exposition,San Jose,2006.

[4] Hanson J. A Plan for advanced guidance and control technology for 2nd generation reusable launch vehicles. AIAA Guidance,Navigation,and Control Conference and Exhibit,Monterey,2002.

[5] Glass D,Glass C. Airframe research and technology for hypersonic airbreathing vehicles. AIAA/AAAF 11th International Space Planes and Hypersonic Systems and Technologies Conference,Orleans,2002.

[6] Lentsch A,Bec R,Deneu F,et al. Air-breathing launch vehicle activities in France—the last and the next 20 years. AIAA International Space Planes and Hypersonic Systems and Technologies,Norfolk,2003.

[7] Nishizawa T,Sarae W,Munenaga T. Overview of high speed flight demonstration project. AIAA International Space Planes and Hypersonic Systems and Technologies Conferences,Virginia,2003.

[8] 任章,白辰. 高超声速飞行器飞行控制技术研究综述. 导航定位与授时,2015,2(6):1-6.

[9] 吴宏鑫,孟斌. 高超声速飞行器控制研究综述. 力学进展,2009,39(6):756-765.

[10] 孙长银,穆朝絮,余瑶. 近空间高超声速飞行器控制的几个科学问题研究. 自动化学报,2013,39(11):1901-1913.

[11] 王文博,范国超,许承东. 临近空间高超声速飞行器制导与控制技术研究综述. 战术导弹技术,2015,(6):32-36.

[12] 宗群,曾凡琳,张希彬,等. 高超声速飞行器建模与模型验证. 北京:科学出版社,2016.

[13] 张超凡,宗群,董琦,等. 高超声速飞行器模型及控制若干问题综述. 信息与控制,2017,46(1):90-102.

[14] 吴立刚,安昊,刘健行,等. 吸气式高超声速飞行器控制的最新研究进展. 哈尔滨工业大学学报,2016,48(10):1-16.

第 2 章　高超声速飞行器控制方法概述

高超声速飞行器是一个集快时变、强非线性、强耦合、不确定等特性为一体的复杂被控对象，其控制问题面临巨大的挑战。国内外许多学者对高超声速飞行器控制系统的设计问题进行探讨和研究，目的是设计合适的控制器，确保飞行器在飞行包络线内实现安全稳定飞行，同时满足期望的性能指标。

通过调研美国 NASA、美国 DARPA、俄罗斯巴拉诺夫中央航空发动机研究所、法国航空航天研究院和意大利航空研究中心等飞行器研究机构的技术路线和实验进展，并在查阅国内外大量参考文献的基础上，本章总结高超声速飞行器的各种控制方法，主要包括 PID 控制、极点配置、增益调度控制、线性二次最优控制、经典鲁棒控制、模型预测控制、内模控制、多模型控制、动态逆、反步控制、滑模控制、非线性序列环闭控制、轨迹线性化控制、L_1 自适应控制、浸入与不变、预设性能控制等。按照线性和非线性对上述控制方法进行归类，如表 2.1 所示。

表 2.1　高超声速飞行器控制方法

分类	控制方法
线性	PID 控制、极点配置、增益调度控制、线性二次最优控制、经典鲁棒控制、模型预测控制、内模控制、多模型控制
非线性	动态逆、反步控制、滑模控制、非线性序列闭环控制、轨迹线性化控制、L_1自适应控制、浸入与不变、预设性能控制

本章主要内容安排如下：2.1 节对高超声速飞行器线性控制方法进行概述；2.2 节对高超声速飞行器非线性控制方法进行概述；2.3 节对本章进行总结。

2.1　高超声速飞行器线性控制方法

线性控制理论作为发展时间最长的控制方法，其理论构架相对成熟，并且具有简单，易于实现的特点，是较早应用于高超声速飞行器的控制方法。早期的研究主要针对高超声速飞行器的线性模型进行控制器的设计，该方法首先对高超声速飞行器非线性模型在某些平衡点附近进行线性化，而后针对得到的线性化模型，利用成熟的线性控制理论设计控制器。

2.1.1 PID 控制

PID 控制方法是目前工程上应用最广的一种控制方法，它的优点在于结构简单，不依赖于被控对象模型，且控制所需的信息量也很少，因而非常易于工程实现。

2000 年，美国堪萨斯大学的 Jewon[1] 对俯仰姿态和偏航姿态采用 PID 控制方法，解决临近空间飞行器的镇定和控制问题，其中控制器参数用“试凑法”。仿真表明，基于 PID 设计的控制器对飞行器模型进行控制时，在平衡点附近表现出很好的控制性能。2008 年，西北工业大学的龚宇迪等[2] 研究了基于干扰观测器的 PID 控制器设计方法，并将其应用到高超声速飞行器稳定控制中。研究表明，基于干扰观测器的 PID 控制策略能有效抑制模型中存在的各种干扰，很好地满足飞行控制系统的性能指标。

PID 控制方法作为传统线性控制的有效手段，控制结构简单、应用广泛、实用性强，但单纯的 PID 控制往往难以满足系统鲁棒性的要求。

2.1.2 极点配置

极点配置方法基于飞行器模型的特征值分析来设计控制器。在系统可控的假设下，选择合适的控制矩阵，即可将闭环系统矩阵的特征值配置到任意位置，以达到期望的控制性能。

2006 年，澳大利亚国立大学的 Fidan 等[3] 针对高超声速飞行器线性时变模型，解决了在参数不确定情况下的跟踪控制问题。当时变参数的先验信息完全已知时，利用多项式微分算子和积分算子矩阵，对时变的丢番图方程进行求解，设计极点配置控制器；考虑由于气动参数和耦合导致飞行器系统的不确定，利用投影正交化方法设计鲁棒自适应律，实现了对模型中的未知参数的在线估计，并基于上述估计值设计了极点配置控制器。2012 年，北京航空航天大学的 Feng[4] 针对吸气式高超声速飞行器中存在的弹性效应、非最小相位、模型不确定和强耦合特性，基于小扰动线性化模型，设计反馈控制器，其中，反馈系数由鲁棒 H_∞ 极点配置方法求得。

极点配置方法能够适用于模型参数存在快速变化的被控对象，具有一定的抗干扰能力。在极点配置方法中引入自适应方法，可以实现对系统中不确定参数在线估计，但自适应极点配置的前提是要求线性时变系统完全能可控可观，对于存在不能控或不能观的系统，该方法的有效性需要进一步探讨，且该方法仅是针对高超声速飞行器的纵向模型进行理论推导，方法能否具体实现，需要进一步验证。

2.1.3 增益调度控制

目前，国内外常规飞行器的控制器设计多采用传统的增益调度（gain-scheduling,GS) 控制方法,其核心思想是采用线性控制方法来解决非线性控制问题,首先将非线性被控对象模型分段线性化,分别针对得到的几个线性时不变子系统设计增益值,并做出随时间或参数变化的增益调度表。实际飞行控制时,根据飞行条件的改变实时调用表中的参数,完成控制任务。

2001 年,日本大阪大学的 Ohara 等[5]针对 HOPE-X 无人滑翔再入高超声速飞行器的纵向模型设计了基于线性参变(linear parameter varying,LPV)模型的增益调度控制器。选择飞行速度和动压作为时变参数建立了 LPV 模型,并考虑有界扰动的影响。采用积分二次约束技术,将不确定问题转化到 H_∞ 控制器设计中的约束问题,并通过线性矩阵不等式(linear matrix inequalities,LMI)进行求解。2002 年,美国航空航天局的 Lind[6]采用 LPV 结构描述高超声速飞行器 X-30 热颤振下的结构动态,设计了以温度为时变参数的增益调度控制器,以热颤振控制作为控制内环,以消除弹性造成飞行器刚体攻角变化的控制作为外环,稳定刚性动态。2011 年,哈尔滨工业大学的 Ge 等[7]针对高超声速飞行器 LPV 模型,分俯仰率环、姿态环和轨迹环三环进行增益调度控制器设计,各环顺序相连且频带不同。2013 年,东南大学的 Huang 等[8]针对弹性吸气式高超声速飞行器(X-43A),建立多胞 LPV 模型,采用速度和高度作为调度变量,将飞行包线分为四个子区域,设计四个增益调度控制器,通过它们之间的切换保证飞行器全包线稳定飞行。2015 年,火箭军工程大学的 Cai 等[9]针对弹性高超声速飞行器模型问题,设计一种增益调度跟踪控制器,综合了增益调度和 H_2 方法,仿真结果表明了该控制方法的有效性。

增益调度控制方法将原非线性系统在平衡点线性化后可以利用大量成熟的线性系统的设计方法、性能指标、计算工具等来设计期望的控制器,且不需要进行参数估计,可快速响应操作条件的变化,这是它能够在实际工程中得到大量应用的重要原因。然而,采用该方法设计高超声速飞行器的控制器时,需要精确选取反映飞行器特性的平衡点,才能保证控制器设计的有效性,并需要大量的增益调度表。此外,建模误差还可能导致控制器参数在不同工作点之间切换时造成参数突变,严重影响系统的整体性能,难以保证系统在全局上具有每个工作点的期望性能。

2.1.4　线性二次最优控制

线性二次最优控制针对标准的线性系统,设计性能指标函数为系统状态量和控制量的二次函数,二次型问题的最优解有统一的表达形式,因此控制器设计时构造简单的线性反馈控制器,形成闭环回路,求取闭环反馈的最优解即可。

2004 年,日本国防大学的 Ochi[10]针对 1996 年日本发射的高超声速飞行试验样机(hypersonic flight experiment vehicle,HYFLEX),考虑参考命令输入和气动参数时变引起的不确定,对非线性纵向模型的伪平衡点线性化,建立了高超声速飞行器线性模型。由于飞行器结构是类圆柱状,且大攻角和航迹角飞行器,纵向模型和横侧向之间的耦合不可忽略，因此线性模型中考虑了耦合项。对标称线性模型设计线性二次型调节器(linear quadratic regulator，LQR)，考虑到飞行状态是时变的，继而采用增益调度方法。仿真说明在控制输入和气动参数偏离标称量时，控制系统仍然能够保证良好的性能。2005 年，俄亥俄州立大学的 Groves 等[11]考虑存在弹性和耦合影响时，为保证能够有效跟踪给定速度、攻角和高度指令，采用积分增广结合线性二次调节方法设计控制器，同时，为了更好地实现跟踪效果，利用模型追随法对性能指标的权重进行调节，不但能够有效调节控制参数，且系统输入限制在合理的范围内。2007 年，南加利福尼亚州立大学的 Kuipers 等[12]针对高超声速飞行器刚体线性模型，设计自适应线性二次型控制器；在此基础上考虑空气动力与推进系统之间的耦合和高超声速飞行器飞行数据缺乏导致的不确定，通过投影修正的梯度方法设计鲁棒自适应控制器，利用飞行动态响应信息在线估计和更新系统信息。2009 年，麻省理工学院的 Gibson 等[13]针对 CSULA-GHV 纵向模型，考虑推力不确定以及执行器饱和的影响。综合 LQR 和自适应控制方法，对存在不确定和外部干扰的高超声速飞行器控制模型进行鲁棒自适应控制。2010～2013 年，澳大利亚新南威尔士大学的 Rehman 等[14-16]针对弹性吸气式高超声速飞行器模型，通过反馈线性化得到线性模型，然后针对线性模型设计 LQR 控制器。2011～2012 年，哈尔滨工业大学的 Li 等[17,18]，针对弹性吸气式高超声速飞行器小扰动线性化模型，研究了静态输出反馈、动态输出反馈和全状态反馈条件下的 LQR 控制器设计。

LQR 方法设计的控制器，在对具有耦合影响的飞行器纵向模型进行验证时，获得了比较理想的控制效果；此外，通过引入鲁棒自适应律，能够有效地增强控制系统的抗干扰能力。然而，该方法只考虑了在一个平衡点处的高超声速飞行器控制性能，而没有对多个平衡点条件下的飞行器控制问题进行研究，该方法结合增益调度研究大范围内飞行器的控制问题是未来的一个研究方向。

2.1.5　经典鲁棒控制

鲁棒控制方法以闭环系统的鲁棒性作为目标设计控制器。所谓“鲁棒性”是指控制系统在一定(结构、大小)的参数摄动下，维持某些控制性能。经典鲁棒控制方法中较为常见的有 H_∞ 控制方法和 μ 综合控制方法。

H_∞ 控制方法主要处理外部扰动，其设计思路为：①在有界外部扰动作用下，设计控制器，并建立闭环系统中外部扰动到评价输出的传递函数；②定义该传递函数的 H_∞ 范数(最大奇异值)，依据鲁棒性要求给出该 H_∞ 范数的界限；③借助线性矩阵不等式工具，优化求解满足该约束条件的控制器增益，得到 H_∞ 鲁棒控制器。

μ 综合控制方法主要处理系统的未建模动态，其设计思路为：①将不确定摄动表示为未建模动态的形式；②在未建模动态界限已知的前提下，设计控制器，利用闭环反馈系统稳定裕度定义系统的 μ 度量值，并依据鲁棒性要求约束该 μ 值的界限；③利用 D-K 迭代优化算法，求解满足该约束条件的控制器增益最优解，得到 μ 综合鲁棒控制器。

1994 年，美国 NASA 的 Gregory 等[19]将飞行中湍流对高超声速飞行器的影响作为外界干扰，针对线性不确定模型，分别采用经典鲁棒 H_∞ 和 μ 综合两种控制方法，对系统中的输入不确定进行抵消，并对两种控制方法进行了比较。1997 年，美国乔治亚理工学院的 Bushcek 等[20]考虑将空气动力、推进系统和结构动态之间的耦合作为模型不确定，采用固定阶 μ 综合技术设计控制系统，避免了经典 H_∞ 和 μ 综合出现的控制器高阶现象。2001 年，南加利福尼亚大学的 Lohsoonthorn 等[21]采用鲁棒 H_∞ 特征配置对高超声速飞行器短周期模态和长周期模态进行解耦探讨。2005 年，西北工业大学的朱云骥[22]针对 Winged-cone 飞行器的纵向模型和 X-38 再入飞行器的横侧向运动模型进行控制器设计，在模型、控制器自身和执行器三种不确定存在的情况下，设计了鲁棒控制器，最终将控制器设计问题转化为 LMI 的求解问题。2007 年，哈尔滨工业大学的段广仁[23]考虑到高超声速飞行器动力学特性中的强耦合及严重的不确定性和非线性，以及飞行高度、速度和载荷重量的变化对飞行器的动态结构和参数的影响，利用鲁棒参数化方法设计控制器，很好地适应载荷释放所造成的飞行器质量突变问题，对于高超声速大机动飞行导致的系统参数不确定性和三通道耦合特性具有很好的鲁棒稳定性，可以快速精确地对制导产生的过载信号进行跟踪。2008 年，西北工业大学的尉建利等[24]针对飞行器强耦合、非线性、复杂的飞行环境，模型中存在复杂力学过程导致的未建模不确定，以及飞行过程存在的各种无法完全预知的扰动，采用 μ 分析方法设计了高超声速飞行器鲁棒控制系统。2009 年，西北工业大学的孟中杰等[25]针对高超声速飞行器由于采用机体/发动机一体化设计思想导致机体和发动机的耦合，飞行器突出的弹性问题及弹性变形后对机体/发动机的交互影响，飞行过程中的各种干扰、气动参数摄动、线性化建模引起的未建模动态问题，研究基于 H_∞ 理论的高超声速飞行器鲁棒控制器的设计，考虑 H_∞ 鲁棒控制中的混合灵敏度设计问题，通过选择合适的加权阵，组成广义被控对象，采用 Riccati 方程求解鲁棒控制器。设计的控制器能够有效地抵抗飞行过程中存在的多种干扰和飞行参数的摄动，很好地满足飞行控制系统的性能指标。同时，指出了需要考虑机动较强情况下的飞行器鲁棒控制器设计问题。

鲁棒控制作为解决系统不确定的重要手段，已多次用于高超声速飞行控制设计中。鲁棒控制方法将系统抵御不确定及干扰影响的能力在控制器设计阶段予以考虑，增加了设计控制器的鲁棒性，且能有效地处理非结构不确定对系统性能产生的影响，但设计的控制器存在较大的保守性。

2.1.6 模型预测控制

模型预测控制(model predictive control,MPC)是一种基于预测过程模型的控制算法。该算法的基本思想是充分利用系统信息建立预测模型,然后利用预测模型对系统未来的输出做出预测。在此基础上设计控制变量,使预测输出与期望输出之间的误差最小,从而通过长时域的优化获得最优的控制量,实现对被控对象的有效控制。

2005年,荷兰代尔夫特理工大学的Recasens等[26]针对带有气动参数不确定的再入高超声速飞行器X-38,研究在输入约束和状态约束的情况下,将二次规划算法替代最小-最大模型预测技术,结合模型预测和反馈线性化,实现高超声速飞行器沿预设轨迹飞行。2009年,美国洛杉矶学者Vaddi等[27]针对弹性条件下的带有控制量和状态量约束的飞行器纵向模型,采用基于滚动优化的模型预测控制,所设计的控制器不但成功用于跟踪参考轨迹,并且满足变量中存在不等约束的要求。2009年,南京航空航天大学的Du等[28, 29]针对高超声速飞行器姿态控制中的姿态角和角速率的跟踪问题,考虑气动不确定因素和外界未知干扰,提出了一类广义预测控制方法,结合基于神经网络的干扰观测器,用于估计不确定参数以及干扰,并给出引入干扰观测器后闭环系统的稳定性证明。

模型预测控制方法能在控制输入存在约束的条件下利用在线滚动优化使系统很好地跟踪期望轨迹;利用该方法设计的控制器,能够对具有耦合影响的高超声速飞行器非线性纵向模型进行有效控制。然而,该方法对滚动优化求解的优化算法的快速性要求较高,如果不能保证优化算法的快速收敛,将很难达到预期的控制效果。在系统中存在输入约束和状态约束的情况下,模型预测控制是一种有效的控制方法。此外,由于高超声速飞行器在实际的飞行过程中,存在如气动参数不确定、外界干扰等复杂特性,模型预测控制方法与干扰观测器结合,可以显著增强飞行控制的抗干扰能力。

2.1.7 内模控制

与常规反馈控制相比,理想内模控制(internal model control,IMC)由对象模型的逆构成,可以克服任何外加干扰。同时,通过在反馈通道增加滤波器的方法,以抑制模型失配带来的影响,提高系统的鲁棒性能,实现对参考输入的无偏差跟踪。内模控制与高级控制算法的结合,可进一步改善系统的性能。

2008年,俄亥俄州立大学的Sigthorsson等[30]研究临近空间高超声速飞行器的鲁棒输出反馈控制问题,即在模型不确定和飞行条件时变的前提下,利用有限的状态信息,保证鲁棒速度和高度跟踪。基于全阶观测器设计控制器对燃料消耗引起的飞行时变动态不能保证充分的鲁棒性,因此采用基于内模的输出反馈控制器设计，不利用状态估计，同时提供良好的性能。仿真说明，在大包线飞行条件下，内模控制与基于状态观测器设计控制器的方法相比，不仅能提供更好的鲁棒跟踪性能，且设计控制器十分简单。

基于内模设计的控制器不依赖于状态估计器，不受状态估计精确性的影响，对参数不确定性有良好的鲁棒性。缺陷是设计部分依赖于高增益反馈，有可能激发弹性动态，因此在设计过程中需要选择合适的参数，增加了控制器的复杂程度。

2.1.8　多模型控制

多模型控制方法基于分解合成策略进行控制器设计，主要用于具有大范围工况控制过程的稳定控制。设计思路为：将原特性复杂且变化幅度较大的被控对象模型按照不同模型特征进行分解，建立子模型，用多个简单的子模型逼近原复杂模型；针对每个子模型设计控制器，将原复杂控制器设计问题简化；依据测量的实际系统工作数据，对各个子控制器基于切换原则或加权组合方法，形成最后的总体多模型控制器。

2008 年，南加利福尼亚大学的 Kuipers 等[31]为了满足精确的轨迹跟踪，针对攻角敏感的气动参数和弹性变形造成的参数大范围不确定问题，采用一种新的多模型自适应控制(multiple model adaptive control，MMAC)方法。考虑高超声速飞行器线性模型及 Dryden 风扰动影响，将大范围不确定参数取值区间分为多个子区间，以此为依据将原模型分为不同的子模型，分别采用 μ 综合方法设计子控制器。考虑到不确定参数不可测的情况，设计具有自学习能力的鲁棒自适应律，得到不确定参数的估计值。进一步设计了自适应混合控制策略，得到连续的控制信号，以达到良好的暂态性能，避免了控制中抖振或激发未建模动态。2009 年，Kuipers 团队[32]又进一步分析了该方法的稳定性和鲁棒性，得出的结论为若未建模动态满足范数有界，则闭环回路中状态量有界。2007 年，南京航空航天大学钱承山等[33]针对多模型切换机制在切换边界处的不平滑问题，提出一种模糊切换多模型控制，其中控制器切换在模糊区域边界处进行，保证切换过程中系统状态轨迹的平滑性。2014 年，上海交通大学的 Tao 等[34]针对高超声速飞行器的强非线性、大飞行包线问题，提出了一种多模型预测控制策略，考虑动压问题，使用了一种多模型转化策略。最后在 dSPACE 上仿真，证明该控制方法有着良好的跟踪效能。

多模型控制设计高超声速飞行器控制系统时，主要针对的是飞行器的不确定问题，尤其是大不确定问题。通过将大的不确定参数变化区间分为变化较小的区间，分别解决传统鲁棒控制器设计方法在参数的大不确定影响下的稳定控制问题，且该方法可以通过结合自适应方法在线估计不确定参数的大小，显著增强多模型控制器的鲁棒性。但多模型控制需要解决本身的不连续切换问题，因此需要结合鲁棒多变量控制和自适应控制，采用连续控制器达到良好的暂态性能。

2.2 高超声速飞行器非线性控制方法

高超声速飞行器本质上是高度非线性的，线性控制方法很难克服系统中非线性因素、状态耦合、扰动、参数变化及状态约束的影响，因此难以取得很好的闭环控制性能。典型的非线性控制方法在高超声速飞行器控制器设计中主要包括：动态逆、反步控制、滑模控制、非线性序列闭环控制、轨迹线性化控制、L_1自适应控制、浸入与不变、预设性能控制等。

2.2.1 动态逆

动态逆方法又称为反馈线性化法，其通过非线性反馈或动态补偿的方法将满足一定条件的非线性系统变化为线性系统，实现输入输出线性解耦，得到精确线性化控制模型，进一步采用线性控制理论进行设计。动态逆方法要求精确的模型解析式，但复杂飞行器的动力学特性具有很强的耦合性和非线性，即使建立起非线性数学模型，也很难求出模型的逆，因此动态逆方法在运用中受到一定的限制。

2000 年，普林斯顿大学的 Wang 等[35]在研究高超声速飞行器的飞行控制问题时，采用非线性动态逆方法，设计非线性控制器。为了解决动态逆方法鲁棒性差的问题，将其与遗传算法结合，使用遗传算法寻找动态逆结构的参数域，实现系统控制性能与鲁棒性间的折中。2003 年，南京航空航天大学的朱荣刚等[36]利用状态反馈线性化方法设计快回路和慢回路控制器，采用在线神经网络对模型误差进行补偿，对参考跟踪轨迹具有一定的自适应能力和鲁棒性。2006 年，南京航空航天大学的刘燕斌等[37]设计高超声速飞行器控制系统，应用非线性状态反馈线性化控制结合最优状态调节器设计控制器。2008 年，鲁波等[38]设计了一个神经网络动态逆补偿控制方法，采用神经网络补偿逆误差，弥补了非线性动态逆要求精确数学模型的缺点。2009 年，澳大利亚国立大学的 Rehman 等[39]综合动态逆和鲁棒 LQR 控制方法设计控制器，高超声速飞行器非线性标称模型采用动态逆，对不确定项在局部平衡条件下线性化处理后，采用鲁棒 LQR 控制法，完成了不确定条件下对飞行速度指令和高度指令的良好跟踪性能。2009 年，俄亥俄州立大学的 Serrani 等[40]考虑了有鸭翼的吸气式高超声速飞行器模型，将系统分为速度环、高度环和俯仰角环，采用动态逆方法结合自适应设计各环的控制器。2012 年，天津大学的 Ji 等[41]按照动态逆思路为高超声速飞行器设计了控制器，采用了浸入与不变技术建立观测器对模型中的非线性项进行估计。2013 年，天津大学的黄福山等[42]针对速度及高度输出，结合动态逆方法分别设计解耦滑模面，同时利用 Lyapunov 稳定性概念设计时变的反馈增益，代替传统滑模控制方法中不连续的符号函数，有效地削弱了控制量抖振。2015 年，国防科技大学的 Cheng 等[43]针对高超声速飞行器飞行过程中的外界干扰及强耦合问题，采用动态逆与滑模相结合的控制策略对飞行器的姿态进行调整控制。2018 年，天津大学的 Ye 等[44]针对高超声速飞行器非最小相位模型，提出基于输出重定义的动态逆方法。文章建立了一种简单实用的输出重定义方法，使系统零动态得到镇定，然后针对新输出设计动态逆控制器实现跟踪，该方法是对传统动态逆方法的扩展，有效解决了非最小相位系统的稳定跟踪控制问题。

作为一种有效的非线性控制方法，动态逆方法广泛应用于高超声速飞行器的稳定跟踪控制。该方法兼容模型非线性和线性特性的同时，具有进行状态间解耦的能力，可以将耦合的状态通过非线性变换解耦为独立的控制回路进行控制器设计。但是因为动态逆方法过度依赖于精确的系统模型，为了获得较好的控制性能，往往需要与其他控制方法结合。

2.2.2　反步控制

以科克托维奇(Kokotovic)及其合作者发展起来的反步控制法为解决非线性系统的控制问题带来了一种全新的思路，并在高超声速飞行器控制器设计中进行了应用。该方法首先将复杂的高超声速飞行器非线性模型分解成多个子系统，并以严反馈形式表示。每个虚拟子系统的设计过程中，引入虚拟控制输入，通过设计 Lyapunov 函数以保证子系统中相应状态量的稳定性。在此基础上，一直反推到整个系统，完成控制器的设计，最终实现全局跟踪。

2004 年，韩国科学院的 Lian 等[45]为高超声速再入飞行器的姿态动力系统设计了反步控制器。针对高超声速飞行器的强非线性特性，选取三个欧拉角作为系统状态，由气动力矩产生(气动力矩的函数)控制输入，进而设计反步控制器。但在实际中，气动力矩不但包括命令信号，还包括未建模扰动(以偏差力矩的形式出现)。为了将偏差力矩的影响最小化，文中采用自适应律来抵消力矩偏差的影响。此外，实际中的控制输入是舵面偏转量，而气动力矩和舵面偏转之间的关系是强非线性的，不能通过一个求逆的过程由气动力矩推算出舵面偏转，为了解决该问题，引入非线性在线优化技术，避免了复杂的寻优过程。法国国立巴黎高等矿业学院的 Poulain 等[46]针对高超声速飞行器推进系统导致的非线性和非最小相位现象，采用由半经验法建立的模型，基于奇异摄动理论将高超声速飞行器模型按时间尺度分离为旋转动态和速度动态，其中速度-航迹角子系统作为慢子系统，设计镇定子控制系统；升力-俯仰角动态子系统采用反步控制法进行设计。2007 年，南京航空航天大学的刘燕斌等[47]采用非线性动态逆与反步控制结合的方法设计高超声速飞行器控制系统，以非线性动态逆作为控制内环，通过精确线性化解除多变量间的强耦合关系；采用反步控制法设计外环控制器，保证系统的全局稳定并抑制不确定参数的扰动。2008 年，清华大学的高道祥等[48]提出了基于反步控制法的高超声速飞行器模糊自适应控制方法，分别设计了基于动态逆的速度控制器和基于反步控制法的高度控制器，采用模糊自适应系统在线辨识飞行器模型由于气动参数的变化而引起的不确定性。2009 年，高道祥等[49]采用欧拉法得到高超声速飞行器近似的离散模型，根据近似离散模型并结合反步控制法和动态逆方法，设计了飞行器的离散控制器，以保证高超声速飞行器速度和高度保持在期望值附近。但文中没有考虑由于高超声速飞行器工作环境变化大引起的大范围参数变化和外界干扰。2012 年，天津大学的 Zong 等[50]采用反步法为高超声速飞行器设计了控制器，文中考虑到实际中攻角、航迹角难以测量的情形，设计了非线性观测器对攻角和航迹角进行实时估计，与反步控制结合得到动态输出反馈控制器，并用小增益定理证明了闭环系统的稳定性。2012 年，俄亥俄州立大学的 Fiorentini 等[51]考虑了气动系数、飞行器质量等 35 个参数的不确定，采用自适应方法对其真实值进行估计。高度环设计过程采用反步控制法。该文分析了高超声速飞行器模型的非最小相位特性，采用小增益定理证明了控制器对零动态的稳定作用。2012 年，天津大学的 Hu 等[52]采用动态面法设计高度环控制器，通过滤波器得到虚拟输入的导数，解决传统反步控制法中因求虚拟输入高阶导数导致的“计算爆炸”问题。2014 年，天津大学的 Zong 等[53]在文献[54]的基础上进行改进，采用最小学习参数法估计神经网络权值向量，减轻计算负担，并且考虑了输入约束，在控制器中引入附加系统以防止执行器饱和。2014 年，西北工业大学的 Xu 等[55]采用动态面方法设计高度环控制器，其设计思路与文献[51]类似，文中考虑了气动系数、飞行器质量等参数的不确定，采用自适应方法对其真实值进行估计。2017 年，天津大学的 Ye 等[56]针对高超声速飞行器非最小相位模型，指出对于弱非最小相位模型，可以忽略弱耦合项，采取同时经过内、外部状态的扩展控制回路使零动态得到控制。基于该思想，文章建立了积分链形式的高超声速飞行器面向控制模型，采用自适应反步方法设计了控制器。

反步控制法本身设计过程简单，易于实现。与动态逆方法相比，反步控制法可直接设计 Lyapunov 函数保证系统的稳定性；在处理非线性项时更加灵活，可直接针对非线性模型设计控制器。但反步控制法无法解决系统参数不确定问题。目前的研究集中于如何利用反步控制法与智能方法、自适应控制方法相结合，解决系统中存在扰动或不确定的问题。

2.2.3 滑模控制

滑模控制(sliding mode control，SMC)本质上是一类特殊的非线性控制，且非线性表现为控制的不连续性。滑模变结构控制与常规控制的根本区别在于系统的“结构”并不固定，即一种使系统结构随时间变化的开关特性。这种控制特性迫使系统在一定特性下沿着规定的状态轨迹做小幅度、高频率的上下运动，这就是“滑动模态”或“滑模运动”，在动态过程中，根据系统当前的状态（如偏差及其各阶导数等）有目的地不断变化，迫使系统按照预定“滑动模态”的状态轨迹运动。滑模控制方法控制器结构简单，对系统的精确度要求低，对系统中的未知不确定性具有很好的鲁棒性。因此在飞行器控制器设计中得到了大量的应用。然而滑模控制会带来执行机构抖振的问题，是目前传统滑模中亟待解决的问题之一。

2004 年，南加利福尼亚大学的 Xu 等[57]针对高超声速飞行器纵向模型，结合反馈线性化和自适应滑模算子，设计多输入多输出（MIMO）自适应滑模控制器，该控制策略对参数不确定有很好的鲁棒性，可以满足低幅度控制输入的要求和控制性能。2006 年，中国空间技术研究院的童春霞[58]针对空天飞行器的未建模动态特性和飞行环境的不确定性，设计了基于滑模的强鲁棒稳定控制系统。即在一般滑模控制器的基础上，用自适应极点配置设计切换函数，保证滑动模态的运动品质，同时其控制器参数采用自组织模糊进行调节，有效地削弱了滑动模态的抖振，具有动态响应快、超调小、精度高、系统鲁棒性强的特点。2007 年，北京控制工程研究所空间智能控制技术国家级重点实验室的杨俊春等[59]针对高超声速飞行器再入返回过程的姿态控制问题，设计积分滑模控制器，实现了对再入制导指令的鲁棒解耦跟踪。在该控制策略中不确定性和干扰无须具有常数界，只要其界为状态变量或可测外部变量的已知函数即可。2008 年，南京航空航天大学的姜长生[60]针对高阶 MIMO 非线性系统设计了基于快速模糊干扰观测器的自适应终端滑模控制器。通过设计快速模糊干扰观测器，克服了传统模糊干扰观测器在误差较小时收敛速度慢的缺点，严格证明了跟踪误差及观测误差均在有限时间内收敛到零附近的小区域，消除了系统不确定和外部干扰的影响，并保证观测误差和系统误差均在有限时间内收敛到各自的小区域，从而提高了整个闭环系统的响应速度，同时保证了系统的鲁棒性。2012 年，哈尔滨工业大学的 Hu 等[61]针对吸气式高超声速飞行器小扰动线性化模型，设计了基于线性滑模面的自适应滑模控制器，保证在不确定上界未知情况下系统稳定。2012 年，天津大学的 Liu 等[62]为高超声速飞行器设计了滑模控制器，为了更好地抑制不确定，文中采用了积分滑模面，Monte-Carlo 仿真结果验证了该方法的鲁棒性。2015 年，天津大学的 Su 等[63]采用非奇异终端滑模和干扰观测器设计六自由度再入姿态控制策略，对参考指令实现了有限时间跟踪。

滑模控制因其“滑动模态”或“滑模运动”，对系统不确定有很强的鲁棒性。对不确定的系统，滑模控制器能很好地实现系统跟踪性能，因此能够很好地解决高超声速飞行器受不确定影响下的稳定跟踪控制问题。滑模控制的缺点在于当状态轨迹到达滑模面以后，难于严格沿着滑模面向着平衡点滑动，而是在滑模面两侧来回穿越，从而产生高频抖振，许多实际控制器、执行机构无法实现高频切换，在很大程度限制了滑模控制的工程应用。近年来，很多学者为减小滑模控制抖振的影响，提出了高阶滑模控制的概念，它保持了普通滑模控制鲁棒性良好的优点，同时能够有效削弱抖振的影响。

2008 年，Tournes 等[64]针对超声速滑翔机的飞行器模型和发动机模型中存在大量不确定问题，采用高阶滑模控制方法，同时保证了系统的控制性能和鲁棒性。国内研究高阶滑模控制方法的团队众多，其中天津大学的宗群团队将高阶滑模控制方法应用到高超声速飞行器的控制器设计中，取得了很多标志性的成果，解决了高超声速飞行器中的弹性问题、非最小相位问题和容错控制问题。2013 年，天津大学的 Zong 等[65-67]针对吸气式高超声速飞行器模型，通过反馈线性化得到线性模型，针对反馈线性化模型设计了高阶滑模控制器。同年，该研究团队根据多输入多输出拟连续高阶滑模理论设计控制器，两者都结合了自适应控制，不需要知道不确定上界[67]。天津大学的 Zong 等[66]在文献[67]的基础上，考虑部分状态反馈，采用高阶滑模观测器估计攻角和航迹角，设计了部分状态反馈滑模控制器。2013 年，天津大学的 Zong 等[65]基于齐次性理论，考虑不确定上界未知的情况，设计自适应高阶滑模控制器。文中用 Monte-Carlo 仿真验证了控制器的鲁棒性。天津大学的 Dong 等[68,69]将超螺旋滑模和有限时间干扰观测器结合，在不确定和干扰上界已知的情况下可以使飞行器的姿态实现任意快速收敛。2015 年，宗群团队基于干扰观测器对飞行器中的不确定以及干扰进行估计，并在该基础上设计了自适应多变量滑模控制器，有效解决了高超声速飞行器中的强耦合、强不确定性以及强干扰问题[70]。2016 年，天津大学的 Dong 等[71]提出两种自适应多变量超螺旋控制算法，设计了高超声速飞行器的姿态控制器，在该策略中无须使用干扰观测器对不确定和外界干扰进行估计，简化了整个飞行器的控制结构，同时有效降低了抖振。2017 年，宗群团队又针对高超声速飞行器中的执行器故障问题，采用自适应多变量超螺旋干扰观测器对扰动、不确定以及故障进行估计，并设计了连续终端滑模控制器，实现了对飞行器的再入容错控制[72]。

高阶滑模控制方法在保持传统滑模设计简便、鲁棒性强等优点的同时，能够有效削弱控制抖振的影响，但滑模本质是一类基于最坏情况考虑的控制方法，该方法的鲁棒性往往以丧失系统的标称控制性能为代价。

2.2.4 非线性序列闭环控制

非线性序列闭环控制根据高超声速飞行器模型的特点，考虑系统状态的时间尺度，以及状态量之间的耦合和相互影响，将高超声速飞行器模型分解为多个子系统，如速度子系统，高度、航迹角子系统，攻角、俯仰角速率子系统。考虑每个子系统的运动方程以及子系统之间的相互耦合，设计每个子系统相应的控制输入，综合应用自适应控制和鲁棒控制方法，设计合适的控制器，最终实现系统的全局稳定跟踪。

2007 年，俄亥俄州立大学的 Fiorentini 等[73]首次采用非线性序列闭环方法设计状态反馈控制器。采用体现机理模型的非最小相位、机体耦合等特性的面向控制的模型(control-oriented model，COM)设计控制器。在设计过程中，将弹性动态作为扰动处理，在仿真中评估弹性动态的影响。考虑参数不确定问题，结合鲁棒和自适应控制方法，分别设计多个子系统的控制器。控制器设计不依赖于模型参数，因此对参数不确定可保证良好的鲁棒性。2008 年，Fiorentini 等[74]做了一些改进，在稳定性分析中考虑了高度跟踪误差动态方程；增加了鸭翼作为控制输入可抑制非最小相位现象；航迹角跟踪误差动态分析中，采用扇区有界性理论来分析 Lyapunov 稳定性更为简洁。文中基于高保真模型(high fidelity model，HFM)进行了仿真验证。同年，该研究团队[75]考虑实现对参考速度和高度轨迹的跟踪，以及对攻角的定点跟踪问题。稳定性分析中考虑了弹性动态，设计的控制器不仅对模型中原有的参数不确定具有很好的鲁棒性，而且对由于弹性动态引起的动态不确定有良好的鲁棒性。在稳定性分析中，得出结论是控制器增益参数可调范围是较大的。2009 年，在上述文章的基础上，Fiorentini 等[76]又对飞行器速度、高度、攻角作为输出时，分析了非线性系统内动态的特点，虽然系统内动态十分复杂，却是 Lyapunov 稳定性分析中的重要部分。最终估计了闭环系统的增益裕度，为控制器增益调节提供依据。

与动态逆方法相比，非线性序列闭环控制避免了复杂的 Lie 导数求解过程，并且可以保证较好的鲁棒性，还可抑制弹性引起的不确定影响。但其自适应控制器维数过高，需要讨论控制器模型降阶问题。

2.2.5　轨迹线性化控制

轨迹线性化控制(trajectory linearization control，TLC)的设计思路是利用开环的被控对象的输入输出逆映射将轨迹跟踪问题转化为一个时变非线性的跟踪误差调节问题，然后设计闭环的状态反馈调节律使整个系统获得满意的控制性能。轨迹线性化方法是基于微分代数谱理论且具有时变概念的非线性控制方法。轨迹线性化方法可以简单描述为前馈加反馈环节：前馈开环系统的作用是根据期望的系统输出值获得已建模控制输入，反馈环节的作用则是消除不确定和外界干扰的影响。将轨迹线性化方法应用到高超声速飞行器的控制器设计中，可以最大地利用飞行器已知的模型信息并保证系统的鲁棒性。

轨迹线性化控制是美国俄亥俄州立大学的 Zhu 教授在 20 世纪 90 年代中后期逐步建立并发展起来的一种非线性跟踪和解耦控制方法。Zhu 基于 Floquet 的微分算子因式分解思想研究了高阶时变标量动态系统的统一特征值理论，并建立起完整的时变系统微分代数谱理论。2006 年，俄亥俄州立大学的 Adami 等[77]首次将轨迹线性化控制应用于高超声速飞行器纵向运动方程中。首先建立了平衡点的查询表,在不同的飞行速度和飞行高度等条件下,配平飞行器模型以计算该查询表,然后采用数据拟合的方法用解析表达式表示配平数据。基于上述的平衡点查询表,采用分配策略将轨迹线性化方法用于高超声速飞行器纵向刚体模型中。该方法的特点为采用时变的特征值,避免了将冻结特征值用于时变动力学系统时可能导致的不可靠结果。2008 年,Adami 团队[78]考虑机体弹性形变频率难以预测的难题,设计频率检测逻辑单元用于在线检测弹性频率,将轨迹线性化方法和时变陷波滤波器相结合,设计自动调节控制系统,取得了较好的效果。2007 年,南京航空航天大学的朱亮等[79]针对轨迹线性化控制不能很好地解决高超声速飞行器在飞行过程中的建模误差和外界干扰等不确定因素,而导致的性能下降甚至失效的问题,利用非线性干扰观测器对系统中存在的不确定进行估计,其输出用以设计新的补偿控制器,从而使轨迹线性化方法的控制性能得到改善。2008 年,朱亮等[80]采用鲁棒自适应轨迹线性化实现高超声速飞行控制系统设计。利用单隐层神经网络的逼近能力,在线估计系统中存在的不确定性,其中神经网络输出用于抵消不确定性对轨迹线性化方法控制性能的影响。鲁棒自适应控制器用以克服逼近误差,并保证闭环系统有良好的控制性能。同年,薛雅丽等[81]对基于轨迹线性化控制方法及径向基函数神经网络(radical basis function neural network,RBFNN)技术的鲁棒自适应轨迹线性化控制方法进行了研究。首先基于被控对象的分析模型设计系统的 TLC 控制器,然后利用 RBFNN 对系统不确定的逼近能力,设计了鲁棒自适应控制器及参数的自适应调节律,并采用 Lyapunov 方法严格证明了闭环系统所有误差信号一致最终有界。2015 年,北京航空航天大学的 Shao 等[82]针对高超声速再入飞行器中的有界不确定问题,将 TLC 和自抗扰控制(active disturbance rejection control,ADRC)方法相结合设计了飞行器的控制策略,通过该策略可以使得闭环系统的跟踪误差渐近收敛。TLC 方法同样也可用于飞行器的再入制导中,TLC 与基于轨迹在线生成的制导方法的结合可以显著提高再入制导的自主性和适应性[83]。

TLC 可以给出参考轨迹中每一点的增益,因此可视为不需插值计算的增益预置控制器,通过 TLC 方法设计控制器可使闭环系统获得指数稳定,并且对系统中存在的各种摄动都具有本质上的鲁棒性;时变带宽技术允许 TLC 控制器通过在线调整闭环系统带宽,提高系统的抗干扰能力,改善控制性能。然而,目前 TLC 方法中的闭环系统误差调节器采用线性时变状态反馈控制器实现,虽然可以获得沿着标称状态的指数稳定,但却是局部的。当系统中不确定因素足够大时,TLC 控制性能降低甚至失效。

2.2.6 L_1 自适应控制

L_1 自适应控制是一种改进的模型参考自适应,该方法又称快速鲁棒自适应控制，由 Cao 等[84]于 2006 年提出。其控制目标是设计一种自适应控制器，该控制器能够保证系统输出跟踪参考信号，并且具有良好的暂态性能和稳态性能。与传统模型参考自适应方法相比，L_1 自适应控制加入了低通滤波器和高增益反馈。在系统中加入低通滤波器对控制信号进行滤波，可以抑制控制信号中存在的高频成分，得到快速的自适应调整效果，并利用基于 L_1 范数的增益稳定性要求来确定滤波器带宽，从而在实现跟踪误差渐近收敛的前提下，能够获得良好的暂态控制性能，以避免高频振荡情况的出现。在 L_1 自适应控制方法中加入高增益，使实际的状态快速收敛于期望的状态。其中，为了使自适应律能够保持在一定范围之内，L_1 自适应控制采用了投影的方法。

2007 年，弗吉尼亚理工大学的 Lei[85]将 L_1 自适应控制用于高超声速飞行器模型，该方法很好地补偿了参数不确定和未建模动态。该方法对一致有界暂态响应的鲁棒自适应性、稳定性及并可解析计算稳定边界方面具有较大的优势。2009 年，Lei 等[86] 又针对修正的高超声速飞行器非线性纵向模型，考虑中间机体为刚体，前体是线性弹性的，刚性的升降舵固定在前体的末端。因此，在数学模型中，俯仰力矩不但取决于控制面位置，而且取决于控制面运动的速度和加速度。为了补偿模型建模不确定，引入 L_1 自适应控制方法。为了实现较快的自适应策略，同时保证系统的鲁棒性、输入和输出信号的暂态性能，在反馈环中加入了低通滤波器。仿真说明 L_1 自适应控制可较好地抑制弹性动态和升降舵偏转之间的强耦合。2014 年，澳大利亚昆士兰大学的 Banerjee 等[87] 研究了高超声速滑翔机降落纵向轨迹控制方法，L_1 自适应控制用来解决匹配不确定问题。文章的主要贡献是针对非最小相位线性时变状态反馈系统，应用和检测分段常数 L_1 自适应的性能。

L_1 自适应控制可以很好地补偿参数不确定和未建模动态，对一致有界暂态响应有很好的鲁棒性，并可解析计算稳定裕度，且在设计过程中，不需要有关非线性不确定环节的先验知识。但 L_1 自适应控制要求高超声速飞行器模型中未建模动态稳定有界，且系统参考输入与控制器系数满足不同有界条件，这在控制器设计及使用中有一定的局限性。此外，在 L_1 自适应控制器设计中，反馈增益和反馈传递函数的选取还是一个难以解决的问题。

2.2.7　浸入与不变

浸入与不变方法是 2003 年由意大利学者 Astolfi 等[88] 提出的一种新型非线性系统自适应控制方法。该方法首先选择一个比被控系统维数低的渐近稳定的目标系统，然后设计浸入映射和控制器，使原系统在控制器作用下的动态轨迹都是目标系统在浸入映射下的像，并且该控制器能够保持目标系统的像为不变吸引流形，且使闭环轨迹有界。

2015 年，天津理工大学的 Ji 等[89] 将浸入与不变方法用于高超声速飞行器中设计自适应控制器。文中首先采用指令滤波反步法设计控制器，利用积分滑模滤波器估计虚拟输入导数。然后针对模型参数不确定，采用浸入与不变方法设计自适应律，能较好地保证参数估计的收敛性。2016 年，中国科学院自动化研究所的 Liu 等[90]采用浸入与不变方法对不可测状态进行估计，为高超声速飞行器设计了输出反馈控制器。该方法主体基于动态面架构，并利用浸入与不变方法设计状态观测器，可以保证高超声速飞行器在部分状态未知情况下对速度和高度的良好跟踪。

浸入与不变方法无须通过对事先选取的 Lyapunov 函数求导以获得参数自适应律，其自适应律设计更加灵活有效，并且在一定程度上解决了构造 Lyapunov 函数的难题。浸入与不变自适应控制器包括控制器和参数估计器两个独立的模块，可以分别进行设计，使得控制器的参数调整比基于 Lyapunov 的设计理论容易许多。不过，浸入与不变方法也有其局限性。首先，浸入与不变方法设计过程较为抽象，浸入映射没有实际的物理意义；其次，基于浸入与不变方法设计的自适应律更加复杂，需要调整的参数较多，阻碍了该方法在实际工程中的应用；最后，采用浸入与不变方法设计控制器的过程中需要求解偏微分方程，应用于复杂系统时面临很大困难。

2.2.8　预设性能控制

预设性能控制是希腊的 Bechlioulis 等[91]于 2008 年针对非线性系统提出的一种新型控制方法。所谓预设性能是指在保证跟踪误差收敛到一个预先设定的任意小的区域的同时，保证收敛速度及超调量满足预先设定的条件，它要求同时满足瞬态性能和稳态性能，直接以提高系统性能为目标。

2015 年，空军工程大学的 Bu 等[92]针对高超声速飞行器状态初值未知情况，提出一种预设性能神经网络控制器。与传统预设性能控制要求初始误差精确已知不同，文中通过引入一个新的性能函数解决初值未知的问题。通过结合神经网络反步方法和最小学习参数技术，为速度环和高度环设计了鲁棒预设性能控制器。该方法可以保证速度和高度跟踪误差的瞬态性能满足预期要求，并且最小学习参数技术使神经网络逼近的计算负担大大减小。2016 年，Bu 等[93]将预设性能控制应用于高超声速飞行器，可以保证跟踪误差收敛到一个预设的任意小范围，且收敛速度大于一个固定常数，最大超调量小于给定值。

与目前非线性控制方法均侧重于满足系统的稳态性能不同，预设性能控制同时兼顾了系统的稳态和瞬态性能，为系统的瞬态性能（超调量和收敛速度）提供了系统的分析和设计工具，该方法可以预先设定最大超调、收敛速度、到达时间等性能。

2.3　小　结

本章总结了近 20 年国内外关于高超声速飞行器控制方面的文献，概述了高超声速飞行器的各种控制方法，包括八种线性方法、八种传统非线性方法，对每种方法进行了文献综述，并分析了各种方法的优缺点，对高超声速飞行器控制方法的发展过程进行了较为详细的描述。使读者对高超声速飞行器控制方法有一个较为全面的认识，后续章节将重点描述高超声速飞行器鲁棒自适应控制器的具体设计步骤和仿真分析，使读者对高超声速飞行器控制有更加深入的了解。

参考文献

[1] Jewon L. Modeling and Controller Design for Hypersonic Vehicles[Ph. D. Thesis]. Lawrence: University of Kansas, 2000.

[2] 龚宇迪，于云峰，李仪，等. 基于干扰观测器的高超声速飞行器稳定回路设计. 弹道与指导学报，2008，28(5)：71-73.

[3] Fidan B, Kuipers M, Ioannou P A. Longitudinal motion control of air-breathing hypersonic vehicles based on time-varying models. The 14th AIAA/AHI Space Planes and Hypersonic Systems and Technologies Conference, Canberra, 2006.

[4] Feng Z G. Robust adaptive control based on specified region pole assignment for flexible hypersonic vehicle. Applied Mechanics and Materials, 2012, 128: 270-275.

[5] Ohara A, Yamaguchi Y, Morito T. LPV modeling and gain scheduled control of re-entry vehicle in approach and landing phase. AIAA Guidance, Navigation, and Control Conference and Exhibit, Montreal, 2001.

[6] Lind R. Linear parameter-varying modeling and control of structural dynamics with aerothermoelastic effects. Journal of Guidance, Control, and Dynamics, 2002, 25(4): 733-739.

[7] Ge D, Huang X L, Gao H J. Multi-loop gain-scheduling control of flexible air-breathing hypersonic vehicle. International Journal of Innovative Computing, Information and Control, 2011, 7(10): 5865-5880.

[8] Huang Y Q, Sun C Y, Qian C S, et al. Polytopic LPV modeling and gain-scheduled switching control for a flexible air-breathing hypersonic vehicle. Journal of Systems Engineering and Electronics, 2013, 24(1): 118-127.

[9] Cai G B, He H F, Han X J. Gain-scheduled H2 tracking control of flexible air-breathing hypersonic vehicles with an LPV model. 2015 34th Chinese Control Conference (CCC), Hangzhou, 2015: 901-906.

[10] Ochi Y. Design of a flight controller for hypersonic flight experiment vehicle. Asian Journal of Control, 2004, 6(3): 353-361.

[11] Groves K, Sigthorsson D, Serrani A, et al. Reference command tracking for a linearized

model of an air-breathing hypersonic vehicle. AIAA Guidance, Navigation, and Control Conference and Exhibit, San Francisco, 2005.

[12] Kuipers M, Mirmirani M, Ioannou P, et al. Adaptive control of an aeroelastic air-breathing hypersonic cruise vehicle. AIAA Guidance, Navigation, and Control Conference and Exhibit, Hilton Head, 2007.

[13] Gibson T E, Crespo L G, Annaswamy A M. Adaptive control of hypersonic vehicles in the presence of modeling uncertainties. Proceedings of the 2009 American Control Conference, St. Louis, 2009: 3178-3183.

[14] Rehman O U, Petersen I R, Fidan B. Robust nonlinear control of a nonlinear uncertain system with input coupling and its application to hypersonic flight vehicles. 2010 IEEE International Conference on Control Applications (CCA), Yokohama, 2010: 1451-1457.

[15] Rehman O U, Petersen I R, Fidan B. Robust nonlinear control design of a hypersonic flight vehicle using minimax linear quadratic Gaussian control. 2010 49th IEEE Conference on Decision and Control (CDC), Atlanta, 2010: 6219-6224.

[16] Rehman O U, Petersen I R, Fidan B. Feedback linearization-based robust nonlinear control design for hypersonic flight vehicles. Proceedings of the Institution of Mechanical Engineers, Part I: Journal of Systems and Control Engineering, 2013, 227(1): 3-11.

[17] Li H Y, Si Y L, Wu L G, et al. Guaranteed cost control with poles assignment for a flexible air-breathing hypersonic vehicle. International Journal of Systems Science, 2011, 42(5): 863-876.

[18] Li H Y, Wu L G, Gao H J, et al. Reference output tracking control for a flexible air-breathing hypersonic vehicle via output feedback. Optimal Control Applications and Methods, 2012, 33(4): 461-487.

[19] Gregory I M, Mcminn J D, Shaughnessy J D. Hypersonic vehicle control law development using H_∞ and μ-synthesis. The 4th AIAA International Aerospace Planes Conference, Orlando, 1992.

[20] Bushcek H, Calise A J. Uncertainty modeling and fixed-order controller design for a hypersonic vehicle model. AIAA Journal of Guidance, Control, and Dynamics, 1997, 20(1): 42-48.

[21] Lohsoonthorn P, Jonckheere E, Dalzell S. Eigenstructure vs constrained H^∞ design for hypersonic winged cone. AIAA Journal of Guidance, Control, and Dynamics, 2001, 24(4): 648-658.

[22] 朱云骥. 高超声速飞行器的鲁棒控制和可视化研究[博士学位论文]. 西安:西北工业大学,2005.

[23] 段广仁. 高超声速跳跃式飞行器的鲁棒控制. 黑龙江大学自然科学学报,2007,24(6):716-720.

[24] 尉建利,于云峰,闫杰. 高超声速飞行器鲁棒控制方法研究. 宇航学报,2008,29(5):1526-1530.

[25] 孟中杰，符文星，陈凯，等. 高超声速飞行器鲁棒控制器设计. 弹道与制导学报，2009，29(2)：12-15.

[26] Recasens J J, Chu Q P, Mulder J A. Robust model predictive control of a feedback linearized system for a lifting-body re-entry vehicle. AIAA Guidance, Navigation, and Control Conference and Exhibit, San Francisco, 2005.

[27] Vaddi S, Sengupta P. Controller design for hypersonic vehicles accommodating nonlinear state and control constraints. AIAA Guidance, Navigation, and Control Conference, Chicago, 2009.

[28] Du Y L, Wu Q X, Jiang C S. Attitude tracking of a near-space hypersonic vehicle using robust predictive control. The 2nd International Symposium on Systems and Control in Aerospace and Astronautics, Shenzhen, 2008: 1-6.

[29] Du Y L, Wu Q X, Jiang C S, et al. Robust optimal predictive control for a near-space vehicle based on functional link network disturbance observer. Journal of Astronaut, 2009, 30: 1489-1497.

[30] Sigthorsson D O, Jankovsky P, Serrani A, et al. Robust linear output feedback control of an airbreathing hypersonic vehicle. Journal of Guidance Control and Dynamics, 2008, 31(4): 1052-1066.

[31] Kuipers M, Ioannou P, Fidan B. Robust adaptive multiple model controller design for an airbreathing hypersonic vehicle model. AIAA Guidance, Navigation and Control Conference and Exhibit, 2008.

[32] Kuipers M, Ioannou P, Fidan B, et al. Analysis of an adaptive mixing control scheme for an airbreathing hypersonic vehicle model. Proceedings of the 2009 American Control Conference, St. Louis, 2009: 3148-3153.

[33] 钱承山，吴庆宪，姜长生. 空天飞行器再入姿态模糊切换多模型控制. 系统工程与电子技术，2007，29(11)：1912-1916.

[34] Tao X Y, Li N, Li S Y. Multiple model predictive control for large envelope flight of hypersonic vehicle systems. Information Sciences, 2016, 328(C): 115-126.

[35] Wang Q, Stengel R F. Robust nonlinear control of a hypersonic aircraft. Journal of Guidance Control and Dynamics, 2000, 23(4): 577-585.

[36] 朱荣刚，姜长生，邹庆元. 新一代歼击机超机动飞行的动态逆控制. 航空学报，2003，24(3)：242-245.

[37] 刘燕斌，陆宇平. 非线性动态逆控制在高超飞控系统中的应用. 应用科学学报，2006，24(6)：613-617.

[38] 鲁波，陆宇平，方习高. 高超声速飞行器的神经网络动态逆控制研究. 计算机测量与控制，2008，16(7)：966-968.

[39] Rehman O U, Fidan B, Petersen I R. Robust minimax optimal control of nonlinear uncertain systems using feedback linearization with application to hypersonic flight vehicles. Proceedings of the 48th IEEE Conference on Decision and Control, Shanghai, 2009: 720-726.

[40] Serrani A, Zinnecker A M, Fiorentini L, et al. Integrated adaptive guidance and control of constrained nonlinear air-breathing hypersonic vehicle models. Proceedings of the 2009 American Control Conference, St. Louis, 2009:3172-3177.

[41] Ji Y H, Zong Q, Zeng F L. Immersion and invariance based nonlinear adaptive control of hypersonic vehicles. 2012 24th Chinese Control and Decision Conference (CCDC), Taiyuan, 2012:2025-2030.

[42] 黄福山,宗群,田栢苓,等. 基于时变增益的临近空间飞行器鲁棒控制. 控制工程,2013,20(1):128-131.

[43] Cheng K, Liu K. Dynamic inversion based hypersonic vehicle attitude sliding mode control. IEEE International Conference on Information and Automation, Lijiang, 2015:2848-2852.

[44] Ye L Q, Zong Q, Crassidis J L, et al. Output-redefinition-based dynamic inversion control for a nonminimum phase hypersonic vehicle. IEEE Transactions on Industrial Electronics, 2018, 65(4):3447-3457.

[45] Lian B H, Bang H, Hurtado J E. Adaptive backstepping control based autopilot design for reentry vehicle. AIAA Guidance, Navigation, and Control Conference and Exhibit, 2004, 8: 1210.

[46] Poulain F, Piet-Lahanier H, Serre L. Nonlinear control of a airbreathing hypersonic vehicle. AIAA International Space Planes and Hypersonic Systems and Technologies Conference, Bremen, 2009:1-14.

[47] 刘燕斌,陆宇平. 基于反步法的高超音速飞机纵向逆飞行控制. 控制与决策,2007,22(3):313-317.

[48] 高道祥,孙增圻,罗熊,等. 基于 Backstepping 的高超声速飞行器模糊自适应控制. 控制理论与应用,2008,25(5):805-810.

[49] 高道祥,孙增圻,杜天容. 高超声速飞行器基于 Back-stepping 的离散控制器设计,控制与决策,2009,24(3):459-467.

[50] Zong Q, Ji Y H, Zeng F L, et al. Output feedback back-stepping control for a generic hypersonic vehicle via small-gain theorem. Aerospace Science and Technology, 2012, 23(1):409-417.

[51] Fiorentini L, Serrani A. Adaptive restricted trajectory tracking for a non-minimum phase hypersonic vehicle model. Automatica, 2012, 48(7):1248-1261.

[52] Hu C F, Lin W. Adaptive generalized backstepping control of hypersonic vehicles with integral filter. 2012 24th Chinese Control and Decision Conference (CCDC), Taiyuan, 2012: 2007-2011.

[53] Zong Q, Wang F, Tian B L, et al. Robust adaptive dynamic surface control design for a flexible air-breathing hypersonic vehicle with input constraints and uncertainty. Nonlinear Dynamics, 2014, 78(1):289-315.

[54] Butt W A, Yan L, Kendrick A S. Adaptive dynamic surface control of a hypersonic flight vehicle with improved tracking. Asian Journal of Control, 2013, 15(2):594-605.

[55] Xu B, Huang X Y, Wang D W, et al. Dynamic surface control of constrained hypersonic flight models with parameter estimation and actuator compensation. Asian Journal of Control, 2014, 16(1): 162-174.

[56] Ye L Q, Zong Q, Tian B L, et al. Control-oriented modeling and adaptive backstepping control for a nonminimum phase hypersonic vehicle. ISA Transactions, 2017, 70: 161-172

[57] Xu H, Mirmirani M D, Ioannou P A. Adaptive sliding mode control design for a hypersonic flight vehicle. Journal of Guidance Control and Dynamics, 2004, 27(5): 829-838.

[58] 童春霞. 空天飞行器的自适应滑模变结构控制系统设计. Proceedings of the 25th Chinese Control Conference, Harbin, 2006: 961-965.

[59] 杨俊春，胡军，吕孝乐. 高超声速飞行器再入段滑模跟踪控制设计. 第二十六届中国控制会议，张家界，2007.

[60] 姜长生. 新型自适应 Terminal 滑模控制及其应用. 航空动力学报，2008，23(1)：156-162.

[61] Hu X X, Wu L G, Hu C H. Adaptive sliding mode tracking control for a flexible air-breathing hypersonic vehicle. Journal of the Franklin Institute, 2012, 349(2): 559-577.

[62] Liu H L, Zong Q, Tian B L. Hypersonic vehicle control based on integral sliding mode method. 2012 10th World Congress on Intelligent Control and Automation (WCICA), Beijing, 2012: 1762-1766.

[63] Su R, Zong Q, Tian B L, et al. Comprehensive design of disturbance observer and non-singular terminal sliding mode control for reusable launch vehicles. IET Control Theory & Applications, 2015, 9(12): 1821-1830.

[64] Tournes C, Hanks G. Hypersonic glider control using higher order sliding mode control. IEEE SoutheastCon, Huntsville, 2008: 274-279.

[65] Zong Q, Wang J, Tao Y. Adaptive high-order dynamic sliding mode control for a flexible air-breathing hypersonic vehicle. International Journal of Robust and Nonlinear Control, 2013, 23(15): 1718-1736.

[66] Zong Q, Wang J, Tian B L. Quasi-continuous high-order sliding mode controller and observer design for flexible hypersonic vehicle. Aerospace Science and Technology, 2013, 27(1): 127-137.

[67] Wang J, Zong Q, Tian B L. Flight control for a flexible air-breathing hypersonic vehicle based on quasi-continuous high-order sliding mode. Journal of Systems Engineering and Electronics, 2013, 24(2): 288-295.

[68] Dong Q, Zong Q, Tian B L, et al. Integrated finite-time disturbance observer and controller design for reusable launch vehicle in reentry phase. Journal of Aerospace Engineering, 2016, 30(1): 04016076.

[69] 董琦，宗群，王芳，等. 基于光滑二阶滑模的可重复使用运载器有限时间再入姿态控制. 控制理论与应用，2015，32(4)：448-455.

[70] Tian B L, Yin L, Wang H. Finite-time reentry attitude control based on adaptive multivariable disturbance compensation. IEEE Transactions on Industrial Electronics, 2015, 62(9):

5889-5898.

[71] Dong Q,Zong Q,Tian B L. Adaptive-gain multivariable super-twisting sliding mode control for reentry RLV with torque perturbation. International Journal of Robust and Nonlinear Control,2017,27(4):620-638.

[72] Dong Q,Zong Q,Tian B L,et al. Adaptive disturbance observer-based finite-time continuous fault-tolerant control for reentry RLV. International Journal of Robust and Nonlinear Control,2017,27(18):4275-4295.

[73] Fiorentini L,Serrani A,Bolender M,et al. Nonlinear robust adaptive controller design for an air-breathing hypersonic vehicle model. AIAA Guidance,Navigation and Control Conference and Exhibit,Hilton Head,2007.

[74] Fiorentini L,Serrani A,Bolender M A. Robust nonlinear sequential loop closure control design for an air-breathing hypersonic vehicle model. Proceedings of the 2008 American Control Conference,American Automatic Control Council,Dayton,2008,6:3458-3463.

[75] Fiorentini L,Serrani A,Bolender M A,et al. Nonlinear control of a hypersonic vehicle with structural flexibility. The 47th IEEE Conference on Decision and Control,Cancun,2008:578-583.

[76] Fiorentini L,Serrani A,Bolender M A,et al. Nonlinear robust adaptive control of flexible air-breathing hypersonic vehicles. Journal of Guidance,Control,and Dynamics,2009,32(2):402-417.

[77] Adami T A,Zhu J J,Bolender M A,et al. Flight control of hypersonic scramjet vehicles using a differential algebraic approach. AIAA Guidance,Navigation and Control Conference,Keystone,2006.

[78] Adami T,Zhu J. Control of a flexible,hypersonic scramjet vehicle using a differential algebraic approach. AIAA Guidance,Navigation and Control Conference and Exhibit ,Honolulu,2008.

[79] 朱亮,姜长生. 基于非线性干扰观测器的空天飞行器轨迹线性化控制. 南京航空航天大学学报,2007,39(4):491-495.

[80] 朱亮,姜长生,薛雅丽. 基于单隐层神经网络的空天飞行器鲁棒自适应轨迹线性化控制. 兵工学报,2008,29(1):52-56.

[81] 薛雅丽,姜长生,朱亮. 基于径向基神经网络的空天飞行鲁棒自适应轨迹线性化控制. 航空动力学报,2008,23(4):765-770.

[82] Shao X,Wang H. Active disturbance rejection based trajectory linearization control for hypersonic reentry vehicle with bounded uncertainties. ISA Transactions,2015,54:27-38.

[83] 沈作军,朱国栋. 基于轨迹线性化控制的再入轨迹跟踪制导. 北京航空航天大学学报,2015,41(11):1975-1982.

[84] Cao C Y,Hovakimyan N. Design and analysis of a novel L1 adaptive controller,Part I:Control signal and asymptotic stability. Proceedings of the 2006 American Control Conference,Minneapolis,2006:3397-3402.

[85] Lei Y, Cao C G, Cliff E, et al. Design of an L1 adaptive controller for air-breathing hypersonic vehicle model in the presence of unmodeled dynamics. AIAA Guidance, Navigation and Control Conference and Exhibit, Honolulu, 2007.

[86] Lei Y, Cao C G, Cliff E, et al. L1 adaptive controller for air-breathing hypersonic vehicle with flexible body dynamics. Proceeding of the 2009 American Control Conference, St. Louis, 2009: 3166-3171.

[87] Banerjee S, Creagh M A, Boyce R R. L1 augmentation configuration for a lateral/directional manoeuvre of a hypersonic glider in the presence of uncertainties. AIAA International Space Planes and Hypersonic Systems and Technologies Conference, Atlanta, 2014.

[88] Astolfi A, Ortega R. Immersion and invariance: A new tool for stabilization and adaptive control of nonlinear systems. IEEE Transactions on Automatic Control, 2003, 48(4): 590-606.

[89] Ji Y H, Zong Q, Ni WC. I&I based command filtered back-stepping of pure-feedback systems in presence of non-linearly parameterized uncertainty. The 34th Chinese Control Conference (CCC), Hangzhou, 2015: 634-639.

[90] Liu Z, Tan X J, Yuan R Y, et al. Immersion and invariance-based output feedback control of air-breathing hypersonic vehicles. IEEE Transactions on Automation Science and Engineering, 2016, 13(1): 394-402.

[91] Bechlioulis C P, Rovithakis G. Robust adaptive control of feedback linearizable MIMO nonlinear systems with prescribed performance. IEEE Transactions on Automatic Control, 2008, 53(9): 2090-2099.

[92] Bu X W, Wu X Y, Zhu F J, et al. Novel prescribed performance neural control of a flexible air-breathing hypersonic vehicle with unknown initial errors. ISA Transactions, 2015, 59: 149-159.

[93] Bu X W, Wu X Y, Huang J Q, et al. Robust estimation-free prescribed performance back-stepping control of air-breathing hypersonic vehicles without affine models. International Journal of Control, 2016, 89(11): 2185-2200.

第 3 章　高超声速飞行器模型描述

模型作为控制的基础，对其进行描述与分析有利于高超声速飞行器控制器的设计。本章重点介绍几种常用的高超声速飞行器数学模型，包括纵向动力学模型及六自由度再入模型，并分别描述国内外重点研究机构针对各模型进行的相关工作。读者可以通过本章熟悉几类典型的高超声速飞行器模型，从模型描述入手，明晰典型模型的具体形式，掌握其基本表达形式及气动数据，明确各模型中的状态量及控制量等，把握不同模型之间的区别及联系，为后续高超声速飞行器的稳定跟踪控制奠定基础。

本章的主要内容安排如下：3.1 节描述刚体高超声速飞行器模型；3.2 节给出弹性高超声速飞行器纵向动力学模型，分别介绍俄亥俄州立大学 David 模型及 Lisa 模型；3.3 节通过介绍质心平动方程及绕质心转动方程，对高超声速飞行器再入段六自由度模型进行描述；3.4 节给出本章小结。

3.1　刚体高超声速飞行器模型描述

2006 年，空军实验室的 Bolender 等[1] 基于 X-43A 高超声速飞行器构型(图 3.1)，利用斜激波理论、普朗特-迈耶尔流理论、活塞理论及梁的振动理论，对高超声速飞行器纵向建模进行了深入研究，建立了复杂的考虑气动/推进/弹性结构耦合的高超声速飞行器纵向第一机理模型(first principle model，FPM)，其模型几何构型如图 3.2 所示，该模型包含较为完整的高超声速飞行器气推耦合及弹性特性，更接近真实的物理飞行环境。但此模型过于复杂，难以进行控制器设计，因此需要对模型进行简化。

图 3.1　典型 X-43A 高超声速飞行器验证机

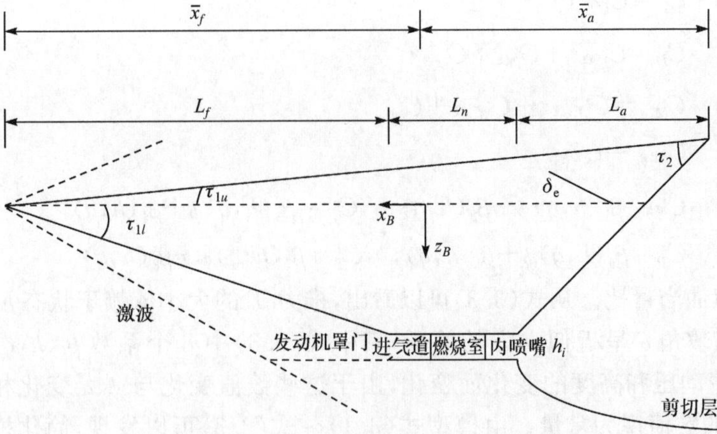

图 3.2　空军实验室 FPM 几何构型

2007 年，美国空军实验室的 Parker 等[2]通过对 FPM 进行简化，利用空气动力学及飞行力学理论，建立解析的高超声速飞行器气动模型，为模型及控制设计研究提供气动数据，空军实验室刚体动力学模型表达式为

$$
\begin{aligned}
\dot{V} &= \frac{T\cos\alpha - D}{m} - g\sin(\theta-\alpha) \\
\dot{h} &= V\sin(\theta-\alpha) \\
\dot{\alpha} &= \frac{-L - T\sin\alpha}{mV} + Q + \frac{g}{V}\cos(\theta-\alpha) \\
\dot{\theta} &= Q \\
I_{yy}\dot{Q} &= M
\end{aligned}
\tag{3.1}
$$

式中，速度 V、高度 h、攻角 α、俯仰角 θ 及俯仰角速率 Q 为状态量。利用曲线拟合函数近似代替 FPM 中复杂的力与力矩表达，并忽略系统中的弱耦合，得到升力 L、阻力 D、发动机推力 T 及俯仰力矩 M 的表达式为

$$
\begin{aligned}
L &= \bar{q}SC_L(\alpha,\delta_e) \\
D &= \bar{q}SC_D(\alpha,\delta_e) \\
T &= C_T^{\alpha^3}\alpha^3 + C_T^{\alpha^2}\alpha^2 + C_T^{\alpha}\alpha + C_T^0 \\
M &= z_T T + \bar{q}S\bar{c}\left[C_{M,\alpha}(\alpha) + C_{M,\delta_e}(\delta_e)\right]
\end{aligned}
\tag{3.2}
$$

式中，δ_e 为升降舵偏角，动压 $\bar{q}=\dfrac{1}{2}\rho V^2$，其中 ρ 是与高度相关的空气密度，$\rho=\rho_0 e^{-(h-h_0)/h_s}$。基于机理推导的力和力矩表达式，采用曲线拟合方法，可以获取动力学方程(3.2)中的气动力系数表达式为

$$
\begin{aligned}
&C_L=C_L^{\alpha}\alpha+C_L^0\\
&C_D=C_D^{\alpha^2}\alpha^2+C_D^{\alpha}\alpha+C_D^0\\
&C_{M,\alpha}=C_{M,\alpha}^{\alpha^2}\alpha^2+C_{M,\alpha}^{\alpha}\alpha+C_{M,\alpha}^0\\
&C_{M,\delta_e}=c_e\delta_e\\
&C_T^{\alpha^3}=\beta_1(h,\bar{q})\phi+\beta_2(h,\bar{q}),\quad C_T^{\alpha^2}=\beta_3(h,\bar{q})\phi+\beta_4(h,\bar{q})\\
&C_T^{\alpha}=\beta_5(h,\bar{q})\phi+\beta_6(h,\bar{q}),\quad C_T^0=\beta_7(h,\bar{q})\phi+\beta_8(h,\bar{q})
\end{aligned}
\tag{3.3}
$$

式中，ϕ 为燃油当量比。从式(3.3)可以看出，推力 T 的大小依赖于状态 h、V、α 及输入 ϕ，而与攻角 α 呈近似立方的关系，其中式(3.3)中 8 个系数 $\beta_i(h,\bar{q})(i=1,2,\cdots,8)$ 随着动压和高度的变化而变化，由于这些数值变化与 ϕ、α 变化相比很缓慢，因此 β_i 的数值视为常量。由模型式(3.1)～式(3.3)可以发现，简化模型忽略了弹性状态及一些特定的动态耦合，如升力 L 表达式中不包含升降舵偏角 δ_e，因此，该模型忽视了高超声速飞行器的非最小相位特性，该特性在后续第 7 章中将进行详细的介绍。式(3.1)～式(3.3)中各气动力系数取值见表 3.1 及表 3.2。

表 3.1　空军实验室 FPM 高超声速飞行器参数

符号	含义	值	单位
m	单位质量	300	lb/ft
g	重力加速度	32.17	ft/s^2
I_{yy}	转动惯量	5×10^5	lb·ft
S	参考面积	17	ft^2
ρ_0	标称空气密度	6.7429×10^{-5}	$slugs/ft^3$
h_s	空气密度近似指数衰减率的倒数	21358.8	ft
h_0	标称高度	85000	ft
$\bar{c}$	平均气动弦长	17	ft
z_T	推力-力矩耦合系数	8.36	ft
c_e	升降舵-力矩系数	−1.2897	rad^{-1}

注：1lb＝0.45359kg；1slug＝14.593903kg；1ft＝0.3048m。

表 3.2　空军实验室 FPM 气动数据

系数	值	单位	系数	值	单位
C_L^{α}	4.6773	rad^{-1}	β_1	-3.7693×10^5	$lb/(ft/rad^3)$
C_L^0	−0.018714	—	β_2	-3.7225×10^4	$lb/(ft/rad^3)$
$C_D^{\alpha^2}$	5.8224	rad^{-2}	β_3	2.6814×10^4	$lb/(ft/rad^2)$
C_D^{α}	−0.045315	rad^{-1}	β_4	-1.7277×10^4	$lb/(ft/rad^2)$
C_D^0	0.010131	—	β_5	3.5542×10^4	lb/(ft/rad)
$C_{M,\alpha}^{\alpha^2}$	6.2926	rad^{-2}	β_6	-2.4216×10^3	lb/(ft/rad)
$C_{M,\alpha}^{\alpha}$	2.1335	rad^{-1}	β_7	6.3785×10^3	lb/ft
$C_{M,\alpha}^0$	−0.18979	—	β_8	-1.0090×10^2	lb/ft

除式(3.1)～式(3.3)中的刚体高超声速飞行器模型外，空军实验室的 Parker 等也基于 FPM 建立了弹性高超声速飞行器模型，此处不再详细描述，具体参见文献[2]。

3.2 弹性高超声速飞行器模型描述

3.2.1 俄亥俄州立大学 David 模型

2009 年，俄亥俄州立大学的 David 等[3]考虑到 FPM 的高度非线性与强耦合特性，利用数据拟合的方法，通过选取离散数据，并利用该数据确定连续的拟合函数，代替 FPM 中的动态方程，得到曲线拟合模型，该模型可以反映刚体动力学与弹性动力学之间的耦合，且便于控制器设计，表达形式为

$$\begin{aligned}
&\dot{V}=\frac{T\cos\alpha-D}{m}-g\sin\gamma\\
&\dot{h}=V\sin\gamma\\
&\dot{\gamma}=\frac{T\sin\alpha+L}{mV}-\frac{g\cos\gamma}{V}\\
&\dot{\alpha}=Q-\dot{\gamma}\\
&\dot{Q}=\frac{M}{I_{yy}}\\
&\ddot{\eta}_i=-2\zeta_m\omega_{m,i}\dot{\eta}_i-\omega_{m,i}^2\eta_i+N_i,\quad i=1,2,3
\end{aligned}\tag{3.4}$$

式中，速度 V、高度 h、航迹角 γ、攻角 α、俯仰角速率 Q 为 5 个刚体状态量，η_i、$\dot{\eta}_i$($i=1,2,3$)为 6 个弹性状态，η_i 称为第 i 阶弹性模态；速度 V 和高度 h 为系统输出。弹性动态的阻尼因子 ζ_i 是个常数：$\zeta_m=0.02$；自然振荡频率 $\omega_{m,i}$ 取决于随燃料消耗变化的高超声速飞行器质量。文献[3]给出了燃料水平变化时的自然振荡频率的变化范围，如表 3.3 所示。由于这个变化远远低于高超声速飞行器速度的变化，为了便于控制器设计，将高超声速飞行器质量视为常量，后续进行仿真时将选择 50% 燃料水平时的参数。

表 3.3 不同燃料水平下的飞行器质量和弹性模态自然振荡频率

燃料水平	0%	30%	50%	70%	100%
m/(slug/ft)	93.57	126.1	147.9	169.6	202.2
$\omega_{m,1}$/(rad/s)	22.78	21.71	21.17	20.73	20.17
$\omega_{m,2}$/(rad/s)	68.94	57.77	53.92	51.24	48.4
$\omega_{m,3}$/(rad/s)	140	117.8	109.1	102.7	95.6

控制输入通过气动力及力矩：升力 L、阻力 D、发动机推力 T、俯仰力矩 M 及广义力 N_i 影响高超声速飞行器动态式(3.4)，气动力及力矩的表达式为

$$
\begin{aligned}
&L\approx\bar{q}SC_L(\alpha,\delta_e,\delta_c,\Delta\tau_1,\Delta\tau_2)\\
&D\approx\bar{q}SC_D(\alpha,\delta_e,\delta_c,\Delta\tau_1,\Delta\tau_2)\\
&T\approx\bar{q}[\phi C_{T,\phi}(\alpha,\Delta\tau_1,M_\infty)+C_T(\alpha,\Delta\tau_1,M_\infty,A_d)]\\
&M\approx z_T T+\bar{q}S\bar{c}C_M(\alpha,\delta_e,\delta_c,\Delta\tau_1,\Delta\tau_2)\\
&N_i\approx\bar{q}C_{N_i}(\alpha,\delta_e,\delta_c,\Delta\tau_1,\Delta\tau_2)
\end{aligned}
\tag{3.5}
$$

式中，$\bar{q}=\dfrac{1}{2}\rho V^2$。控制输入为燃油当量比 ϕ、升降舵偏转量 δ_e 与鸭翼偏转量 δ_c。将前体转角 τ_1 和后体转角 τ_2 的变化量分别记为 $\Delta\tau_1$ 和 $\Delta\tau_2$，广义坐标和 $\Delta\tau_1$、$\Delta\tau_2$ 满足线性映射关系，该线性映射与高超声速飞行器质量相关。另外，俯仰力矩系数 C_M、升力系数 C_L、阻力系数 C_D、推力系数 C_T 和 $C_{T,\varphi}$ 及广义力系数 C_{N_i} 的表达式为

$$
\begin{aligned}
&C_M=C_M^{\alpha}\alpha+C_M^{\delta_e}\delta_e+C_M^{\delta_c}\delta_c+C_M^{\Delta\tau_1}\Delta\tau_1+C_M^{\Delta\tau_2}\Delta\tau_2+C_M^0\\
&C_L=C_L^{\alpha}\alpha+C_L^{\delta_e}\delta_e+C_L^{\delta_c}\delta_c+C_L^{\Delta\tau_1}\Delta\tau_1+C_L^{\Delta\tau_2}\Delta\tau_2+C_L^0\\
&C_D=C_D^{\alpha+\Delta\tau_1}(\alpha+\Delta\tau_1)+C_D^{(\alpha+\Delta\tau_1)^2}(\alpha+\Delta\tau_1)^2+C_D^{\delta_e^2}\delta_e^2\\
&\qquad+C_D^{\delta_e}\delta_e+C_D^{\alpha\delta_e}\alpha\delta_e+C_D^{\delta_c^2}\delta_c^2+C_D^{\delta_c}\delta_c\\
&\qquad+C_D^{\alpha\delta_c}\alpha\delta_c+C_D^{\Delta\tau_2}\Delta\tau_2+C_D^0\\
&C_T=C_T^{A_d}A_d+C_T^{\alpha}\alpha+C_T^{M_\infty^{-2}}M_\infty^{-2}+C_T^{\Delta\tau_1}\Delta\tau_1+C_T^0\\
&C_{T,\phi}=C_{T,\phi}^{\alpha}\alpha+C_{T,\phi}^{\alpha M_\infty^{-2}}\alpha M_\infty^{-2}+C_{T,\phi}^{\alpha\Delta\tau_1}\alpha\Delta\tau_1+C_{T,\phi}^{M_\infty^{-2}}M_\infty^{-2}\\
&\qquad+C_{T,\phi}^{\Delta\tau_1}\Delta\tau_1+C_{T,\phi}^{\Delta\tau_1^2}\Delta\tau_1^2+C_{T,\phi}^0\\
&C_{N_i}=C_{N_i}^{\alpha}\alpha+C_{N_i}^{\delta_e}\delta_e+C_{N_i}^{\delta_c}\delta_c+C_{N_i}^{\Delta\tau_1}\Delta\tau_1+C_{N_i}^{\Delta\tau_2}\Delta\tau_2+C_{N_i}^0
\end{aligned}
\tag{3.6}
$$

式中，$M_\infty=V/M_0$ 为自由流马赫数，M_0 为声速，且 $M_0^2=kRT_\infty(h)$，$k=1.4$ 为比例系数，$R=1716$ 是气体常数，$T_\infty(h)$ 为自由流温度，可参见《美国标准大气 1976》，$T_\infty(h)\in[400,456]$，此处取得 $M_0=980.97\text{ft/s}$。其他参数取值[3]见表 3.4～表 3.6。

表 3.4　David 模型高超声速飞行器参数

符号	含义	值	单位
m	单位质量	147.9	slug/ft
g	重力加速度	31.91	ft/s^2
I_{yy}	转动惯量	5×10^5	$slug\cdot ft^2$
S	参考面积	17	ft^2
ρ	空气密度	6.7434×10^{-5}	$slugs/ft^3$
$\bar{c}$	平均气动弦长	17	ft
z_T	推力-力矩耦合系数	0.86	ft
A_{d}	扩散面积比	1	—

表 3.5　David 模型气动数据

系数	值	单位	系数	值	单位
C_L^{α}	4.059	rad^{-1}	$C_{T,\phi}^{\alpha\Delta\tau_1}$	−249.5	rad^{-1}
$C_L^{\delta_{\mathrm{e}}}$	0.5392	rad^{-1}	$C_{T,\phi}^{M_\infty^{-2}}$	146.4	rad^{-2}
$C_L^{\delta_{\mathrm{c}}}$	0.3875	rad^{-1}	$C_{T,\phi}^{\Delta\tau_1}$	−15.75	rad^{-1}
$C_L^{\Delta\tau_1}$	2.546	rad^{-1}	$C_{T,\phi}^{\Delta\tau_1^2}$	190.7	rad^{-2}
$C_L^{\Delta\tau_2}$	−0.6177	rad^{-2}	$C_{T,\phi}^{0}$	0.4184	—
C_L^{0}	0.05847	—	$C_T^{A_{\mathrm{d}}}$	0.3765	—
$C_D^{\alpha+\Delta\tau_1}$	−0.002364	rad^{-1}	C_T^{α}	−4.778	rad^{-1}
$C_D^{(\alpha+\Delta\tau_1)^2}$	24.03	rad^{-2}	$C_T^{M_\infty^{-2}}$	4.287	rad^{-2}
$C_D^{\delta_{\mathrm{e}}^2}$	0.843	rad^{-2}	$C_T^{\Delta\tau_1}$	−3.916	rad^{-1}
$C_D^{\delta_{\mathrm{e}}}$	0.001782	rad^{-1}	C_T^{0}	−0.5899	—
$C_D^{\alpha\delta_{\mathrm{e}}}$	1.767	rad^{-1}	C_M^{α}	46.27	rad^{-1}
$C_D^{\delta_{\mathrm{c}}^2}$	0.6281	rad^{-2}	$C_M^{\delta_{\mathrm{e}}}$	−19.58	rad^{-1}
$C_D^{\delta_{\mathrm{c}}}$	−0.0008107	rad^{-1}	$C_M^{\delta_{\mathrm{c}}}$	20.96	rad^{-1}
$C_D^{\alpha\delta_{\mathrm{c}}}$	1.606	rad^{-1}	$C_M^{\Delta\tau_1}$	22.91	rad^{-1}
$C_D^{\Delta\tau_2}$	0.07602	rad^{-1}	$C_M^{\Delta\tau_2}$	21.08	rad^{-1}
C_D^{0}	0.05814	—	C_M^{0}	2.294	—
$C_{T,\phi}^{\alpha}$	6.583	rad^{-1}	$\Delta\tau_1$	0	rad^{-1}
$C_{T,\phi}^{\alpha M_\infty^{-2}}$	701.3	rad^{-2}	$\Delta\tau_2$	0	rad^{-1}

表 3.6　David 模型弹性气动数据

系数	值	单位	系数	值	单位
$C_{N_1}^{\alpha}$	6.233	rad^{-1}	$C_{N_2}^{\Delta\tau_2}$	0.4924	rad^{-1}
$C_{N_1}^{\delta_e}$	1.026	rad^{-1}	$C_{N_2}^{\Delta\tau_1}$	−1.254	rad^{-1}
$C_{N_1}^{\delta_c}$	1.666	rad^{-1}	$C_{N_2}^{0}$	0.0222	—
$C_{N_1}^{\Delta\tau_2}$	−1.162	rad^{-1}	$C_{N_3}^{\alpha}$	0.2638	rad^{-1}
$C_{N_1}^{\Delta\tau_1}$	1.851	rad^{-1}	$C_{N_3}^{\delta_e}$	−0.3468	rad^{-1}
$C_{N_1}^{0}$	0.06512	—	$C_{N_3}^{\delta_c}$	0.9786	rad^{-1}
$C_{N_2}^{\alpha}$	0.6337	rad^{-1}	$C_{N_3}^{\Delta\tau_2}$	0.3993	rad^{-1}
$C_{N_2}^{\delta_e}$	−0.4269	rad^{-1}	$C_{N_3}^{\Delta\tau_1}$	−1.742	rad^{-1}
$C_{N_2}^{\delta_c}$	1.127	rad^{-1}	$C_{N_3}^{0}$	−0.07774	—

俄亥俄州立大学的 David 等建立的模型式(3.4)～式(3.6)对 FPM 进行了相应的模型简化，并保留了 FPM 中的强耦合、强非线性及非最小相位等主要特性，得到了国内外众多学者的广泛关注。其中，主要的典型研究有：澳大利亚新南威尔士大学学者 Rehman 等[4-6]主要利用反馈线性化得到线性模型，针对线性模型设计 LQR 控制器，解决弹性高超声速飞行器的鲁棒控制问题；天津大学的 Zong 等[7-13]针对弹性高超声速飞行器模型式(3.4)～式(3.6)，分别采用反步方法[7-9]、拟连续高阶滑模方法[10-12]、超螺旋滑模方法[13]等，解决了高超声速飞行器弹性、模型不确定、外界干扰、执行器饱和及故障等问题，实现了高超声速飞行器速度与高度的精确跟踪。

3.2.2　俄亥俄州立大学 Lisa 模型

考虑到 FPM 中不仅存在结构动力学耦合、升降舵-升力耦合，还存在推力及俯仰力矩之间的耦合，这些强耦合特性导致许多传统的非线性控制方法难以应用于高超声速飞行器控制上，2010 年，俄亥俄州立大学的 Lisa Fiorentini[14]在 FPM 基础上，考虑到 FPM 机理表达式的强非线性特性，采用曲线拟合方法，利用曲线拟合函数代替 FPM 中的复杂非线性气动力、广义力及力矩表达形式[15]，其动力学模型表示为

$$
\begin{aligned}
&\dot{V}=\frac{T\cos\alpha-D}{m}-g\sin\gamma\\
&\dot{h}=V\sin\gamma\\
&\dot{\gamma}=\frac{L+T\sin\alpha}{mV}-\frac{g\cos\gamma}{V}\\
&\dot{\theta}=Q\\
&\dot{Q}=\frac{M}{I_{yy}}\\
&\ddot{\eta}_i=-2\zeta_i\omega_i\dot{\eta}_i-\omega_i^2\eta_i+N_i,\quad i=1,2,3
\end{aligned}\tag{3.7}
$$

式中，$\zeta_i=0.02$，ω_i 的取值仍然选择表 3.3 中 50%燃料水平时的参数。利用刚体状态、控制输入和弹性模态的曲线拟合近似代替自由梁模型中的空气动力、广义力和力矩形式，如式(3.8)所示：

$$
\begin{aligned}
&T\approx\bar{q}S[C_{T,\phi}(\alpha)\phi+C_T(\alpha)+C_T^{\eta}\eta],\quad L\approx\bar{q}SC_L(\alpha,\delta_e,\eta)\\
&D\approx\bar{q}SC_D(\alpha,\delta_e,\eta),\quad M\approx Z_TT+\bar{q}\bar{c}SC_M(\alpha,\delta_e,\eta)\\
&N_i\approx\bar{q}S[N_i^{\alpha^2}\alpha^2+N_i^{\alpha}\alpha+N_i^{\delta_e}\delta_e+N_i^0+N_i^{\eta}\eta],\quad i=1,2,3
\end{aligned}\tag{3.8}
$$

式中，俯仰力矩系数 C_M、升力系数 C_L、阻力系数 C_D、推力系数 C_T 及 $C_{T,\phi}$ 表达式为

$$
\begin{aligned}
&C_M(\alpha,\delta,\eta)=C_M^{\alpha^2}\alpha^2+C_M^{\alpha}\alpha+C_M^{\delta_e}\delta_e+C_M^0+C_M^{\eta}\eta\\
&C_L(\alpha,\delta,\eta)=C_L^{\alpha}\alpha+C_L^{\delta_e}\delta_e+C_L^0+C_L^{\eta}\eta\\
&C_D(\alpha,\delta,\eta)=C_D^{\alpha^2}\alpha^2+C_D^{\alpha}\alpha+C_D^{\delta_e^2}\delta_e^2+C_D^{\delta_e}\delta_e+C_D^0+C_D^{\eta}\eta\\
&C_{T,\phi}(\alpha)=C_T^{\phi\alpha^3}\alpha^3+C_T^{\phi\alpha^2}\alpha^2+C_T^{\phi\alpha}\alpha+C_T^{\phi}\\
&C_T(\alpha)=C_T^3\alpha^3+C_T^2\alpha^2+C_T^1\alpha+C_T^0\\
&C_j^{\eta}=[C_j^{\eta_1}\quad 0\quad C_j^{\eta_2}\quad 0\quad C_j^{\eta_3}\quad 0],\quad j=T,M,L,D\\
&N_i^{\eta}=[N_i^{\eta_1}\quad 0\quad N_i^{\eta_2}\quad 0\quad N_i^{\eta_3}\quad 0],\quad i=1,2,3
\end{aligned}\tag{3.9}
$$

从气动方程式(3.9)可以看出，俯仰力矩系数 C_M、升力系数 C_L、阻力系数 C_D、推力系数 C_T 及 $C_{T,\phi}$ 均受攻角 α、燃油当量比 ϕ、飞行器速度 V、升降舵偏角 δ_e、弹性状态 $\eta_i(i=1,2,3)$等影响，从而体现了高超声速飞行器模型的强耦合特性，包括刚体与弹性体之间的耦合、弹性结构变形对气动和推进之间的耦合、气动对推进之间的耦合关系等，正是这些耦合项的存在，使得模型形式复杂，从而对控制器的设计增加了难度。

高超声速飞行器参数及曲线拟合系数[14]取值见表 3.7～表 3.9。

表 3.7 Lisa 模型高超声速飞行器参数

符号	含义	值	单位
m	单位质量	147.9	slug/ft
I_{yy}	转动惯量	86722.54	slug · ft^2
S	参考面积	17	ft^2
$\bar{c}$	平均气动弦长	17	ft
z_T	推力-力矩耦合系数	8.36	ft
ρ_0	标称空气密度	6.7429×10^{-5}	slugs/ft^3
h_s	空气密度近似指数衰减率的倒数	21358.8	ft
h_0	标称高度	85000	ft

表 3.8 Lisa 模型气动数据

系数	值	单位	系数	值	单位
C_L^{α}	5.9598	rad^{-1}	C_M^0	0.16277	—
$C_L^{\delta_e}$	0.73408	rad^{-1}	$C_M^{\delta_e}$	−1.3642	rad^{-1}
C_L^0	−0.024377	—	$C_M^{\eta_1}$	−0.0071776	ft^{-1}
$C_L^{\eta_1}$	−0.034102	ft^{-1}	$C_M^{\eta_2}$	−0.030220	ft^{-1}
$C_L^{\eta_2}$	−0.031737	ft^{-1}	$C_M^{\eta_3}$	−0.010666	ft^{-1}
$C_L^{\eta_3}$	−0.067580	ft^{-1}	$C_T^{\phi\alpha^3}$	−14.038	rad^{-3}
$C_D^{\alpha^2}$	7.9641	rad^{-2}	$C_T^{\phi\alpha^2}$	−1.5839	rad^{-1}
C_D^{α}	−0.074020	rad^{-1}	$C_T^{\phi\alpha}$	0.69341	rad^{-1}
$C_D^{\delta_e^2}$	0.91021	rad^{-2}	C_T^{ϕ}	0.19904	—
$C_D^{\delta_e}$	1.0840×10^{-6}	rad^{-1}	C_T^3	1.0929	rad^{-3}
C_D^0	−0.019880	rad^{-2}	C_T^2	0.97141	rad^{-1}
$C_D^{\eta_1}$	0.0012934	rad^{-1}	C_T^1	0.037275	rad^{-1}
$C_D^{\eta_2}$	0.00025523	—	C_T^0	−0.021635	—
$C_D^{\eta_3}$	0.0027066	ft^{-1}	$C_T^{\eta_1}$	−0.0027609	ft^{-1}
$C_M^{\alpha^2}$	6.8888	rad^{-2}	$C_T^{\eta_2}$	−0.0034979	ft^{-1}
C_M^{α}	5.1390	rad^{-1}	$C_T^{\eta_3}$	−0.0053310	ft^{-1}

表 3.9　Lisa 模型弹性模态系数

系数	值	系数	值	系数	值
$N_1^{\alpha^2}$	−0.089274	$N_2^{\alpha^2}$	8.8374×10^{-2}	$N_3^{\alpha^2}$	-7.4826×10^{-2}
N_1^{α}	0.34971	N_2^{α}	9.5685×10^{-2}	N_3^{α}	0.10299
N_1^{0}	2.7562×10^{-3}	N_2^{0}	1.3834×10^{-3}	N_3^{0}	-1.9277×10^{-3}
$N_1^{\delta_e}$	0.039029	$N_2^{\delta_e}$	-2.4875×10^{-2}	$N_3^{\delta_e}$	-4.2624×10^{-3}
$N_1^{\eta_1}$	-9.3415×10^{-4}	$N_2^{\eta_1}$	4.1120×10^{-4}	$N_3^{\eta_1}$	3.2963×10^{-4}
$N_1^{\eta_2}$	-6.7015×10^{-4}	$N_2^{\eta_2}$	1.0924×10^{-4}	$N_3^{\eta_2}$	3.0022×10^{-4}
$N_1^{\eta_3}$	-1.8813×10^{-3}	$N_2^{\eta_3}$	8.5621×10^{-4}	$N_3^{\eta_3}$	6.5423×10^{-4}

Lisa 模型式(3.7)～式(3.9)与 David 模型对模型的处理手段一致，两者的动力学方程式(3.4)～式(3.7)完全一致，只是在数据拟合时选取的拟合函数不同，从而导致拟合出的气动力系数表达式不同。另外，在弹性模态的表达上，David 模型主要利用前后转体角变化量 $\Delta\tau_1$、$\Delta\tau_2$ 来表示弹性状态的影响，而 Lisa 模型直接利用 η_i 表示弹性状态，虽然表示方式不同，但 η_i 与 τ_i 之间存在一定的相互关系，因此均得到了国内外学者的广泛研究。俄亥俄州立大学的 Serrani 等[16]考虑有鸭翼的弹性高超声速飞行器模型，将系统分为速度环、高度环及俯仰角环，分别按照动态逆方法结合自适应设计了各环的控制器。天津大学的 Tian 等[17]针对弹性高超声速飞行器式(3.7)～式(3.9)模型参数不确定问题，设计了多时间尺度二阶滑模控制器，并进行 Monte-Carlo 仿真验证了该方法的鲁棒性，保证了弹性高超声速飞行器的稳定跟踪。

3.3　高超声速再入飞行器六自由度模型描述

为了尽可能真实地反映高超声速飞行器再入过程的运动特性，提供准确的再入运动状态参数，需要建立完整的描述再入飞行的动力学方程。依据飞行力学中的相关理论可知，高超声速飞行器的六自由度动力学方程可由描述其质心运动的三自由度平动方程和绕质心运动的三自由度转动方程两部分构成。因此，下面以典型再入飞行器 X-33 为例，从描述质心运动的平动方程和绕质心运动的转动方程出发，对高超声速飞行器的六自由度再入模型进行分析。图 3.3 为典型再入飞行器六自由度再入运动示意图，其中图 3.3(a)表示质心的平动示意图，图 3.3(b)表示绕质心转动的示意图。

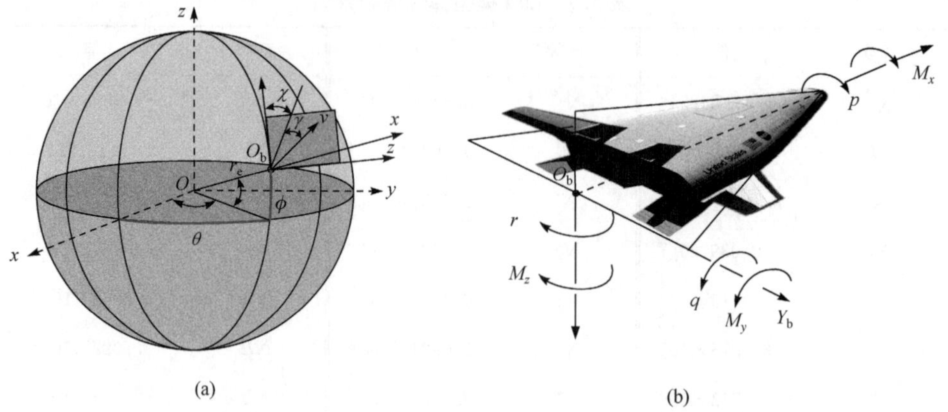

图 3.3 典型再入飞行器六自由度再入运动示意图

3.3.1 质心平动方程

质心的平动方程是将高超声速飞行器视为可控的质点，通过研究其质点的运动情况，获得再入过程的运动轨迹。该方程可以确定质心运动的三个位置参数(地心距、经度和纬度)及三个速度参数(速度大小、航迹角和航向角)。在飞行力学中，该方程主要用来研究飞行器的轨迹设计和制导问题。由于高超声速再入飞行器大空域飞行的特点，地球自转的影响不能忽略。因此，考虑球形地球自转对再入运动的影响，可得到如式(3.10)和式(3.11)所示的三自由度再入质心运动模型[18]：

$$\begin{cases} \dot{r}_e = v\sin\gamma \\ \dot{\phi} = \dfrac{v\cos\gamma\sin\chi}{r_e\cos\theta} \\ \dot{\theta} = \dfrac{v}{r_e}\cos\gamma\cos\chi \end{cases} \tag{3.10}$$

$$\begin{cases} \dot{v} = \dfrac{1}{m}(Y\sin\beta - D\cos\beta) - g\sin\gamma + \Omega^2 r_e\cos\theta(\sin\gamma\cos\theta - \cos\gamma\sin\theta\cos\chi) \\ \dot{\chi} = \dfrac{1}{mv\cos\gamma}(L\sin\sigma + D\sin\beta\cos\sigma + Y\cos\beta\cos\sigma) + \dfrac{v}{r_e}\cos\gamma\sin\chi\tan\theta \\ \qquad - 2\Omega(\tan\gamma\cos\theta\cos\chi - \sin\theta) + \dfrac{\Omega^2 r_e}{v\cos\gamma}\sin\theta\cos\theta\sin\chi \\ \dot{\gamma} = \dfrac{1}{mv}(L\cos\sigma - D\sin\beta\sin\sigma - Y\cos\beta\sin\sigma) - \left(\dfrac{g}{v} - \dfrac{v}{r_e}\right)\cos\gamma + 2\Omega\cos\theta\sin\chi \\ \qquad + \dfrac{\Omega^2 r_e}{v}\cos\theta(\cos\gamma\cos\theta + \sin\gamma\sin\theta\cos\chi) \end{cases} \tag{3.11}$$

式中，飞行状态 r_e、ϕ、θ、v、χ、γ 分别表示地心距、经度、纬度、飞行速度、航向角和航迹角；m 表示飞行器质量；$g=\mu/r_e^2$ 表示引力加速度，μ 表示地球引力常量；Ω 表示地球自转角速度；L、D、Y 分别表示高超声速飞行器再入过程中受到的升力、阻力和侧力，通常表示为飞行状态的函数，具体表达式如式(3.12)～式(3.14)所示：

$$L=\bar{q}S_{\text{ref}}C_L, \quad D=\bar{q}S_{\text{ref}}C_D \tag{3.12}$$

式中，S_{ref}为飞行器参考表面积；$\bar{q}$ 为动压，可表示为

$$\bar{q}=0.5\rho(h)V^2 \tag{3.13}$$

式中，$\rho(h)$为大气密度。根据参考气动数据[17]，升阻力系数可表示为

$$C_L=C_L(\alpha,Ma), \quad C_D=C_D(\alpha,Ma) \tag{3.14}$$

式中，马赫数 $Ma=V/a$，与飞行器的飞行速度和声速有关。a 表示声速，这里取值1115ft/s。

3.3.2 绕质心转动方程

绕质心转动的方程决定了高超声速飞行器绕质心转动的角速度(攻角、侧滑角和侧倾角)及飞行过程中三个通道的角速率(滚转角速率、俯仰角速率和偏航角速率)。该方程主要用来研究高超声速再入飞行器的姿态控制问题，考虑地球自转对姿态控制的影响，可得到机体坐标系下的三自由度再入姿态运动模型：

$$\begin{cases}\dot{p}=\dfrac{I_{zz}M_x}{I_{xx}I_{zz}-I_{xz}^2}+\dfrac{I_{xz}M_z}{I_{xx}I_{zz}-I_{xz}^2}+\dfrac{(I_{xx}-I_{yy}+I_{zz})I_{xz}}{I_{xx}I_{zz}-I_{xz}^2}pq+\dfrac{(I_{yy}-I_{zz})I_{zz}-I_{xz}^2}{I_{xx}I_{zz}-I_{xz}^2}qr \\ \dot{q}=\dfrac{M_y}{I_{yy}}+\dfrac{I_{xz}}{I_{yy}}(r^2-p^2)+\dfrac{I_{zz}-I_{xx}}{I_{yy}}pr \\ \dot{r}=\dfrac{I_{xz}M_x}{I_{xx}I_{zz}-I_{xz}^2}+\dfrac{I_{xx}M_z}{I_{xx}I_{zz}-I_{xz}^2}+\dfrac{(I_{xx}-I_{yy})I_{xx}+I_{xz}^2}{I_{xx}I_{zz}-I_{xz}^2}pq+\dfrac{(I_{yy}-I_{xx}-I_{zz})I_{xz}}{I_{xx}I_{zz}-I_{xz}^2}qr\end{cases} \tag{3.15}$$

$$\begin{cases}\dot{\alpha}=-p\cos\alpha\tan\beta+q-r\sin\alpha\tan\beta+\dfrac{\sin\sigma}{\cos\beta}[\dot{\chi}\cos\gamma-\dot{\phi}\sin\chi\sin\gamma \\ \quad +(\dot{\theta}+\Omega)(\cos\phi\cos\chi\sin\gamma-\sin\phi\cos\gamma)]-\dfrac{\cos\sigma}{\cos\beta}[\dot{\gamma}-\dot{\phi}\cos\chi \\ \quad -(\dot{\theta}+\Omega)\cos\phi\sin\chi] \\ \dot{\beta}=p\sin\alpha-r\cos\alpha+\sin\sigma[\dot{\gamma}-\dot{\phi}\cos\chi+(\dot{\theta}+\Omega)\cos\phi\sin\chi]+\cos\sigma \\ \quad \times[\dot{\chi}\cos\gamma-\dot{\phi}\sin\chi\sin\gamma-(\dot{\theta}+\Omega)(\cos\phi\cos\chi\sin\gamma-\sin\phi\cos\gamma)] \\ \dot{\sigma}=-p\cos\alpha\cos\beta-q\sin\beta-r\sin\alpha\cos\beta+\dot{\alpha}\sin\beta-\dot{\chi}\sin\gamma \\ \quad -\dot{\phi}\sin\chi\cos\gamma+(\dot{\theta}+\Omega)[\cos\phi\cos\chi\cos\gamma+\sin\phi\sin\gamma]\end{cases} \tag{3.16}$$

式中，状态 p、q、r、α、β、σ 分别为滚转角速率、俯仰角速率、偏航角速率、攻角、侧滑角和侧倾角；M_x、M_y、M_z 分别为滚转力矩、俯仰力矩和偏航力矩；I_{ij} ($i=x,y,z$,

$j=x,y,z$)为高超声速飞行器的转动惯量。式(3.15)和式(3.16)描述的是绕质心运动的再入姿态方程,主要用来进行 RLV 姿态跟踪控制。以 X-33 高超声速飞行器为例,给出模型参数及转动惯量取值,如表 3.10 和表 3.11 所示。

表 3.10　X-33 高超声速飞行器模型参数

符号	含义	值	单位
m	质量	2455	slug
μ	引力常量	1.4076539×10^{17}	ft^3/s^2
Ω	地球自转角速度	7.2722×10^{-5}	rad/s
R_E	地球半径	20925646.32	ft

表 3.11　转动惯量参数

符号	值	符号	值
I_{xx}	434270	I_{yz}	0
I_{xy}	0	I_{zx}	17880
I_{xz}	17880	I_{zy}	0
I_{yx}	0	I_{zz}	1131541
I_{yy}	961200		

美国海军研究生院的 Bollino[18]针对再入六自由度 X-33 模型式(3.10)～式(3.16),基于 Gauss 伪谱法解决了实时再入轨迹优化及制导问题。美国阿拉巴马大学的 Shtessel 等[19-21]针对再入三自由度 X-33 模型式(3.15)和式(3.16),分别基于二阶滑模、超螺旋滑模及高阶滑模等理论进行了有限时间姿态跟踪控制问题的研究。荷兰代尔夫特理工大学的 Recasens 等[22-24]基于动态逆和模型预测控制理论进行了高超声速再入飞行器姿态控制研究。此外,天津大学的 Tian 等针对再入六自由度 X-33 模型式(3.10)～式(3.16),分别基于 Gauss 伪谱法解决了再入轨迹优化问题[25],基于时变高阶滑模[26]、拟连续高阶滑模[27,28]、终端滑模[29-31]、超螺旋滑模控制方法[32-35]、反步法[36,37]等分别解决了 RLV 再入模型不确定、力矩干扰以及输入约束和轨迹姿态协调控制等问题,实现了 RLV 再入姿态稳定及轨迹跟踪。

3.4　小　　结

高超声速飞行器的动力学模型是研究基础,对高超声速飞行器的轨迹、制导及控制问题起着至关重要的作用。本章重点描述了典型的高超声速飞行器刚体、弹性纵向动力学模型(X-43A)及六自由度再入模型(X-33),给出了各模型的具体形式及气动力表达,详细列出了高超声速飞行器各模型的飞行器参数、状态量及控制量等，分析了各模型之间的区别与联系，并针对各类模型分别简要介绍国内外典型研究团队的研究成果，为后续高超声速飞行器稳定跟踪控制器设计及仿真奠定了基础。

参考文献

[1] Bolender M A, Doman D B. Nonlinear longitudinal dynamical model of an air-breathing hypersonic vehicle. Journal of Spacecraft and Rockets, 2007, 44(2): 374-387.

[2] Parker J T, Serrani A, Yurkovich S, et al. Control-oriented modeling of an air-breathing hypersonic vehicle. Journal of Guidance, Control, and Dynamics, 2007, 30(3): 856-869.

[3] Sigthorsson B, David O. Control-Oriented Modeling And Output Feedback Control of Hypersonic Air-Breathing Vehicles [Master's Thesis]. Columbus: The Ohio State University, 2009.

[4] Rehman O U, Petersen I R, Fidan B. Robust nonlinear control of a nonlinear uncertain system with input coupling and its application to hypersonic flight vehicles. Proceedings of the IEEE International Conference on Control Applications, Yokohama, 2010: 1451-1457.

[5] Rehman O U, Petersen I R, Fidan B. Robust nonlinear control design of a hypersonic flight vehicle using minimax linear quadratic Gaussian control. Proceedings of the 49th IEEE Conference on Decision and Control, Atlanta, 2010: 6219-6224.

[6] Rehman O U, Petersen I R, Fidan B. Feedback linearization-based robust nonlinear control design for hypersonic flight vehicles. Proceedings of the Institution of Mechanical Engineers, Part I: Journal of Systems and Control Engineering, 2013, 227(1): 3-11.

[7] Zong Q, Wang F, Tian B L, et al. Robust adaptive dynamic surface control design for a flexible air-breathing hypersonic vehicle with input constraints and uncertainty. Nonlinear Dynamics, 2014, 78(1): 289-315.

[8] Zong Q, Wang F, Tian B L, et al. Robust adaptive approximate backstepping control design for a flexible air-breathing hypersonic vehicle. Journal of Aerospace Engineering, 2014, 28(4): 04014107.

[9] Zong Q, Wang F, Tian B L, et al. Robust adaptive approximate back-stepping control of a flexible air-breathing hypersonic vehicle with input constraint and uncertainty. Proceedings of the Institution of Mechanical Engineers, Part I: Journal of Systems and Control Engineering, 2014, 228(7): 521-539.

[10] Wang J, Zong Q, Su R, et al. Continuous high order sliding mode controller design for a flexible air-breathing hypersonic vehicle. ISA Transactions, 2014, 53(3): 690-698.

[11] Zong Q, Wang J, Tao Y. Adaptive high-order dynamic sliding mode control for a flexible air-breathing hypersonic vehicle. International Journal of Robust and Nonlinear Control, 2013, 23(15): 1718-1736.

[12] Zong Q, Wang J, Tian B L, et al. Quasi-continuous high-order sliding mode controller and observer design for flexible hypersonic vehicle. Aerospace Science and Technology, 2013, 27(1): 127-137.

[13] Zong Q, Dong Q, Wang F, et al. Super twisting sliding mode control for a flexible air-breathing hypersonic vehicle based on disturbance observer. Science China Information Sciences,2015,58(7):1-15.

[14] Fiorentini L. Nonlinear Adaptive Controller Design for Air-Breathing Hypersonic Vehicles [Ph. D. Thesis]. Columbus:The Ohio State University,2010.

[15] 宗群,曾凡琳,张希彬,等. 高超声速飞行器建模与模型验证. 北京:科学出版社,2016.

[16] Serrani A, Zinnecker A M, Fiorentini L, et al. Integrated adaptive guidance and control of constrained nonlinear air-breathing hypersonic vehicle models. Proceedings of the 2009 American Control Conference, St. Louis,2009:3172-3177.

[17] Tian B L, Su R, Fan W. Multiple-time scale smooth second order sliding mode controller design for flexible hypersonic vehicles. Proceedings of the Institution of Mechanical Engineers, Part G:Journal of Aerospace Engineering,2014,229(5):781-791.

[18] Bollino K P. High-Fidelity Real-Time Trajectory Optimization for Reusable Launch Vehicles[Ph. D. Thesis]. Monterey:The United States Naval Postgraduate School,2006.

[19] Shtessel Y, Hall C, Jackson M. Reusable launch vehicle control in multiple-time-scale sliding modes. Journal of Guidance Control Dynamics,2012,23(6):1013-1020.

[20] Shtessel Y B, Shkolnikov I A, Levant A. Smooth second-order sliding modes: Missile guidance application. Automatica,2007,43(8):1470-1476.

[21] Stott J E, Shtessel Y B. Launch vehicle attitude control using sliding mode control and observation techniques. Journal of the Franklin Institute,2012,349(2):397-412.

[22] Recasens J J, Chu Q P, Mulder J A. Robust model predictive control of a feedback linearized system for a lifting-body re-entry vehicle. AIAA Guidance, Navigation, and Control Conference and Exhibit, San Francisco,2005.

[23] Soest W R V, Chu Q P, Mulder J A. Combined feedback linearization and constrained model predictive control for entry flight. Journal of Guidance Control Dynamics,2012,29(2):427-434.

[24] Chu Q P, Mulder J A. Re-entry flight controller design using nonlinear dynamic inversion. AIAA Guidance, Navigation, and Control Conference and Exhibit, Montreal,2001.

[25] Tian B L, Zong Q. Optimal guidance for reentry vehicles based on indirect Legendre pseudospectral method. Acta Astronautica,2011,68(7-8):1176-1184.

[26] Tian B L, Fan W, Zong Q, et al. Nonlinear robust control for reusable launch vehicles in reentry phase based on time-varying high order sliding mode. Journal of the Franklin Institute,2013,350(7):1787-1807.

[27] Tian B L, Zong Q, Wang J, et al. Quasi-continuous high-order sliding mode controller design for reusable launch vehicles in reentry phase. Aerospace Science and Technology, 2013,28(1):198-207.

[28] 王婕,宗群,田栢苓,等. 基于拟连续高阶滑模的高超声速飞行器再入姿态控制. 控制理论与应用,2014,31(9):1166-1173.

[29] Su R, Zong Q, Tian B L, et al. Comprehensive design of disturbance observer and non-singular terminal sliding mode control for reusable launch vehicles. IET Control Theory and Applications, 2015, 9(12): 1821-1830.

[30] 韩钊，宗群，田栢苓，等. 基于 Terminal 滑模的高超声速飞行器姿态控制. 控制与决策，2013, 28(2): 259-263.

[31] 宗群，苏芮，王婕，等. 高超声速飞行器自适应高阶终端滑模控制. 天津大学学报(自然科学与工程技术版)，2014, 47(11): 1031-1037.

[32] Dong Q, Zong Q, Tian B L, et al. Adaptive-gain multivariable super-twisting sliding mode control for reentry RLV with torque perturbation. International Journal of Robust and Nonlinear Control, 2017, 27(4): 620-638.

[33] Dong Q, Zong Q, Tian B L, et al. Integrated finite-time disturbance observer and controller design for reusable launch vehicle in reentry phase. Journal of Aerospace Engineering, 2016, 30(1): 04016076.

[34] Tian B L, Fan W, Su R, et al. Real-time trajectory and attitude coordination control for reusable launch vehicle in reentry phase. IEEE Transactions on Industrial Electronics, 2015, 62(3): 1639-1650.

[35] Tian B L, Fan W, Zong Q. Integrated guidance and control for reusable launch vehicle in reentry phase. Nonlinear Dynamics, 2015, 80(1-2): 397-412.

[36] Zong Q, Wang F, Tian B L. Nonlinear adaptive filter backstepping flight control for reentry vehicle with input constraint and external disturbances. Proceedings of the Institution of Mechanical Engineers, Part G: Journal of Aerospace Engineering, 2013, 228(6): 889-907.

[37] Wang F, Hua C, Zong Q. Attitude control of reusable launch vehicle in reentry phase with input constraint via robust adaptive backstepping control. International Journal of Adaptive Control and Signal Processing, 2015, 29(10): 1308-1327.

第 4 章　基于典型滑模的高超声速飞行器稳定跟踪控制

高超声速飞行器飞行环境复杂、飞行包线跨度大、动态特性易变且采用机体/发动机一体化设计技术，导致气动参数与发动机推力之间存在强烈耦合。这些特点给飞行器控制系统的研究与设计带来了新的挑战，使高超声速飞行控制成为当前飞行器控制研究领域的前沿热点问题。美国空军实验室 Doman 等，基于 X-43A 高超声速飞行器研究的一体化解析模型，受到了研究者广泛的采用和认可[1]。国内外许多学者在此模型的基础上做了大量的控制研究工作，但大部分集中于线性控制策略，存在一定的局限和弊端。为了获得更好的控制性能，一些学者提出滑模控制方法，可有效提高高超声速飞行器稳定跟踪的鲁棒性和快速性。积分滑模和终端滑模作为两种典型滑模控制方法，具有代表性。其中，积分滑模具有线性滑模面，能充分满足线性系统控制性能的设计要求，使处于滑动模态时的系统稳定性分析简洁、方便，容易实现参数设计。终端滑模是近年来出现的一种非线性滑模设计方法，可以使系统在“有限时间”收敛至平衡点，在保证稳定控制的基础上，使系统状态能在有限时间内达到期望的动态性能。本章针对高超声速飞行器稳定跟踪控制问题，结合自适应手段，重点对基于积分滑模和终端滑模这两种典型滑模的高超声速飞行器稳定跟踪控制方法进行研究。

本章主要内容安排如下：4.1 节介绍滑模的基本原理，包括基本概念、滑模面、趋近律以及抖振现象的产生与克服；4.2 节针对典型滑模控制方法：积分滑模和终端滑模控制，进行描述；4.3 节分别基于两种典型滑模控制方法设计高超声速飞行器的鲁棒自适应控制器，有效地实现高超声速飞行器的稳定跟踪控制；4.4 节对本章进行总结。

4.1　滑模控制的基本原理

4.1.1　基本概念

滑模控制(sliding mode control，SMC)是 20 世纪 50 年代由苏联学者 Emelyanov 提出，Utkin 等[2]倡导的一种变结构控制的特例，其本质是一类特殊的非线性控制，且非线性表现为控制的不连续性。这种控制特性迫使系统在一定特性下沿着预定的状态轨迹做小幅度、高频率的上下运动，这就是“滑模运动”。可见，滑模运动是指系统的状态被约束在某一提前设计的流形上运动。一般而言，系统的初始状态不一定在该给定流形上，需要通过滑模控制器的作用使系统状态在有限时间内驱动到并维持在该给定流形上，这一过程称为到达过程。这种控制形式与其他控制方法的不同之处在于系统的“结构”并不固定，而是在动态过程中，根据系统当前的状态有目的地不断变化，迫使系统按照预定状态轨迹运动。

考虑如式(4.1)所示的一类典型仿射非线性系统：

$$\begin{cases} \dot{x}=f(x,t)+B(x,t)u+d(x,t) \\ y=x \end{cases} \tag{4.1}$$

式中，$x\in\mathbb{R}^n$是系统的状态向量；$u\in\mathbb{R}^m$是控制输入且 $1\leqslant m\leqslant n$。对系统式(4.1)进行如下假设：$f(x,t)$、$B(x,t)$均为已知有界函数，且 $B^{-1}(x,t)$存在，$d(x,t)$为有界外部扰动。

设计滑模面函数(也称切换函数)，形式如式(4.2)所示：

$$s=s(x) \tag{4.2}$$

式中，$s(x)$是关于状态量 x 的函数。

设计控制器，形式一般如式(4.3)所示：

$$u=\begin{cases} u^+, & s>0 \\ u^-, & s<0 \end{cases} \tag{4.3}$$

式中，$u^+\neq u^-$，且满足以下设计目标：

(1) 滑动模态存在，即式(4.3)成立；

(2) 满足可达性条件，即在滑模面 $s=0$ 以外的运动点都将于有限的时间内到达滑模面；

(3) 保证滑模运动的稳定性，达到控制系统的动态品质要求。

4.1.2　滑模面和趋近律

如 4.1.1 节所述，滑模面是按照控制需求设计的具有某种优良品质的动态流形，而趋近律的作用是驱使状态到达滑模面。滑模控制器的设计通常被认为是一种综合方法，其特点是简单、灵活，一般分为以下两个步骤。

(1) 设计滑模面：保证系统状态到达滑模面后能趋近于原点，且使滑动模态具有满意的动态性能；

(2) 设计趋近律：保证系统状态能自初始条件到达并维持在滑模面上。

1. 滑模面

考虑式(4.1)所示的一类典型仿射非线性系统，定义系统跟踪误差为

$$e=y-y_{\mathrm{r}} \tag{4.4}$$

式中，y_r 是参考信号，控制的目的是使系统的输出跟踪参考信号。针对误差式(4.4)，假定存在一个切换面 $s=s(e)$，该切换面如图 4.1 所示。

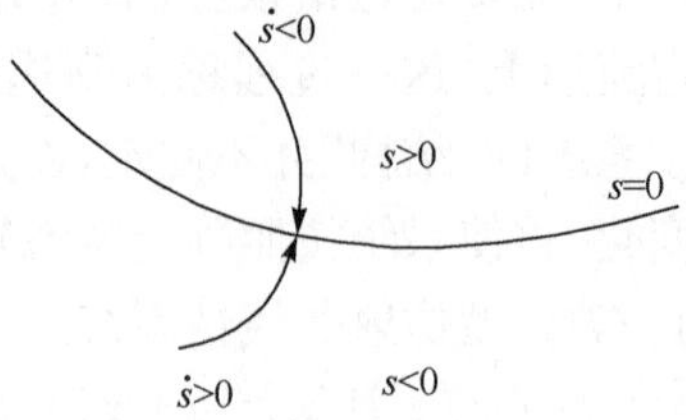

图 4.1 滑模切换面

这个切换面将空间分为两个区域，$s>0$ 和 $s<0$。当 $s(e)$ 从初始点到达滑模面 $s(e)=0$ 后，会在切换面附近进行运动，存在如下关系成立：

$$\lim_{s\to 0^+}\dot{s}<0,\quad \lim_{s\to 0^-}\dot{s}>0 \tag{4.5}$$

式(4.5)也可写成如下形式：

$$s\cdot\dot{s}\leqslant 0 \tag{4.6}$$

式(4.6)是广义的滑动模态存在条件，该式表明系统状态从空间的任一点开始必将能够到达滑模面。同时，若满足式(4.6)，则该滑模也必将满足存在条件和到达条件。对于系统式(4.1)及滑模面函数 s，设计式(4.7)形式的 Lyapunov 函数：

$$V=\frac{1}{2}s^2 \tag{4.7}$$

通过对式(4.7)求解一次导数可得 $\dot{V}=s\cdot\dot{s}$，在滑模面 $s=0$ 的邻域内，V 是正定的，V 的导数是半负定的。如果条件式(4.6)成立，那么系统本身将稳定于滑模面 $s=0$。

常见的滑模面函数有如下几种形式[3]。

1) 线性滑模面函数

$$s(t)=ce(t) \tag{4.8}$$

$$s(t)=ce(t)+\dot{e}(t) \tag{4.9}$$

$$s(t)=e(t)+c\int_0^t e(\tau)\mathrm{d}\tau \tag{4.10}$$

式中，c 为大于零的常数。由式(4.10)构成的滑模面称为线性积分滑模面，将在 4.2.1 节进行详细介绍。

2) 非线性滑模面函数

$$s(t)=x_2+\beta x_1^{q/p} \tag{4.11}$$

式中，x_1、x_2 为系统状态量；$\beta>0$；p、q 是正奇数且满足 $1<q<p<2q$。这里，由式(4.11)构成的滑模面称为终端滑模面，将在 4.2.2 节进行详细介绍。

3）组合滑模面函数

$$s(t) = x_2 + \int_0^t (\alpha x_1 + \beta x_1^{q/p}) \mathrm{d}\tau \tag{4.12}$$

式中，$\alpha>0$，式(4.12)为积分滑模和终端滑模函数的组合形式。

2. 滑模趋近律

当滑模面设计完成后，下一步的工作是考虑如何设计滑模趋近律，以保证系统状态能从初始值到达滑模面，且维持在滑模面上进行滑模运动。

根据前述定义的滑模面，趋近律可表示为

$$\dot{s} = f(s) \tag{4.13}$$

式中，$f(s)$是关于滑模面 s 的函数。

基于 Lyapunov 方法，根据不同的到达条件形式、不同的分析方法，可以构造不同结构的滑模趋近律。基于不等式到达条件的设计方法，可直接根据 $s\dot{s}<0$ 设计滑模趋近律。与此类似的是基于 Lyapunov 稳定性理论的方法，设计 Lyapunov 函数 $V(s)=\frac{1}{2}s^{\mathrm{T}}s$，通过求 $\dot{V}(s)<0$ 来选择设计滑模趋近律。

常见的滑模趋近律有如下几种形式[3]。

1）等速趋近律

$$\dot{s} = -\varepsilon \operatorname{sgn}(s), \quad \varepsilon>0 \tag{4.14}$$

式中，常数 ε 为系统状态趋近滑模面 $s=0$ 的速率；sgn 为符号函数。若 ε 小，则趋近速度慢；若 ε 大，则趋近速度快，但会引起较大的抖振。

2）指数趋近律

$$\dot{s} = -\varepsilon \operatorname{sgn}(s) - ks, \quad \varepsilon>0, k>0 \tag{4.15}$$

式中，$\dot{s}=-ks$ 是指数趋近项，该项能保证 s 较大时，系统状态能以较大的速度趋近于滑模面。

3）幂次趋近律

$$\dot{s} = -k|s|^{\alpha} \operatorname{sgn}(s), \quad k>0, 0<\alpha<1 \tag{4.16}$$

通过调整 α 值，可保证当系统状态远离滑动模态时，能以较大的速度趋近于滑模面。

4）一般趋近律

$$\dot{s} = -\varepsilon \operatorname{sgn}(s) - f(s), \quad \varepsilon>0 \tag{4.17}$$

式中，$f(s)$是一般函数，且满足 $s \cdot f(s) \geqslant 0$。

显然，上述四种趋近律都满足滑模到达条件 $s\dot{s}<0$。在后续章节的研究中，将选用这几种典型的滑模面及趋近律形式，实现高超声速飞行器滑模控制器的设计。

4.1.3　抖振现象的产生与克服

从理论角度讲，由于滑动模态可以按需要设计，而且系统的滑动运动与控制对象的参数变化、系统的外部扰动及内部的摄动无关，因此滑模变结构控制系统的鲁棒性要比一般的连续控制系统强。但是，滑模变结构控制在本质上的不连续开关特性将会引起系统的抖振问题，这对于连续系统的光滑控制而言是不希望出现的。抖振的危害很大，它能影响控制的精确性，增加能量消耗，激发系统未建模部分的强迫振动。在实际应用中，滑模控制系统在不同的控制逻辑中来回切换，由于切换装置不可避免地存在惯性与滞后，这种时间上的延迟与空间上的滞后，通常会导致实际滑动模态运动不是准确地发生在理想的滑模面上，而是沿着理想的滑模面做振动，即在理想的滑模面上叠加了自振，这种现象称为抖振。抖振现象是滑模控制系统自身固有的特征，已成为滑模控制理论在实际应用中的一大障碍。为了克服滑模控制系统的抖振现象，许多学者做了大量工作，提出了多种有效的处理方法，如准滑动模态法[4]、边界层法[5]、干扰观测器法[6]、高阶滑模法[7]等。

4.2　典型滑模控制方法

4.2.1　积分滑模控制方法

线性滑模面式(4.8)能充分满足线性系统控制性能的设计要求，使处于滑动模态时的系统稳定性分析简洁、方便，容易实现参数设计。因此，在大多数线性滑模控制系统的设计中均采用线性滑模面。但是，在抵达线性滑模面之前的到达过程中，滑模控制对不确定没有任何作用，系统鲁棒性不能得以保证。此外，在处理较复杂的线性或非线性系统时，线性滑模面式(4.8)往往无能为力。由此针对不确定系统式(4.1)，依照 Utkin 的设计理念，引申出了积分滑模面的概念[8-13]。

一个滑模运动被称为积分滑模，须在滑模面设计中引入积分项，且滑动模态下系统的阶数与原始系统阶数保持一致。在进行这种意义上的全程积分滑模设计时，对于系统式(4.1)，当不存在外界扰动时，假设存在一个反馈控制 $u=u_0(x)$ 使系统式(4.1)在滑模面的作用下，以一定的方式稳定在某一期望值，那么，闭环的理想系统可表示为

$$\dot{x}=f(x,t)+B(x,t)u_0 \tag{4.18}$$

当系统存在不确定时，设计控制器为 $u=u_0+u_1$，u_0 为等效控制，u_1 用来抵消系统受到的不确定，为此设计如式(4.19)所示的滑模面：

$$s=s_0(x)+z,\quad s,s_0(x),z\in\mathbb{R} \tag{4.19}$$

为保证滑模运动开始，须使 $\dot{s}=0$，那么

$$\dot{z}=-\frac{\partial s_0}{\partial x}\{f(x)+B(x)u_0(x)\},\quad z(0)=-s_0(x(0)) \tag{4.20}$$

式中，后一项 $z(0)=-s_0(x(0))$ 保证了系统状态从初始时刻开始便在滑模面上，这保证了系统的全局鲁棒性。

积分滑模面的另一个特点是无须在系统中增加积分器便可以大大减小系统的稳态误差。在积分滑模面式(4.19)中，滑模面的维数与系统状态空间表达式的维数一致，使滑动模态运动起始于系统初始状态，保证系统在整个响应空间上的鲁棒性。典型积分滑模面的形式主要包括传统积分滑模面和全程积分滑模面两种。

1) 传统积分滑模面

与传统滑模面相比，传统积分滑模面显著的特点即在传统滑模面的基础上引入跟踪误差的积分项，构成了 Slotine 意义[14]下的传统积分滑模面：

$$s=e+k_{\mathrm{I}}\int_0^t e\mathrm{d}\tau \tag{4.21}$$

式中，$k_{\mathrm{I}}>0$ 为常数。在外界干扰及不确定的影响下，式(4.21)中积分项的引入能够显著提高跟踪精度。

2) 全程积分滑模面

在传统积分滑模面式(4.21)的基础上，为了提高系统的鲁棒性，Slotine 等提出了一种全程积分滑模面，该滑模面如式(4.22)所示：

$$s=e-e(0)+k_{\mathrm{I}}\int_0^t e\mathrm{d}\tau \tag{4.22}$$

通过对式(4.22)分析可得，当 $t=0$ 时，$s(0)=0$，使系统的初始状态就处在滑模面上，消除了到达过程，保证了闭环系统对于不确定及外界扰动的全局鲁棒性。

虽然，滑模面式(4.22)与式(4.21)的设计类似，都在滑模面中引入了积分项，相比于传统的线性滑模，积分项的引入增加了系统设计的自由度。在滑模控制器设计过程中，符号函数的引入会导致抖振现象，为了抑制抖振，可以引入边界层，用饱和函数来代替符号函数，但会导致稳态误差出现，降低控制性能，而积分项的引入可以消除稳态误差，提高系统的跟踪性能，这是积分滑模的优势所在。但是，在大的初始误差条件下，积分项的引入会导致大的超调和长的调节时间，从而使暂态性能恶化。尤其是在控制输入受限时，由于积分累计效应，甚至会导致整个系统不稳定。

4.2.2　终端滑模控制方法

普通的滑模控制能使系统状态到达滑动模态后，状态渐近收敛到零，即收敛性不能在有限时间内得以保证。终端滑模面是近年来出现的一种滑模面设计方法，它最大的特点是使系统在“有限时间内”收敛至原点，即在保证系统稳定性的同时，使系统状态能在有限时间内达到期望的动态性能。终端滑模面是一种非线性滑模面，在滑模面的设计中，加入特定的非线性项 $x^{q/p}$（x 为状态或状态跟踪误差），此非线性项能够使系统状态在有限时间内收敛到零并提高收敛快速性[15-22]。

考虑如下 SISO 二阶非线性系统：

$$\dot{x}_1=x_2 \tag{4.23}$$

$$\dot{x}_2=f(x_1,x_2)+b(x_1,x_2)u(t) \tag{4.24}$$

式中，x_1、x_2 是系统的状态变量；$f(x_1,x_2)$、$b(x_1,x_2)$ 是关于状态变量的线性或非线性函数；$u(t)$ 是控制输入。

针对二阶非线性系统式(4.23)和式(4.24)，终端滑模面可设计成以下几种基本形式：

$$s=x_2+\beta x_1^{q/p} \tag{4.25}$$

$$s=x_2+\alpha x_1+\beta x_1^{q/p} \tag{4.26}$$

$$s=x_2+\int_0^t(\alpha x_1+\beta x_1^{q/p})\mathrm{d}\tau \tag{4.27}$$

$$s=x_2-x_2(t_0)+\int_0^t(\alpha x_1+\beta x_1^{q/p})\mathrm{d}\tau \tag{4.28}$$

式中，$\alpha>0$，$\beta>0$，p，q 为正奇数，且 $2q>p>q$。

下面对上述几种形式的滑模面进行特点分析：

(1) 式(4.25)为一般的终端滑模面，当初始状态离滑模面很近时，与其他传统滑模面设计方法相比，可以突出终端收敛速度快的特点。

(2) 式(4.26)为快速终端滑模面，可以保证系统初始状态在全状态空间内都具有快的收敛特性。

(3) 式(4.27)和式(4.28)是带有积分项的终端滑模面，可以消除跟踪的稳态误差，同时可以消除式(4.25)和式(4.26)可能存在的奇异现象。另外，式(4.28)是可以消除到达过程的积分型终端滑模面，能够进一步提高系统的鲁棒性。

终端滑模除了具有一般滑模控制方法特性之外，还具有有限时间收敛的特性，可有效地提高系统状态的收敛速度，但终端滑模面的设计也可能引起奇异问题。下面将对终端滑模的两个特性进行简要介绍。

1. 终端滑模的有限时间快速收敛特性

以式(4.25)一般终端滑模为例，假设在滑模控制器作用下，滑模面 s 趋于零。从而

$$s=x_2+\beta x_1^{q/p}=\dot{x}_1+\beta x_1^{q/p}=0 \tag{4.29}$$

即

$$\dot{x}_1=-\beta x_1^{q/p} \tag{4.30}$$

$$\frac{\mathrm{d}x_1}{\mathrm{d}t}=-\beta x_1^{q/p}\Rightarrow \mathrm{d}t=-\frac{1}{\beta}x_1^{-q/p}\mathrm{d}x_1 \tag{4.31}$$

对式(4.31)两边同时积分，得到系统状态 x_1 从任意初始状态 $x_1(0)\neq 0$ 沿滑模面到达终端吸引子 $x_1=0$ 的时间为

$$t_1=-\beta^{-1}\int_{x_1(0)}^{x_1\to 0}x_1^{-q/p}\mathrm{d}x_1=-\frac{x_1^{1-q/p}}{\beta(1-q/p)}\bigg|_{x_1(0)}^{x_1=0}=\frac{|x_1(0)|^{1-q/p}}{\beta(1-q/p)} \tag{4.32}$$

从式(4.32)可以看出在滑模面参数 p、q、β 一定的情况下，收敛时间 t_1 只是关于系统初始状态值的函数，即系统初始状态是在任意定值的情况下，系统状态收敛时间也是一定值，即保证了系统状态有限时间收敛到原点。显然，$x_1(0)$的绝对值的大小决定了收敛时间。

(1) 当初始点离原点很近时，即 $|x_1|<1$，有 $|x_1^{q/p}|>|x_1|$，因此可以看出非线性项 $x_1^{q/p}$ 使系统的收敛速度快于线性项 x_1，且非线性项可以使系统在有限时间内收敛。

(2) 当初始点离原点比较远时，即 $|x_1|>1$，有 $|x_1^{q/p}|<|x_1|$，因此可以看出非线性项 $x_1^{q/p}$ 对系统收敛速度的影响慢于线性项 x_1 对系统收敛速度的影响。针对此问题，为了进一步提高终端滑模收敛速度，在滑模面设计时加入另一线性项：

$$s=x_2+\alpha x_1+\beta x_1^{q/p} \tag{4.33}$$

在控制器的作用下，滑模面 s 收敛到零，由式(4.33)得

$$\dot{x}_1=-\alpha x_1-\beta x_1^{q/p} \tag{4.34}$$

式中，$\alpha>0$。由式(4.34)可得 x_1 在 $t_2=\dfrac{p}{\alpha(p-q)}\ln\dfrac{\alpha x_1(0)^{(p-q)/p}+\beta}{\beta}$ 时间内收敛到零。

2. 终端滑模的奇异问题

在终端滑模面式(4.25)的基础上，得到基于趋近律的控制器设计方法，令 $\dot{s}=-\varepsilon\mathrm{sgn}(s)$，得到系统的控制量：

$$u=b^{-1}\left[-f(x_1,x_2)-\frac{\beta q}{p}x_2x_1^{q/p-1}-\varepsilon\mathrm{sgn}(s)\right] \tag{4.35}$$

可以看出当 $x_2\neq 0$，$x_1=0$ 时，$x_2x_1^{q/p-1}$ 会出现无穷大，导致奇异。下面介绍奇异问题的解决思路。

从控制量 u 的表达式(4.35)可以看出 $x_1^{q/p-1}$ 是导致奇异的原因，因此可采用带有积分项的终端滑模面，如终端滑模面式(4.27)和式(4.28)，这样再对终端滑模面求导求解控制器时，就不会出现 $x_1^{q/p-1}$ 这一项。

以式(4.27)带有积分项的终端滑模面为例，针对二阶非线性系统式(4.23)和式(4.24)，设计控制器，采用趋近律的控制器设计方法，令 $\dot{s}=-\varepsilon\mathrm{sgn}(s)$，得到系统的控制器形式 u 如式(4.36)所示：

$$u=b^{-1}[-f(x_1,x_2)-\alpha x_1-\beta x_1^{q/p}-\varepsilon\mathrm{sgn}(s)] \tag{4.36}$$

从式(4.36)可以看出,控制器 u 中不含 $x_1^{q/p-1}$ 这一项,因此消除了奇异。有关其他消除奇异问题的方法,可参考文献[23]和[24]。

4.3　基于典型滑模的高超声速飞行器控制器设计

高超声速飞行器控制的主要目的是使飞行器在受到模型参数不确定及外界扰动的影响下,能够实现对给定指令的精确稳定跟踪控制,保证飞行器安全稳定飞行,并具有良好的鲁棒性和自适应能力。由于高超声速飞行器自身的设计结构比较特殊,气动环境较为复杂,在控制器设计中,传统方法应用当中会有一定的局限性。滑模控制不仅对系统不确定具有较强的鲁棒性和抗干扰能力,而且可以通过它使系统获得满意的动态性能,故可以广泛地应用到高超声速飞行器的控制器设计中。本节将重点研究积分滑模和终端滑模控制方法在弹性高超声速飞行器控制中的应用,并结合自适应手段,有效地抑制弹性影响和外界扰动,在保证闭环系统稳定性和收敛精度的同时,显著增强系统的鲁棒性和自适应能力。

4.3.1　基于积分滑模的高超声速飞行器控制器设计

本节针对弹性高超声速飞行器非线性模型式(3.7)为实现速度 V 和高度 h 对参考指令 V_d 和 h_d 的稳定跟踪,基于积分滑模的控制方法设计控制器。

首先,定义速度和高度的跟踪误差:

$$\begin{cases} e_V(t)=V-V_\mathrm{d} \\ e_h(t)=h-h_\mathrm{d} \end{cases} \tag{4.37}$$

设计如式(4.38)的积分滑模面:

$$\begin{cases} s_V=\left(\dfrac{\mathrm{d}}{\mathrm{d}t}+\lambda_V\right)^3\displaystyle\int_0^t e_V(\tau)\mathrm{d}\tau \\ s_h=\left(\dfrac{\mathrm{d}}{\mathrm{d}t}+\lambda_h\right)^4\displaystyle\int_0^t e_h(\tau)\mathrm{d}\tau \end{cases} \tag{4.38}$$

式中,λ_V 和 λ_h 均是正常数,这两个常数决定了误差的收敛速度。分别对 s_V 和 s_h 求导可得

$$\begin{cases} \dot{s}_V=F_V-\dddot{V}_\mathrm{d}+3\lambda_V\ddot{e}_V+3\lambda_V^2\dot{e}_V+\lambda_V^3 e_V+G_{11}\beta_\mathrm{c}+G_{12}\delta_\mathrm{e} \\ \dot{s}_h=F_h-h_\mathrm{d}^{(4)}+4\lambda_h\dddot{e}_h+6\lambda_h^2\ddot{e}_h+4\lambda_h^3\dot{e}_h+\lambda_h^4 e_h+G_{21}\beta_\mathrm{c}+G_{22}\delta_\mathrm{e} \end{cases} \tag{4.39}$$

令 $s=[s_V \quad s_h]^\mathrm{T}$,得到系统的动态为

$$\dot{s}=\bar{\nu}+\Delta\bar{\nu}+(G+\Delta G)u \tag{4.40}$$

式中

$$\bar{\nu}=\begin{bmatrix}\nu_V(x,t)\\ \nu_h(x,t)\end{bmatrix},\quad \Delta\bar{\nu}=\begin{bmatrix}\Delta\nu_V\\ \Delta\nu_h\end{bmatrix},\quad G=\begin{bmatrix}G_{11} & G_{12}\\ G_{21} & G_{22}\end{bmatrix},\quad \Delta G=\begin{bmatrix}\Delta G_{11} & \Delta G_{12}\\ \Delta G_{21} & \Delta G_{22}\end{bmatrix} \tag{4.41}$$

在式(4.40)中，$\bar{\nu}$ 是边界已知的函数，G 为控制矩阵，$\Delta\bar{\nu}$ 是有界综合不确定，包括模型参数不确定、外界扰动以及弹性影响，ΔG 为控制矩阵不确定，且满足假设：

$$\|\bar{\nu}\|\leqslant\delta_1,\quad \|\Delta\bar{\nu}\|\leqslant\delta_2,\quad \|\Delta GG^{-1}\|\leqslant\alpha \tag{4.42}$$

式中，δ_1、$\delta_2>0$，$0\leqslant\alpha<1$ 为已知的正常值。

根据反馈线性化方法，设计如式(4.43)所示的控制器：

$$u=\begin{bmatrix}\beta_c\\ \delta_e\end{bmatrix}=G^{-1}(-\bar{\nu}+u_{\text{disc}}) \tag{4.43}$$

式中

$$u_{\text{disc}}=\begin{bmatrix}-k_V\,\text{sgn}(s_V)\\ -k_h\,\text{sgn}(s_h)\end{bmatrix}=-k\,\text{sgn}(s)$$

式中，G 表示控制矩阵，由高超声速飞行器航迹的物理含义，可知 G^{-1} 是存在的；k 是控制增益。上述控制存在两部分：一部分$(-G^{-1}\bar{\nu})$是等效控制，用来处理标称模型，保证 $\dot{s}_V=0$，$\dot{s}_h=0$；另一部分$(G^{-1}u_{\text{disc}})$用来处理模型的不确定。

控制增益 k 的选取满足如下条件：

$$k\geqslant\frac{\alpha\delta_1+\delta_2+\varepsilon}{1-\alpha} \tag{4.44}$$

式中，ε 是任意正常值。

定理 4.1　考虑系统式(4.40)及假设式(4.42)成立，在控制器式(4.43)的作用下，若控制增益 k 满足式(4.44)，则 s_V 和 s_h 可以实现有限时间收敛。

证明　给定如下形式的 Lyapunov 函数：

$$V_L=\frac{1}{2}s^{\text{T}}s \tag{4.45}$$

显然，当 $s\neq0$ 时，V_L 是正定的。对式(4.45)求导可得

$$\dot{V}_L=s\dot{s} \tag{4.46}$$

将控制量式(4.43)代入式(4.46)可得

$$\begin{aligned}\dot{s}&=\bar{\nu}+\Delta\bar{\nu}+(G+\Delta G)G^{-1}(-\bar{\nu}+u_{\text{disc}})\\&=\Delta\bar{\nu}+(I_2+\Delta GG^{-1})u_{\text{disc}}-\Delta GG^{-1}\bar{\nu}\\&=(I_2+\Delta GG^{-1})(-k\,\text{sgn}(s))-\Delta GG^{-1}\bar{\nu}+\Delta\bar{\nu}\end{aligned} \tag{4.47}$$

将式(4.47)代入式(4.46)并展开得

$$\begin{aligned}\dot{V}_{\mathrm{L}}&=s\dot{s}\\&=s[(I_2+\Delta GG^{-1})(-k\operatorname{sgn}(s))-\Delta GG^{-1}\bar{\nu}+\Delta\bar{\nu}]\\&=-k(I_2+\Delta GG^{-1})\|s\|+[-\Delta GG^{-1}\bar{\nu}+\Delta\bar{\nu}]s\\&\leqslant-k(1-\|\Delta GG^{-1}\|)\|s\|+[\|\Delta GG^{-1}\|\ \|\bar{\nu}\|+\|\Delta\bar{\nu}\|]\|s\|\\&\leqslant-k(1-\|\Delta GG^{-1}\|)\|s\|+[\|\Delta GG^{-1}\|\ \|\bar{\nu}\|+\|\Delta\bar{\nu}\|]\|s\|\\&\leqslant-\varepsilon\|s\|=-\varepsilon\sqrt{2V_{\mathrm{L}}^{\frac{1}{2}}}\end{aligned}\tag{4.48}$$

由式(4.48)容易验证，在控制器式(4.43)的作用下，滑模面 s 在有限时间收敛到零。系统进入滑模面后，在式(4.38)中通过选取合适的 λ_V 和 λ_h，速度跟踪误差 e_V 和高度跟踪误差 e_h 渐近收敛到零。

4.3.2　积分滑模控制仿真分析

1. 仿真条件

考虑高超声速飞行器输出参考指令是由二阶滤波产生的信号，且同时跟踪速度与高度。初始速度 V_0=7802ft/s，初始高度 h_0=95000ft，且所用滤波器的自然频率为 0.03rad/s，阻尼为 0.95，控制增益 $k_V=k_h=10$。

2. 仿真结果

仿真分别给出速度和高度在 400s 内的跟踪曲线及误差曲线，如图 4.2～图 4.5 所示。此外，仿真给出弹性模态变量 η_i 以及控制输入 ϕ 和 δ_e 的变化曲线，如图 4.6～图 4.8 所示。

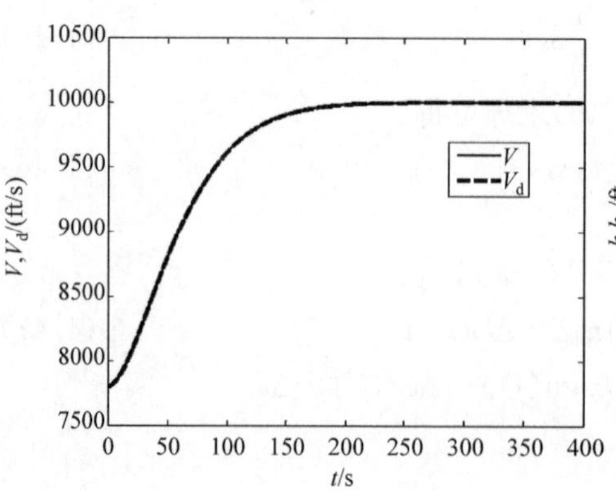

图 4.2　积分滑模控制速度参考指令跟踪曲线

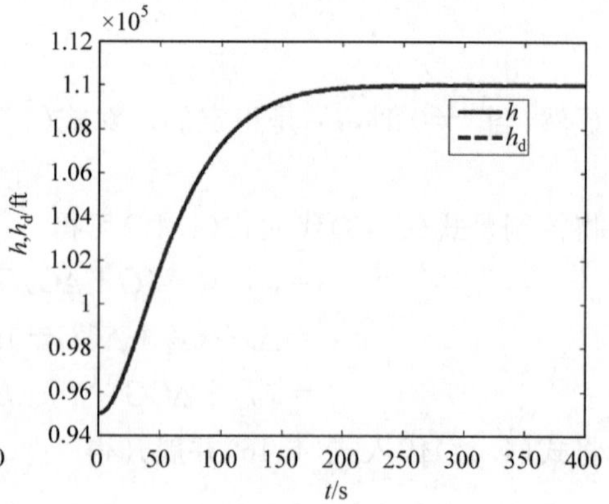

图 4.3　积分滑模控制高度参考指令跟踪曲线

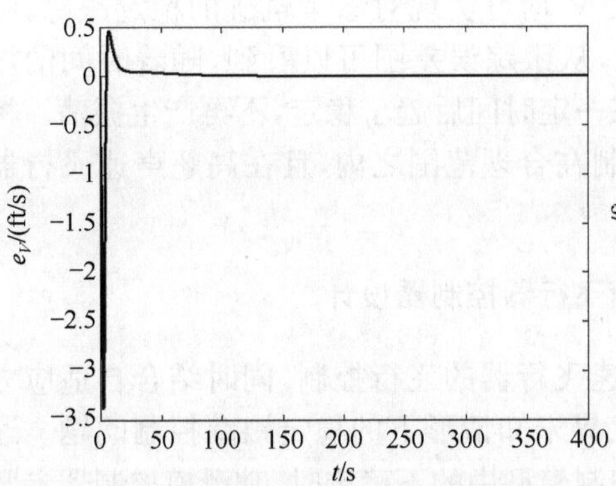

图 4.4　积分滑模控制速度跟踪误差曲线

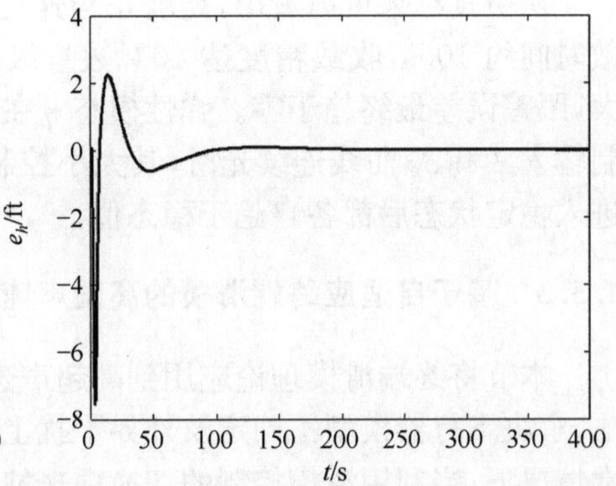

图 4.5　积分滑模控制高度跟踪误差曲线

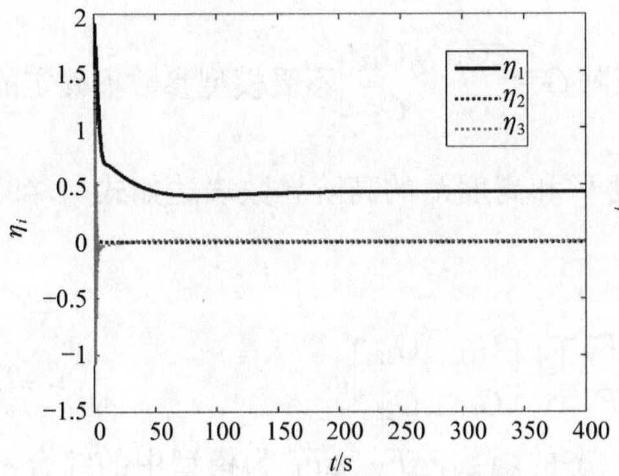

图 4.6　积分滑模控制弹性状态变化曲线

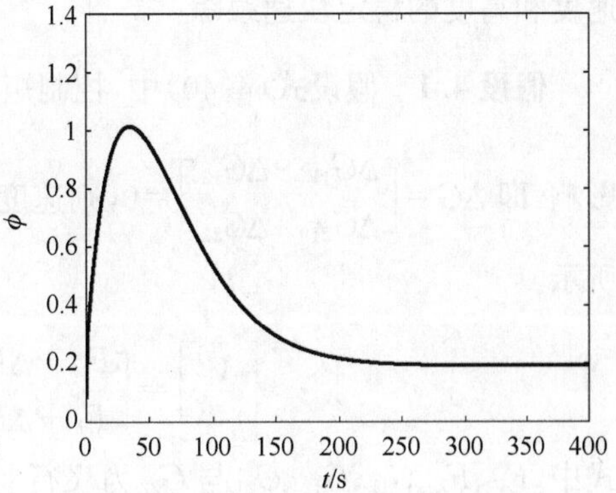

图 4.7　积分滑模控制输入 ϕ 变化曲线

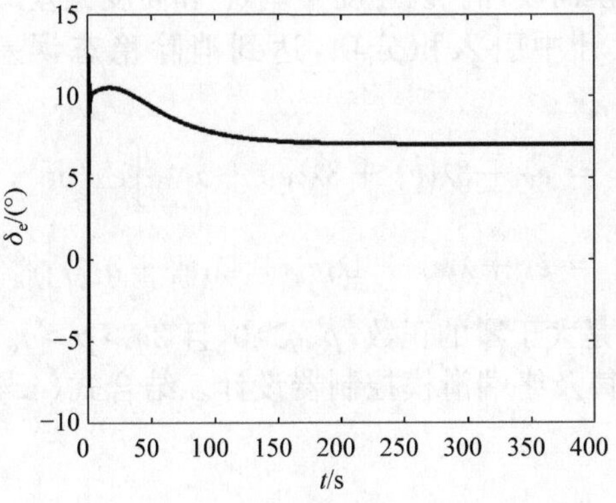

图 4.8　积分滑模控制输入 δ_e 变化曲线

从仿真结果可以看出，高度 h 与速度 V 均可实现对参考轨迹的稳定跟踪，收敛时间约 100s，收敛精度达 10^{-3} 数量级，从跟踪误差图可以看到，随着时间的增大，跟踪误差最终趋于零。弹性模态 η 在一定时间后趋于稳定，不再产生振荡。控制输入 ϕ 和 δ_e 曲线连续光滑，其大小控制在合理范围之内，且在高超声速飞行器进入稳定状态后都各自趋于稳态值。

4.3.3 基于自适应终端滑模的高超声速飞行器控制器设计

本节将终端滑模理论应用到高超声速飞行器的飞行控制，同时结合自适应方法，解决飞行器模型不确定及外界干扰上界未知情形下的稳定跟踪控制问题。通常情况下，当利用滑模控制的切换项来抑制模型中的不确定时，其滑模控制器参数要足够大，但这会引起较大的抖振。本节为了降低滑模抖振，通过引入自适应律对模型中的不确定上界进行在线估计，进而实现对高超声速飞行器弹性模型的纵向速度和高度的稳定快速跟踪[25-27]。

假设 4.1 假设式(4.40)中，控制矩阵 $G=\begin{bmatrix}G_{11} & G_{12}\\ G_{21} & G_{22}\end{bmatrix}$不受模型参数不确定的影响，即 $\Delta G=\begin{bmatrix}\Delta G_{11} & \Delta G_{12}\\ \Delta G_{21} & \Delta G_{22}\end{bmatrix}=0$，则速度 V 和高度 h 的高阶导数表达如式(4.49)所示：

$$\begin{bmatrix}\dddot{V}\\ h^{(4)}\end{bmatrix}=\begin{bmatrix}F_V+\Delta F_V\\ F_h+\Delta F_h\end{bmatrix}+\begin{bmatrix}G_{11} & G_{12}\\ G_{21} & G_{22}\end{bmatrix}u \tag{4.49}$$

式中，F_V、F_h、G_{11}、G_{12}、G_{21}与 G_{22} 为飞行状态的函数；ΔF_V、ΔF_h 为模型中的综合不确定，包括外界扰动以及弹性影响。下面基于式(4.49)设计自适应终端滑模控制器。

步骤 1 终端滑模面设计。以速度偏差 e_V 和高度偏差 e_h 为基础，构造终端滑模面，并在滑模面设计中引入积分项，达到消除稳态误差的目的。滑模面如式(4.50)所示：

$$\begin{cases}s_V=\ddot{e}_V+3\lambda_V\dot{e}_V+3\lambda_V e_V+a_1\lambda_V\int e_V^{q/p}\,\mathrm{d}t\\ s_h=\dddot{e}_h+\lambda_h\ddot{e}_h+4\lambda_h\dot{e}_h+4\lambda_h e_h+a_2\lambda_h\int e_h^{q/p}\,\mathrm{d}t\end{cases} \tag{4.50}$$

式中，a_1、a_2、λ_V 与 λ_h 是大于零的正数；p、$q>0$，且 $2q>p>q$。

步骤 2 自适应律及终端滑模控制器设计。结合式(4.49)分别对 s_V 和 s_h 求导可得

$$\begin{cases}\dot{s}_V=F_V+\Delta F_V-\dddot{V}_{\mathrm{d}}+3\lambda_V\ddot{e}_V+3\lambda_V\dot{e}_V+a_1\lambda_V e_V^{q/p}+G_{11}\beta_{\mathrm{c}}+G_{12}\delta_{\mathrm{e}}\\ \dot{s}_h=F_h+\Delta F_h-h_{\mathrm{d}}^{(4)}+\lambda_h\dddot{e}_h+6\lambda_h\ddot{e}_h+4\lambda_h\dot{e}_h+a_2\lambda_h e_h^{q/p}+G_{21}\beta_{\mathrm{c}}+G_{22}\delta_{\mathrm{e}}\end{cases} \tag{4.51}$$

将式(4.51)联立写成矩阵形式：

$$\begin{bmatrix}\dot{s}_V\\ \dot{s}_h\end{bmatrix}=\begin{bmatrix}\nu_V\\ \nu_h\end{bmatrix}+\begin{bmatrix}G_{11} & G_{12}\\ G_{21} & G_{22}\end{bmatrix}\begin{bmatrix}\beta_c\\ \delta_e\end{bmatrix}+\begin{bmatrix}\Delta\nu_V\\ \Delta\nu_h\end{bmatrix} \tag{4.52}$$

式中，$\begin{cases}\nu_V=F_V-\dddot{V}_d+3\lambda_V\ddot{e}_V+3\lambda_V\dot{e}_V+a_1\lambda_V e_V^{q/p}\\ \nu_h=F_h-h_d^{(4)}+\lambda_h\dddot{e}_h+6\lambda_h\ddot{e}_h+4\lambda_h\dot{e}_h+a_2\lambda_h e_h^{q/p}\end{cases}$，$\begin{cases}\Delta\nu_V=\Delta F_V\\ \Delta\nu_h=\Delta F_h\end{cases}$。

假设 4.2　假设式(4.52)中的不确定 $\Delta\nu_V$ 和 $\Delta\nu_h$ 满足 $\|\Delta\nu_V\|\leqslant\rho_1$，$\|\Delta\nu_h\|\leqslant\rho_2$，其中 ρ_1、ρ_2 为未知有界正常数。

为补偿上述不确定性，基于趋近律式(4.16)设计如式(4.53)所示的控制器：

$$\begin{bmatrix}\beta_c\\ \delta_e\end{bmatrix}=G^{-1}\begin{bmatrix}-\nu_V-\hat{\rho}_1\dfrac{c_1 s_V}{(s_V^2+\varepsilon_1^2)^{1/2}}-k_V|s_V|^{\alpha_1}\operatorname{sgn}(s_V)\\ -\nu_h-\hat{\rho}_2\dfrac{c_2 s_h}{(s_h^2+\varepsilon_2^2)^{1/2}}-k_h|s_h|^{\alpha_2}\operatorname{sgn}(s_h)\end{bmatrix} \tag{4.53}$$

式中，k_V、$k_h>0$；$1>\alpha_1$、$\alpha_2>0$；ε_1、$\varepsilon_2>0$；c_1、$c_2>1$ 为设计参数；ρ_1 的估计值 $\hat{\rho}_1$ 和 ρ_2 的估计值 $\hat{\rho}_2$ 分别表示为

$$\dot{\hat{\rho}}_1=\gamma_1\frac{c_1|s_V|^2}{(s_V^2+\varepsilon_1^2)^{1/2}} \tag{4.54}$$

$$\dot{\hat{\rho}}_2=\gamma_2\frac{c_2\ |s_h|^2}{(s_h^2+\varepsilon_2^2)^{1/2}} \tag{4.55}$$

式中，γ_1、$\gamma_2>0$。

定理 4.2　考虑式(4.52)动态系统及假设 4.2 成立，在控制器式(4.53)的作用下，若自适应调节律设计如式(4.54)和式(4.55)，则系统是渐近稳定的。

证明　考虑式(4.56)中的 Lyapunov 函数：

$$V_L=\frac{1}{2}s_V^2+\frac{1}{2}s_h^2+\frac{1}{2\gamma_1}\tilde{\rho}_1^2+\frac{1}{2\gamma_2}\tilde{\rho}_2^2 \tag{4.56}$$

式中，$\tilde{\rho}_1=\hat{\rho}_{s1}-\rho_1$ 为 ρ_1 的估计误差；$\tilde{\rho}_2=\hat{\rho}_{s2}-\rho_2$ 为 ρ_2 的估计误差。

对 V_L 求导得

$$\dot{V}_L=s_V\dot{s}_V+s_h\dot{s}_h+\frac{1}{\gamma_1}\tilde{\rho}_1\dot{\hat{\rho}}_1+\frac{1}{\gamma_2}\tilde{\rho}_2\dot{\hat{\rho}}_2 \tag{4.57}$$

将式(4.52)代入式(4.57)可得

$$\dot{V}_L=[s_V\quad s_h]\left(\begin{bmatrix}\nu_V\\ \nu_h\end{bmatrix}+\begin{bmatrix}G_{11} & G_{12}\\ G_{21} & G_{22}\end{bmatrix}\begin{bmatrix}\beta_c\\ \delta_e\end{bmatrix}+\begin{bmatrix}\Delta\nu_V\\ \Delta\nu_h\end{bmatrix}\right) \tag{4.58}$$

将控制器式(4.53)代入式(4.58)可得

$$\dot{V}_{\mathrm{L}}=[s_V \quad s_h]\left\{\begin{bmatrix}\Delta\nu_V\\ \Delta\nu_h\end{bmatrix}-\begin{bmatrix}k_V|s_V|^{\alpha_1}\operatorname{sgn}(s_V)\\ k_h\ |s_h|^{\alpha_2}\operatorname{sgn}(s_h)\end{bmatrix}-\begin{bmatrix}\hat{\rho}_1\dfrac{c_1 s_V}{(s_V^{\mathrm{T}}s_V+\varepsilon_1^2)^{1/2}}\\ \hat{\rho}_2\dfrac{c_2 s_h}{(s_h^{\mathrm{T}}s_h+\varepsilon_2^2)^{1/2}}\end{bmatrix}\right\} \tag{4.59}$$

于是

$$\begin{aligned}\dot{V}_{\mathrm{L}}\leqslant&\tilde{\rho}_1|s_V|^2+\tilde{\rho}_2\ |s_h|^2-k_V|s_V|^{\alpha_1+1}-k_h\ |s_h|^{\alpha_2+1}\\&-\tilde{\rho}_1\frac{c_1|s_V|^2}{(s_V^{\mathrm{T}}s_V+\varepsilon_1^2)^{1/2}}-\tilde{\rho}_2\frac{c_2\ |s_h|^2}{(s_h^{\mathrm{T}}s_h+\varepsilon_2^2)^{1/2}}\end{aligned} \tag{4.60}$$

当满足$|s_V|>\varepsilon_1/(c_1^2-1)^{1/2}$且$|s_h|>\varepsilon_2/(c_2^2-1)^{1/2}$时，有

$$\dot{V}_{\mathrm{L}}\leqslant-k_V|s_V|^{\alpha_1+1}-k_h\ |s_h|^{\alpha_2+1} \tag{4.61}$$

因此，按照假设条件选择合适的自适应参数 γ_1、γ_2、c_1、c_2、ε_1、ε_2 以及控制器参数 k_V、k_h，系统式(4.50)是 Lyapunov 稳定的。实际控制量 u 可以保证滑模面收敛到原点附近的一个小邻域内，因此通过选择合适的设计参数，跟踪误差将收敛到原点附近的一个任意小的邻域内，且此邻域的大小与不确定性的界限无关，仅由控制器的设计参数决定。

采用自适应律式(4.54)和式(4.55)对不确定上界进行估计，估计值 $\hat{\rho}_1$、$\hat{\rho}_2$ 会不断增加，使控制作用过大。因此，采用式(4.62)和式(4.63)中改进的自适应律：

$$\dot{\hat{\rho}}_1=\begin{cases}\gamma_1\dfrac{c_1|s_V|^2}{(s_V^{\mathrm{T}}s_V+\varepsilon_1^2)^{1/2}}, & |s_V|>\varepsilon_1/(c_1^2-1)^{1/2}\\ 0, & |s_V|\leqslant\varepsilon_1/(c_1^2-1)^{1/2}\end{cases} \tag{4.62}$$

$$\dot{\hat{\rho}}_2=\begin{cases}\gamma_2\dfrac{c_2\ |s_h|^2}{(s_h^{\mathrm{T}}s_h+\varepsilon_2^2)^{1/2}}, & |s_h|>\varepsilon_2/(c_2^2-1)^{1/2}\\ 0, & |s_h|\leqslant\varepsilon_2/(c_2^2-1)^{1/2}\end{cases} \tag{4.63}$$

当跟踪误差在稳定域之外，改进的自适应律与式(4.54)和式(4.55)相同，式(4.61)仍然成立。因此，跟踪误差不断将向原点趋近，并最终收敛到稳定域内；但误差到达稳定域后，自适应估计值 $\hat{\rho}_1$、$\hat{\rho}_2$ 不再变化，有效地抑制了控制增益的不断增加。

4.3.4 终端滑模控制仿真分析

本节针对弹性高超声速飞行器非线性模型式(3.7)，对设计的基于自适应终端滑模控制方法进行仿真分析。滑模方法采用的符号函数虽然能保证控制器的鲁棒性，但是实际应用时会带来执行机构的高频抖振。为了减小抖振，本节采用光滑函数 $\tanh(10x)$ 来代替符号函数，因而在保证鲁棒性的同时避免了抖振。

1. 仿真条件

考虑对高超声速飞行器输出参考指令为由二阶滤波产生的信号同时跟踪速度与高度，初始速度 $V_0=8000\text{ft/s}$，初始高度为 $h_0=80000\text{ft}$，且所用滤波器的自然频率为 0.03rad/s，阻尼为 0.95。控制增益：$k_V=k_h=10$；自适应参数：$\varepsilon_1=\varepsilon_2=0.1$，$c_1=c_2=1$。

2. 仿真结果

通过 MATLAB 进行仿真，分别给出速度、高度在 400s 内的跟踪曲线及跟踪误差曲线，得到的仿真结果如图 4.9～图 4.12 所示。此外，仿真给出了弹性状态 η_i 变化曲线以及控制输入 ϕ 和 δ_e 的变化曲线，如图 4.13～图 4.15 所示。

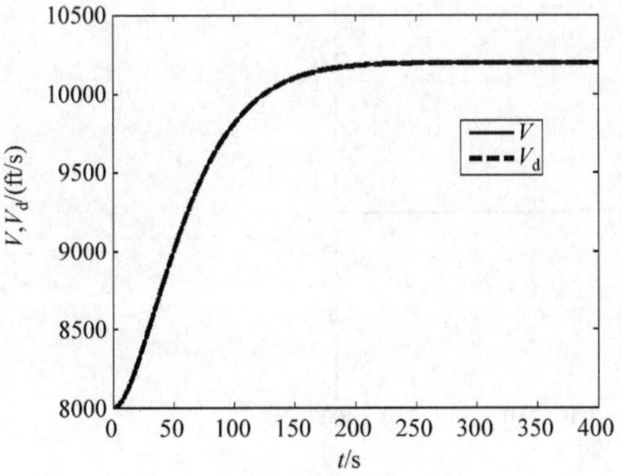

图 4.9　终端滑模控制速度参考指令跟踪曲线

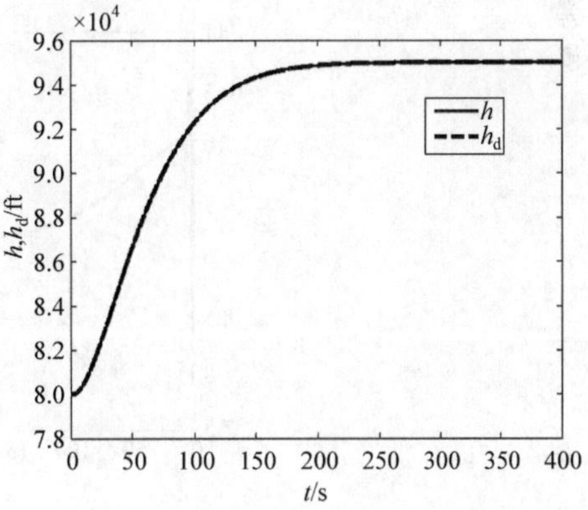

图 4.10　终端滑模控制高度参考指令跟踪曲线

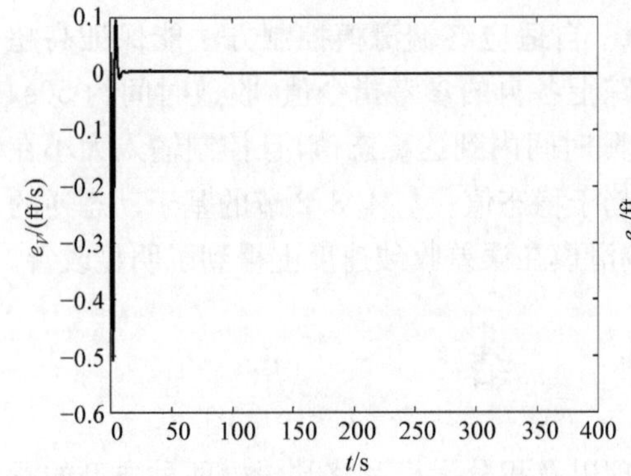

图 4.11　终端滑模控制速度跟踪误差曲线

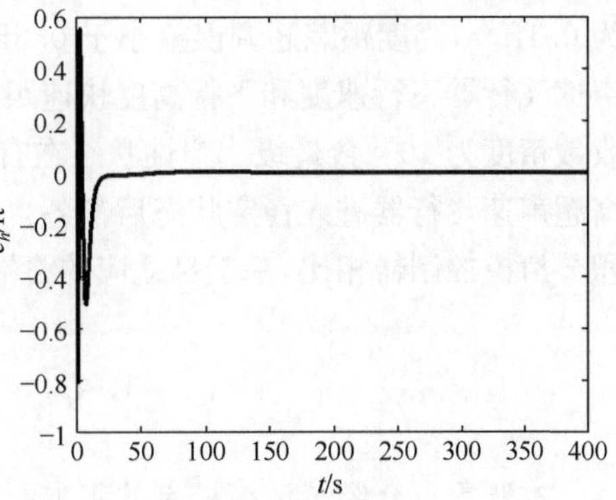

图 4.12　终端滑模控制高度跟踪误差曲线

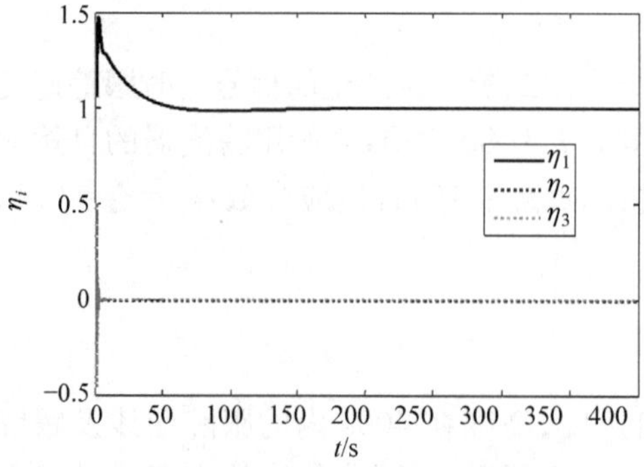

图 4.13 终端滑模控制弹性状态变化曲线

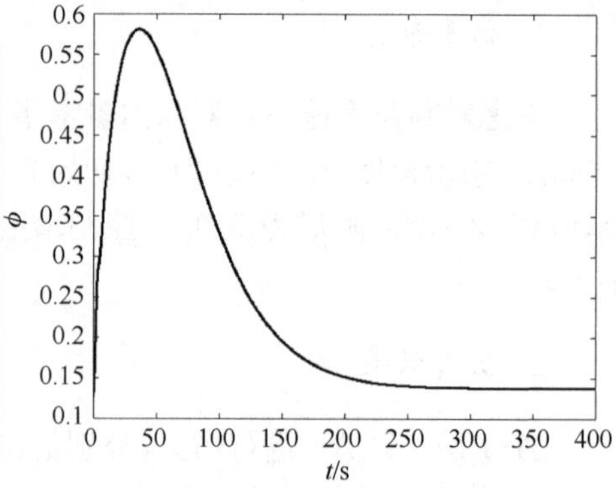

图 4.14 终端滑模控制输入 ϕ 变化曲线

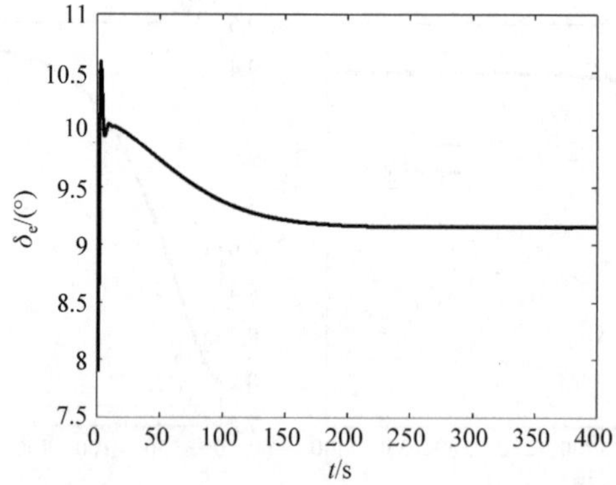

图 4.15 终端滑模控制输入 δ_e 变化曲线

从仿真结果可以看出,在高超声速机动飞行过程中,速度跟踪最大超调误差约为 0.1ft/s,高度跟踪超调误差小于 0.6ft。自适应终端滑模控制方法能保证高超声速飞行器飞行速度和飞行高度快速跟踪上各自的参考指令值,收敛时间约 50s,收敛精度为 10^{-3} 数量级。弹性状态在有限时间内到达稳态值,且控制输入大小在高超声速飞行器进入稳定状态后都各自趋于稳态值。与 4.3.2 节的基于动态逆的积分滑模控制器相比,基于自适应的终端滑模在误差收敛速度上得到了明显改善。

4.4 小 结

本章重点介绍了滑模控制的基本原理以及积分滑模和终端滑模两种典型的滑模控制方法。在此基础上,针对弹性高超声速飞行器稳定跟踪控制问题,分别进行积分滑模控制器设计以及自适应终端滑模控制器的设计。通过仿真可见,这两种典型滑模可以有效地应用到高超声速飞行器控制系统的设计中。其中,基于自适应的终端滑模控制器相比积分滑模具有更快的收敛速度。但对于弹性及非最小相位等复杂问题,仍存在一定的局限性,这也为本书后续章节工作的开展提供了思路。

参考文献

[1] Xu H J, Mirmirani M D, Ioannou P A. Adaptive sliding mode control design for a hypersonic flight vehicle. Journal of Guidance, Control, and Dynamics, 2004, 27(5): 829-838.

[2] Utkin V, Shi J. Integral sliding mode in systems operating under uncertainty conditions. Proceedings of the 35th IEEE Conference on Decision and Control, Kobe, 1996: 4591-4596.

[3] 刘金琨. 滑模变结构控制 MATLAB 仿真. 北京:清华大学出版社, 2005.

[4] 王珏,谢慕君,李元春. 柔性二级倒立摆的准滑动模态控制研究[J]. 东北师大学报(自然科学), 2016, 48(4): 83-87.

[5] 金鸿章,罗延明,肖真,等. 抑制滑模抖振的新型饱和函数法研究[J]. 哈尔滨工程大学学报, 2007, 28(3): 288-291.

[6] Tian B L, Yin L P, Wang H. Finite-time reentry attitude control based on adaptive multivariable disturbance compensation. IEEE Transactions on Industrial Electronics, 2015, 62(9): 5889-5898.

[7] 王婕,宗群,田栢苓,等. 基于拟连续高阶滑模的高超声速飞行器再入姿态控制. 控制理论与应用, 2014, 31(9): 1166-1173.

[8] Wang J D, Lee T L, Juang Y T. New methods to design an integral variable structure controller. IEEE Transactions on Automatic Control, 1996, 41(1): 140-143.

[9] Lee J H, Allaire P E, Tao G, et al. Integral sliding-mode control of a magnetically suspended balance beam: Analysis, simulation, and experiment. IEEE/ASME Transactions on Mechatronics, 2001, 6(3): 338-346.

[10] Cao W J, Xu J X. Nonlinear integral-type sliding surface for both matched and unmatched uncertain systems. IEEE Transactions on Automatic Control, 2004, 49(8): 1355-1360.

[11] Niu Y, Daniel W C, Lam J. Robust integral sliding mode control for uncertain stochastic systems with time-varying delay. Automatica, 2005, 41(5): 873-880.

[12] Castaños F, Fridman L. Analysis and design of integral sliding manifolds for systems with unmatched perturbations. IEEE Transactions on Automatic Control, 2006, 51(5): 853-858.

[13] 李鹏,郑志强. 基于非线性积分的滑模控制方法. 控制理论与应用, 2011, 28(3): 421-426.

[14] Slotine J J E, Li W. Applied Nonlinear Control. Englewood Cliffs: Prentice-Hall, 1991.

[15] Man Z H, Yu X H. Terminal sliding mode control of MIMO linear systems. IEEE Transactions on Circuits and Systems I: Fundamental Theory and Applications, 1997, 44(11): 1065-1070.

[16] Yu S H, Yu X H, Man Z H. Robust global terminal sliding mode control of SISO nonlinear uncertain systems. Proceedings of the 39th IEEE Conference on Decision and Control, Syd-

ney,2000:2198-2203.
[17] Feng Y,Yu X H,Man Z H. Adaptive fast terminal sliding mode tracking control of robotic manipulator. Proceedings of the 40th IEEE Conference on Decision and Control,Orlando,2001:4021-4026.
[18] Yu X,Man Z H. Fast terminal sliding-mode control design for nonlinear dynamical systems. IEEE Transactions on Circuits and Systems I:Fundamental Theory and Applications,2002,49(2):261-264.
[19] Man Z H,Shen W X,Yu X H. A new terminal sliding mode tracking control for a class of nonminimum phase systems with uncertain dynamics. International Workshop on Variable Structure Systems,Antalya,2008:147-152.
[20] Shi H Y,Feng Y,Yu X H. High-order terminal sliding modes control for induction motor. IECON 2010—36th Annual Conference on IEEE Industrial Electronics Society,Glendale,2010:2391-2395.
[21] 黄国勇. 基于 Terminal 滑模的空天飞行器再入鲁棒自适应控制[博士学位论文]. 南京:南京航空航天大学,2007.
[22] 蒲明,吾庆宪,姜长生,等. 非匹配不确定高阶非线性系统递阶 Terminal 滑模控制. 自动化学报,2012,38(7):1777-1793.
[23] Feng Y,Yu X H,Man Z H. Non-singular terminal sliding mode control of rigid manipulators. Automatica,2002,38(12):2159-2167.
[24] Yang J,Li S H,Su J Y,et al. Continuous nonsingular terminal sliding mode control for systems with mismatched disturbances. Automatica,2013,49(7):2287-2291.
[25] Su R,Zong Q,Tian B L,et al. Comprehensive design of disturbance observer and non-singular terminal sliding mode control for reusable launch vehicles. IET Control Theory & Applications,2015,9(12):1821-1830.
[26] 宗群,苏芮,王婕,等. 高超声速飞行器自适应高阶终端滑模控制. 天津大学学报(自然科学与工程技术版),2014,11:1031-1037.
[27] 韩钊,宗群,田栢苓,等. 基于 Terminal 滑模的高超声速飞行器姿态控制. 控制与决策,2013,28(2):259-263.

第5章　基于高阶滑模的高超声速飞行器稳定跟踪控制

积分滑模与终端滑模控制方法可以保证高超声速飞行器的稳定跟踪控制，但控制器设计具有不连续性且难以满足高精度控制需求，作为传统滑模的推广，高阶滑模控制在保留传统滑模优点的基础上，能够有效克服传统滑模缺陷。基于齐次性的高阶滑模控制器可以通过设计连续控制输入，有效抑制抖振并保证系统的有限时间收敛，且大幅度提高系统的控制精度。另外，超螺旋滑模控制作为一种典型的二阶滑模控制方法，在实现控制系统的有限时间收敛及高精度跟踪的同时，可有效提高鲁棒性及工程实用性。本章将针对基于齐次性的任意阶滑模及超螺旋滑模的基本原理进行概述，并基于两种典型的高阶滑模设计鲁棒控制器，实现弹性高超声速飞行器的稳定跟踪控制。

本章的主要内容安排如下：5.1节对高阶滑模控制方法进行概述；5.2节利用自适应高阶滑模控制方法对高超声速飞行器进行稳定跟踪控制，并进行仿真分析；5.3节利用基于有限时间干扰观测器的超螺旋滑模控制方法，实现高超声速飞行器稳定跟踪控制；5.4节给出本章小结。

5.1　高阶滑模控制方法概述

本节将对高阶滑模的基本原理进行相关概述，并重点介绍任意阶滑模控制方法及一种典型的超螺旋滑模控制方法。

5.1.1　高阶滑模的基本原理

1. 高阶滑模的定义

考虑单输入单输出仿射控制系统：

$$\dot{x}=a(x,t)+b(x,t)u,\quad y=y(x,t) \tag{5.1}$$

式中，$x\in\mathbb{R}^n$ 和 $u\in\mathbb{R}$ 分别表示系统的状态变量和控制变量；$a(x,t),b(x,t):\mathbb{R}^{n+1}\to\mathbb{R}$ 是未知的光滑函数；$y:\mathbb{R}^{n+1}\to\mathbb{R}$ 表示系统的可测输出。定义如式(5.2)所示的滑模面：

$$s(x,t)=y-y_r \tag{5.2}$$

式中，y_r 为系统期望的参考指令。假设控制系统式(5.1)对于给定滑模面的相对

阶为 r，即控制 u 只显含在 $s(x,t)$ 的 r 阶导数中，对 $s(x,t)$ 进行 r 次求导，可得

$$s^{(r)}(x,t)=h(x,t)+g(x,t)u \tag{5.3}$$

式中，$h(x,t)=s^{(r)}(x,t)\big|_{u=0}$，$g(x,t)=\dfrac{\partial}{\partial u}s^{(r)}(x,t)\neq 0$，满足条件

$$K_m\leqslant g(x,t)\leqslant K_M,\quad h(x,t)\leqslant C \tag{5.4}$$

由于模型中不确定因素的存在，要保证系统收敛到滑模集 $S^r=\{x\,|\,s(x)=\dot{s}(x)=\cdots=s^{(r-1)}(x)=0\}$，控制 $u=\varphi(t,s,\dot{s},\cdots,s^{(r-1)})$ 在非空的 r 阶滑模集 S^r 上一定是不连续的，因此，由式(5.3)和式(5.4)构成的非连续微分方程在 Filippov 意义下的解，就等价为

$$s^{(r)}(x,t)\in[-C,C]+[K_m,K_M]u \tag{5.5}$$

基于式(5.1)～式(5.5)，设计滑模面 $s(x),s(x),\dot{s}(x),\cdots,s^{(r-1)}(x)$ 是关于 x 的连续函数，且 $s(x)$ 的 r 阶导数 $s^{(r)}(x)$ 不连续，通过构建滑模集上的不连续控制 $u=\varphi(t,s,\dot{s},\cdots,s^{(r-1)})$，使得系统运动轨迹最终能稳定到 r 阶滑模集 S^r 上。

2. 高阶滑模收敛精度及抑制抖振分析

传统一阶滑模控制在收敛精度上存在一定局限，在实际中，系统控制误差正比于采样时间，因此传统一阶滑模系统的状态保持在滑动模态上的精度是采样时间的一阶无穷小，即 $o(\tau)$。若设计 r 阶滑模控制器，则其控制精度是采样步长 τ 的 r 阶无穷小，即 $o(\tau^r)$[1]，随着阶数的增加，控制精度不断提高，因此高阶滑模比传统滑模具有更高的控制精度。

除此之外，传统滑模控制器 u 由于符号函数的引入会导致控制抖振。而高阶滑模由于其特殊的嵌套结构，能够方便地给出任意阶滑模控制器的表达式，因此可以通过引入如式(5.6)所示的"虚拟控制"：

$$\upsilon=u^{(\alpha)} \tag{5.6}$$

即实际控制 u 的 α 阶导数，设计如式(5.7)所示的滑模控制器：

$$\upsilon=k\,\mathrm{sgn}(s) \tag{5.7}$$

此时由式(5.7)可以看出，不连续项包含在 u 的 α 阶导数 υ 中，而实际控制为

$$u=\underbrace{\int\cdots\iint}_{\alpha}\upsilon=\underbrace{\int\cdots\iint}_{\alpha}k\,\mathrm{sgn}(s) \tag{5.8}$$

因此，经过 α 次积分，实际控制 u 将不含高频切换，从而达到削弱控制抖振的目的。

3. 有限时间稳定基本理论

在实际工程中，许多控制系统要求动态响应快，且在可调的有限时间内运动到系统的平衡点或达到零跟踪误差。从控制系统时间优化的角度来看，可以使闭环系统有限时间收敛的控制方法才是时间最优的控制方法。除了收敛性能最优的优

点，有限时间控制器中带有分数幂项，使得有限时间闭环控制系统与非有限时间闭环控制系统相比，具有更好的鲁棒性能和抗干扰性能[2]。因此，研究系统的有限时间控制问题具有重要的实际意义，下面给出有限时间稳定性的定义及相关判据。

1）有限时间稳定性定义

定义 5.1[3]　考虑如式(5.9)所示的非线性系统：

$$\dot{x}=f(x),\quad f(0)=0 \tag{5.9}$$

式中，$x\in\mathbb{R}^n$为状态变量，$f(x):D\rightarrow\mathbb{R}^n$为关于 x 的连续函数，D 为包含原点 $x=0$ 的开邻域。如果存在一个时间函数 $T(x)$，使得对于任意初始状态 $x_0\in D$，当 $t\in[0,T(x_0)]$时，$x(t,x_0)$有定义且在前向时间上是唯一的；当 $t\rightarrow T(x_0)$时，$x(t,x_0)\rightarrow 0$；当 $t>T(x_0)$时，$x(t,x_0)=0$，则系统式(5.9)关于平衡点 $x=0$ 是有限时间稳定的。

2）有限时间稳定性判据

有限时间稳定性的判别方法主要包括齐次性方法和 Lyapunov 方法。这两种方法均为后续有限时间控制系统设计提供了理论依据。首先给出齐次性定义。

定义 5.2[4]　令 $f(x):D\rightarrow\mathbb{R}^n$为一连续的向量函数，若对任意的 $\varepsilon>0$，存在权重向量$(m_1,m_2,\cdots,m_n)\in\mathbb{R}^n$，其中 $m_i>0(i=1,2\cdots,n)$，使得 $f(x)$满足

$$f(\varepsilon^{m_1}x_1,\varepsilon^{m_1}x_2,\cdots,\varepsilon^{m_n}x_n)=\varepsilon^{\kappa+m_i}f_i(x),\quad i=1,2,\cdots,n \tag{5.10}$$

式中，$\kappa\geqslant-\max\{m_i,i=1,2,\cdots,n\}$，且满足 $\kappa+m_i\geqslant 0$。则称 $f(x)$是齐次的，且关于权重$(m_1,m_2,\cdots,m_n)$的齐次度为 κ。若 $f(x)$是齐次的，则 $\dot{x}=f(x)$为齐次系统。

引理 5.1[4]　如果系统式(5.9)是全局渐近稳定的齐次系统且具有负齐次度，即 $\kappa<0$，那么该系统是全局有限时间稳定的。

引理 5.2[3]　针对系统式(5.9)，假设存在一个连续可微的正定函数 $V(x)$：$D\rightarrow\mathbb{R}^n$，$\lambda>0$ 及 $0<\tau<1$，使得 $\dot{V}(x)+\lambda V^{\tau}(x)\leqslant 0$ 成立，则上述系统式(5.9)是有限时间稳定的，收敛时间为

$$T_{\text{reach}}\leqslant\frac{V^{1-\tau}(x_0)}{\lambda(1-\tau)} \tag{5.11}$$

式中，$V(x_0)$为 $V(x)$的初值，T_{reach}为收敛时间。

引理 5.3[5]　针对系统式(5.9)，假设存在一个连续可微的正定函数 $V(x)$：$D\rightarrow\mathbb{R}^n$，$\lambda>0$ 及 $0<\tau<1$，$0<\mu<\infty$ 使得 $\dot{V}(x)\leqslant-\lambda V^{\tau}(x)+\mu$ 成立，则系统式(5.9)是实际有限时间稳定的，且收敛时间为

$$T_{\text{reach}}\leqslant\frac{V^{1-\tau}(x_0)}{\lambda\theta_0(1-\tau)},\quad 0<\theta_0<1 \tag{5.12}$$

式中，θ_0 满足 $V^{\tau}>\mu/(1-\theta_0)\lambda$。

基于引理 5.2 的 Lyapunov 函数有限时间稳定性判据，当初始状态远离平衡点时，其收敛速度很慢，为了使系统状态在远离平衡点时能快速收敛，给出快速有

限时间收敛的稳定性判据，即有引理 5.4。

引理 5.4[6] 对于系统式(5.9)，假设存在一个连续可微的正定函数 $V(x)$：$D\rightarrow\mathbb{R}^n$，$\lambda>0$，$\xi>0$ 及 $0<\tau<1$，若满足

$$\dot{V}(x)+\lambda V(x)+\xi V^{\tau}(x)\leqslant 0 \tag{5.13}$$

那么系统式(5.9)的原点是有限时间稳定的，且收敛时间为

$$T_{\text{reach}}\leqslant\frac{1}{\lambda(1-\tau)}\ln\left[\frac{\lambda V^{1-\tau}(x_0)+\xi}{\xi}\right] \tag{5.14}$$

5.1.2 任意阶滑模控制方法

1. 拟连续任意阶滑模控制方法

Levant 于 2001 年首次提出了任意阶滑模控制，对于控制系统式(5.1)，在滑模面式(5.2)相对阶 r 已知的前提下，基于 5.1.1 节齐次性理论，可设计如式(5.15)所示的 r 阶滑模控制器：

$$u=-k\Psi_{r-1,r}(s,\dot{s},\cdots,s^{(r-1)}) \tag{5.15}$$

式中，k 为控制增益；$\Psi_{r-1,r}(s,\dot{s},\cdots,s^{(r-1)})$ 可通过如式(5.16)所示的递推公式获得：

$$\begin{gathered}N_{i,r}=\left(|s|^{q/r}+|\dot{s}|^{q/(r-1)}+\cdots+|s^{(i-1)}|^{q/(r-i+1)}\right)^{(r-i)/q}\\ \Psi_{0,r}=\operatorname{sgn}(s),\quad \Psi_{i,r}=\operatorname{sgn}(s^{(i)}+\beta_i N_{i,r}\Psi_{i-1,r})\end{gathered} \tag{5.16}$$

式中，$\beta_i>0(i=1,2,\cdots,r-1)$表示控制器的参数，用以调节系统的收敛速率；$q$ 是 $1,2,\cdots,r$ 的最小公倍数。该控制器式(5.15)可以保证有限时间收敛的 r 阶滑模存在，收敛时间是初始条件的局部有界函数。基于式(5.15)及式(5.16)，可获得常用的三阶以下($r\leqslant 3$)齐次滑模控制器的具体表达式，如式(5.17)～式(5.19)所示。

(1) $r=1$ 时，一阶齐次滑模控制器表达式为

$$u=-k\operatorname{sgn}(s) \tag{5.17}$$

(2) $r=2$ 时，二阶齐次滑模控制器表达式为

$$u=-k\operatorname{sgn}(\dot{s}+|s|^{1/2}\operatorname{sgn}(s)) \tag{5.18}$$

(3) $r=3$ 时，三阶齐次滑模控制器表达式为

$$u=-k\operatorname{sgn}\left(\ddot{s}+2(|\dot{s}|^3+|s|^2)^{1/6}\operatorname{sgn}(\dot{s}+|s|^{2/3})\operatorname{sgn}(s)\right) \tag{5.19}$$

2. 高阶鲁棒滑模微分器

根据滑模控制器式(5.15)及式(5.16)可知，要获取 r 阶滑模控制律，需要对滑模面 s 的连续导数项 $\dot{s},\ddot{s},\cdots,s^{(r-1)}$ 进行实时计算，然而，考虑到微分对输入噪声十分敏感，2003 年以色列学者 Levant[7] 提出一种鲁棒滑模微分器，用来实时估计高

阶滑模控制器中的微分项。下面将给出该鲁棒滑模微分器的基本形式。

假设实际输入信号 $f(t)$ 由未知基信号 $f_0(t)$ 和 Lebesgue 可测输入噪声构成，鲁棒滑模微分器可对 $f_0(t)$ 及其任意阶导数 $\dot{f}_0(t),\ddot{f}_0(t),\cdots,f_0^{(n)}(t)$ 进行实时逼近。Levant 给出的鲁棒滑模微分器具有递推形式，可以实时在线估计给定信号的任意阶导数，表达式如式(5.20)所示：

$$\begin{aligned}
&\dot{z}_0=v_0\\
&v_0=-\lambda_0L^{1/(n+1)}|z_0-f(t)|^{n/(n+1)}\operatorname{sgn}(z_0-f(t))+z_1\\
&\dot{z}_1=v_1\\
&v_1=-\lambda_1L^{1/n}|z_1-v_0|^{(n-1)/n}\operatorname{sgn}(z_1-v_0)+z_2\\
&\quad\vdots\\
&\dot{z}_{n-1}=v_{n-1}\\
&v_{n-1}=-\lambda_{n-1}L^{1/n}|z_{n-1}-v_{n-2}|^{1/2}\operatorname{sgn}(z_{n-1}-v_{n-2})+z_n\\
&\dot{z}_n=-\lambda_nL\operatorname{sgn}(z_n-v_{n-1})
\end{aligned}\tag{5.20}$$

式中，$z_0,z_1,\cdots,z_n$ 分别表示对 $f_0(t)$ 及其导数 $\dot{f}_0(t),\ddot{f}_0(t),\cdots,f_0^{(n)}(t)$ 的实时估计，L 是正常数，满足 $|f^{(n+1)}(t)|\leqslant L$，一般可结合具体被控对象利用计算机多次仿真选取恰当的 L。$\lambda_0,\lambda_1,\cdots,\lambda_n$ 是一组正常数，选取原则可参考文献[7]。如果微分器式(5.20)参数选取合适，则有以下引理。

引理 5.5[7]　当输入信号 $f(t)$ 不受输入噪声影响时，即 $f(t)=f_0(t)$，利用式(5.20)所示的鲁棒滑模微分器，可以在有限时间内完成对 $f_0(t),\dot{f}_0(t),\ddot{f}_0(t),\cdots,f_0^{(n)}(t)$ 的高精度逼近，即

$$z_0=f_0(t),\quad z_i=v_{i-1}=f_0^{(i)}(t),\quad i=1,2,\cdots,n\tag{5.21}$$

引理 5.6[7]　若测量噪声满足不等式 $|f(t)-f(t_0)|\leqslant\varepsilon$，在有限时间之后，以下不等式成立：

$$\begin{aligned}
&|z_j-f_0^{(i)}(t)|\leqslant\mu_i\varepsilon^{(n-i+1)/(n+1)},\quad i=0,1,\cdots,n\\
&|v_i-f_0^{(i+1)}(t)|\leqslant\upsilon_i\varepsilon^{(n-i)/(n+1)},\quad i=0,1,\cdots,n-1
\end{aligned}\tag{5.22}$$

式中，μ_i、υ_i 为正常数，其值取决于鲁棒微分器式(5.20)中的设计参数。

3. 连续任意阶滑模控制方法

针对积分链系统的控制问题，印度学者 Bhat[8] 提出一种基于几何齐次性的连续任意阶滑模控制方法，可以实现系统状态的有限时间收敛。

引理 5.7[7]　考虑积分链系统：

$$\begin{cases}
\dot{x}_1=x_2\\
\quad\vdots\\
\dot{x}_{n-1}=x_n\\
\dot{x}_n=u
\end{cases}\tag{5.23}$$

式中，$x_i(i=1,2,\cdots,n)$为系统状态变量；u为系统控制输入。若控制器设计为

$$u=-k_1|x_1|^{\alpha_1}\operatorname{sgn}(x_1)-\cdots-k_n|x_n|^{\alpha_n}\operatorname{sgn}(x_n) \tag{5.24}$$

式中，$k_1,k_2,\cdots,k_n$ 是使得 $s^n+k_ns^{n-1}+\cdots+k_2s+k_1$ 为 Hurwitz 多项式的正常值，存在 $\varepsilon\in(0,1)$，使得所有的 $a\in(1-\varepsilon,1)$，如果参数 $\alpha_{j-1}=\dfrac{\alpha_j\alpha_{j+1}}{2\alpha_{j+1}-\alpha_j}(j=2,3,\cdots,n)$，其中 $\alpha_n=a,\alpha_{n+1}=1$，则闭环系统式(5.23)是有限时间稳定的。

5.1.3 超螺旋滑模控制方法

超螺旋滑模控制是一类结构简单、应用广泛的二阶滑模控制方法，它由 Levant 在 1993 年首次提出。近年来，得益于其优异的有限时间精确收敛性及对不确定的鲁棒性，超螺旋滑模控制方法得到了长足的发展和广泛的应用。作为一类二阶滑模控制方法，超螺旋滑模控制的相对阶为 1，这使得它相比于传统滑模能够获得更好的收敛速度和精度，相比于传统二阶滑模控制方法能避免高阶导数，更适用于工程应用。下面将针对典型的单变量超螺旋滑模控制方法和多变量超螺旋滑模控制方法进行描述。

1. 单变量超螺旋滑模控制方法

单变量超螺旋滑模控制方法可以描述为式(5.25)形式：

$$\begin{aligned}\dot{x}_1&=-k_1|x_1|^{1/2}\operatorname{sgn}(x_1)+x_2+\rho_1(x,t)\\ \dot{x}_2&=-k_2\operatorname{sgn}(x_2)+\rho_2(x,t)\end{aligned} \tag{5.25}$$

式中，x_1、x_2 是状态变量；k_1、k_2 是需要设计的控制增益；$\rho_1(x,t)$、$\rho_2(x,t)$是不确定项。在一定条件下，通过选取合适的 k_1、k_2 可以使得系统式(5.25)对不确定$\rho_1(x,t)$、$\rho_2(x,t)$具有很好的鲁棒性。由于式(5.25)的等号右侧是不连续的，其解在 Filippov 意义[9]下定义。

引理 5.8[10]　考虑系统式(5.25)，假设不确定满足 $\rho_1(x,t)=0$，$|\rho_2(x,t)|\leqslant L$。那么对所有的正常数 $L>0$，存在 k_1、k_2 能够使得系统全局有限时间稳定。

引理 5.9[10]　考虑系统式(5.25)，假设不确定满足 $|\rho_1(x,t)|\leqslant\delta_1|x_1|^{1/2}$，$|\rho_2(x,t)|\leqslant\delta_2$ 且 δ_1、$\delta_2\geqslant0$ 为常数。如果控制增益满足

$$\begin{aligned}&k_1>2\delta_1\\ &k_2>k_1\frac{5\delta_1k_1+6\delta_2+4(\delta_1+\delta_2/k_1)^2}{2(k_1-2\delta_1)}\end{aligned} \tag{5.26}$$

那么，x_1、x_2 能在有限时间收敛到零，且收敛时间 $T\leqslant\dfrac{2V^{1/2}(x_0)}{\gamma}$，这里 $V(x_0)$为 Lyapunov 函数的初值，γ 为正常数，其取值依赖于增益和不确定系数。

2. 多变量超螺旋滑模控制方法

考虑多变量耦合二阶系统：

$$\begin{aligned}\dot{x}_1 &= -k_1 \frac{x_1}{\| x_1 \|^{\frac{1}{2}}} - k_2 x_1 + x_2 + \Delta_1 \\ \dot{x}_2 &= -k_3 \frac{x_1}{\| x_1 \|} - k_4 x_1 + \Delta_2\end{aligned} \tag{5.27}$$

式中，x_1、$x_2 \in \mathbb{R}^m$，k_1、k_2、k_3、k_4 是系统增益；Δ_1、$\Delta_2 \in \mathbb{R}^m$ 为系统不确定；且满足 $\| \Delta_1 \| \leqslant \delta_1 \| x_1 \|$，$\| \Delta_2 \| \leqslant \delta_2$，$\delta_1$ 和 δ_2 是已知常数。

引理 5.10[11]　考虑多变量二阶系统式(5.27)及假设条件 $\| \Delta_1 \| \leqslant \delta_1 \| x_1 \|$，$\| \Delta_2 \| \leqslant \delta_2$，如果增益 k_1、k_2、k_3 和 k_4 满足式(5.28)，则向量 x_1 和 x_2 在有限时间内收敛到零。

$$k_1 > \sqrt{2\delta_2},\quad k_2 > 2\delta_1,\quad k_3 > \max(k_3^{\Omega}, k_3^{\Psi}),\quad k_4 > \max(k_4^{\Omega}, k_4^{\Psi}) \tag{5.28}$$

式中

$$k_3^{\Omega} = 3\delta_2 + \frac{2\delta_2^2}{k_1^2},\quad k_3^{\Psi} = \frac{9(k_1\delta_1)^2}{16k_2(k_2 - 2\delta_1)} + \frac{k_1^2\delta_1 - 4k_1^2 k_2 + 2k_2\delta_2}{2(k_2 - 2\delta_1)}$$

$$k_4^{\Omega} = \frac{(1.5k_1^2 k_2 + 3k_2\delta_2)^2}{k_1^2 k_3 - 2\delta_2^2 - 3k_1^2\delta_2} + 2k_2^2 + \frac{3}{2}k_2\delta_1,\quad k_4^{\Psi} = \frac{\alpha_1}{\alpha_2(k_2 - 2\delta_1)} + \frac{k_2\delta(8k_2 + \delta_1)}{4(k_2 - 2\delta_1)}$$

$$\alpha_1 = \frac{9(k_1\delta_1)^2 (k_2 + 0.5\delta_1)^2}{16k_2^2},\quad \alpha_2 = k_2(k_3 + 2k_1^2 - \delta_2) - (2k_3 + 0.5k_1^2)\delta_1 - \frac{9(k_1\delta_1)^2}{16k_2}$$

高阶滑模由于其可以有效抑制抖振、收敛精度高及有限时间收敛等特性，在高超声速飞行器的跟踪控制中进行了深入研究，由于高超声速飞行器具有强不确定特性，且不确定边界未知，需要结合自适应及观测器技术对不确定进行处理，并取得相关成果[12-19]。5.2 节及 5.3 节将考虑弹性高超声速飞行器的强非线性、强耦合性及强不确定性对跟踪控制性能的影响，结合自适应及干扰观测器，研究高超声速飞行器的稳定跟踪控制问题。其中，5.1.2 节基于拟连续任意阶滑模控制方法的高超声速飞行器稳定跟踪控制相关理论可参见文献[20]，下面主要针对基于几何齐次性的滑模控制方法及超螺旋滑模控制方法进行高超声速飞行器控制器设计。

5.2 基于自适应高阶滑模控制的高超声速飞行器稳定跟踪控制

5.2.1 面向控制建模

弹性高超声速飞行器气动-发动机-弹性-结构之间存在着强烈的耦合关系，为了方便非线性控制器的设计，需要对高超声速飞行器非线性模型式(3.4)～式(3.6)进行简化处理，将弹性影响作为力与力矩的扰动，视为不确定因素。以反馈线性化为手段，面向控制建模，为设计鲁棒非线性控制器提供依据。

本节通过反馈线性化方法处理高超声速飞行器数学模型，引入鸭翼 δ_c 作为辅助控制变量，忽略耦合和弹性作用的方法建立面向控制模型。首先，忽略模型中的弹性状态方程，将弹性变形对刚体部分的耦合影响当作扰动项。其次，为满足输入输出线性化条件，引入比例系数 $k_{ec}=-(C_L^{\delta_e}/C_L^{\delta_c})$ 使得鸭翼偏转角 δ_c 与升降舵偏转角 δ_e 之间满足

$$\delta_c=k_{ec}\delta_e \tag{5.29}$$

通过式(5.29)可以解决升降舵-升力耦合导致的非最小相位问题。此外，忽略模型式(3.7)中的 6 个弹性状态后，系统只剩 5 个刚体状态，即系统阶数为 5。为了对非线性模型进行输入输出线性化，要求系统阶数等于其相对阶。相对阶是指通过对系统多个输出量进行求导，观测控制输入分别出现在第几阶导数中，将所有输出量的最高阶导数相加，就得到系统的相对阶。此时，系统阶数为 5，而系统的相对阶为 7，因此满足反馈线性化方法对模型的相对阶要求。利用动态扩展技术，采用式(5.30)的二阶滤波器将系统实际控制输入变量燃料当量比 ϕ 扩展为新的输入变量 ϕ_c：

$$\ddot{\phi}=-2\xi_n\omega_n\dot{\phi}-\omega_n^2\phi+\omega_n^2\phi_c \tag{5.30}$$

式中，ξ_n 与 ω_n 分别为系统模型的阻尼和频率；ϕ_c 为燃油当量比调节值。同时为了满足非线性控制方法设计条件，在此基础上，进一步忽略力矩系数表达式(3.9)中控制舵面对升力、阻力系数的耦合项，以及弹性模态引起的不确定，忽略了气动系数的不确定项 ΔC_L、ΔC_D、ΔC_M、$\Delta C_{T,\phi}$ 与 ΔC_T，最终建立了简化及处理后的面向控制模型，如式(5.31)所示：

$$\dot{V}=\frac{T\cos\alpha-D}{m}-g\sin\gamma$$

$$\dot{\gamma}=\frac{L+T\sin\alpha}{mV}-\frac{g\cos\gamma}{V}$$

$$\dot{h}=V\sin\gamma$$

$$
\begin{aligned}
&\dot{\alpha}=Q-\dot{\gamma}\\
&\dot{Q}=\frac{M_{yy}}{I_{yy}}\\
&\ddot{\phi}=-2\xi_{\mathrm{n}}\omega_{\mathrm{n}}\dot{\phi}-\omega_{\mathrm{n}}^2\phi+\omega_{\mathrm{n}}^2\phi_{\mathrm{c}}
\end{aligned}
\tag{5.31}
$$

式中,简化后的力矩系数表示为

$$
\begin{aligned}
&C_M=C_M^{\alpha}\alpha+[C_M^{\delta_{\mathrm{e}}}-C_M^{\delta_{\mathrm{c}}}(C_L^{\delta_{\mathrm{e}}}/C_L^{\delta_{\mathrm{c}}})]\delta_{\mathrm{e}}+C_M^0\\
&C_L=C_L^{\alpha}\alpha+C_L^0\\
&C_D=C_D^{(\alpha+\Delta\tau_1)^2}\alpha^2+C_D^{(\alpha+\Delta\tau_1)}\alpha+C_D^0\\
&C_{T,\phi}=C_{T,\phi}^{\alpha}\alpha+C_{T,\phi}^{\alpha M_\infty^{-2}}\alpha M_\infty^{-2}+C_{T,\phi}^{M_\infty^{-2}}M_\infty^{-2}+C_{T,\phi}^0\\
&C_T=C_T^{A_{\mathrm{d}}}A_{\mathrm{d}}+C_T^{\alpha}\alpha+C_T^{M_\infty^{-2}}M_\infty^{-2}+C_T^0
\end{aligned}
\tag{5.32}
$$

针对简化后模型式(5.31),对系统输出 $y=[V,h]^{\mathrm{T}}$ 分别关于时间 t 进行求导,直至出现控制量 $u=[\phi_{\mathrm{c}},\delta_{\mathrm{e}}]^{\mathrm{T}}$,从而实现对模型式(5.31)的反馈线性化,过程简单描述如下。首先,对飞行速度 V 关于时间 t 进行多次求导,当求取 V 的三次导数后可以发现,$\dddot{V}$ 中包含 $\ddot{\alpha}$ 及 $\ddot{\phi}$,由式(5.30)可知,$\ddot{\phi}$ 中包含系统的其中一个控制量——燃油当量比调节值 ϕ_{c}。另外,由式(5.31)和式(5.32)可知,$\ddot{\alpha}$ 中含有另外一个控制输入量——升降舵偏角 δ_{e}。因此,无须对输出 V 继续求导。其次,与速度 V 的处理方法一致,将飞行高度 h 关于时间 t 逐次求导,可以发现在 $h^{(4)}$ 中出现了飞行速度的三次导数 $\dddot{V}$,而通过上述分析可知,$\dddot{V}$ 中包含两个控制量 ϕ_{c} 与 δ_{e},故不需要再继续对高度 h 求导,此时系统的相对阶 $r=3+4=7$,与系统阶数一致,故高超声速飞行器模型式(5.31)可以进行反馈线性化,得到式(5.33)～式(5.39),具体过程参见文献[21]:

$$
\begin{bmatrix}\dddot{V}\\ h^{(4)}\end{bmatrix}=\begin{bmatrix}f_V\\ f_h\end{bmatrix}+\begin{bmatrix}b_{11}&b_{12}\\ b_{21}&b_{22}\end{bmatrix}\begin{bmatrix}\phi_{\mathrm{c}}\\ \delta_{\mathrm{e}}\end{bmatrix}=F(x)+B(x)u
\tag{5.33}
$$

式中,f_V、f_h、b_{11}、b_{12}、b_{21}、b_{22} 的具体表达式如式(5.34)～式(5.39)所示:

$$
f_V=\frac{1}{m}(\omega_1\ddot{x}_0+\dot{x}^{\mathrm{T}}\Omega_2\dot{x})
\tag{5.34}
$$

$$
\begin{aligned}
f_h=&3\ddot{V}\dot{\gamma}\cos\gamma-3\dot{V}\dot{\gamma}^2\sin\gamma+3\dot{V}\ddot{\gamma}\cos\gamma-3V\dot{\gamma}\ddot{\gamma}\sin\gamma-V\dot{\gamma}^3\cos\gamma\\
&+\frac{\sin\gamma}{m}(\omega_1\ddot{x}_0+\dot{x}^{\mathrm{T}}\Omega_2\dot{x})+V\cos\gamma(\pi_1\ddot{x}_0+\dot{x}^{\mathrm{T}}\Pi_2\dot{x})
\end{aligned}
\tag{5.35}
$$

$$
b_{11}=\frac{1}{m}\left(\frac{\partial T}{\partial\phi}\omega_{\mathrm{n}}^2\cos\alpha\right)
\tag{5.36}
$$

$$
b_{12}=\frac{\rho V^2S_{\mathrm{ref}}\bar{c}}{2mI_{yy}}\left[C_M^{\delta_{\mathrm{e}}}-C_M^{\delta_{\mathrm{c}}}\left(\frac{C_L^{\delta_{\mathrm{e}}}}{C_L^{\delta_{\mathrm{c}}}}\right)\right]\left(\frac{\partial T}{\partial\alpha}\cos\alpha-T\sin\alpha-\frac{\partial D}{\partial\alpha}\right)
\tag{5.37}
$$

$$b_{21}=\frac{\omega_n^2}{m}\frac{\partial T}{\partial \phi}\sin(\alpha+\gamma) \tag{5.38}$$

$$\begin{aligned}b_{22}=&\frac{\rho V^2 S_{\mathrm{ref}}\bar{c}}{2mI_{yy}}\left(C_M^{\delta_e}-\frac{C_M^{\delta_c}C_L^{\delta_e}}{C_L^{\delta_c}}\right)\left[\cos\gamma\left(\frac{\partial T}{\partial \alpha}\sin\alpha+T\cos\alpha+\frac{\partial L}{\partial \alpha}\right)\right.\\&\left.+\sin\gamma\left(\frac{\partial T}{\partial \alpha}\cos\alpha-T\sin\alpha-\frac{\partial D}{\partial \alpha}\right)\right]\end{aligned} \tag{5.39}$$

式中，$x=[V,\gamma,\alpha,\phi,h]^{\mathrm{T}}$ 且 $\ddot{x}_0=[\ddot{V},\ddot{\gamma},\ddot{\alpha}_0,\ddot{\phi}_0,\ddot{h}]^{\mathrm{T}}$，$\ddot{\alpha}_0$、$\ddot{\phi}_0$、$\omega_1$、$\pi_1$、$\Omega_2$ 与 Π_2 的表达式如(5.40)～式(5.53)所示：

$$\ddot{\alpha}_0=\frac{1}{I_{yy}}\left[z_P T+\frac{1}{2}\rho V^2 S_{\mathrm{ref}}\bar{c}(C_M^{\alpha}\alpha+C_M^0)\right]-\ddot{\gamma} \tag{5.40}$$

$$\ddot{\phi}_0=-2\xi_n\omega_n\dot{\phi}-\omega_n^2\phi \tag{5.41}$$

$$\omega_1=\left[\frac{\partial T}{\partial V}\cos\alpha-\frac{\partial D}{\partial V}\quad -mg\cos\gamma\quad \frac{\partial T}{\partial \alpha}\cos\alpha-T\sin\alpha-\frac{\partial D}{\partial \alpha}\quad \frac{\partial T}{\partial \phi}\cos\alpha\quad -\frac{\partial g}{\partial h}m\sin\gamma\right] \tag{5.42}$$

$$\pi_1^{\mathrm{T}}=\begin{bmatrix}\dfrac{\dfrac{\partial L}{\partial V}+\dfrac{\partial T}{\partial V}\sin\alpha}{V}+\dfrac{mg\cos\gamma-T\sin\alpha-L}{V^2}\\ \dfrac{mg\sin\gamma}{V}\\ \dfrac{\dfrac{\partial T}{\partial \alpha}\sin\alpha+T\cos\alpha+\dfrac{\partial L}{\partial \alpha}}{V}\\ \dfrac{\dfrac{\partial T}{\partial \phi}\sin\alpha}{V}\\ \dfrac{\dfrac{-\partial g}{\partial h}m\cos\gamma}{V}\end{bmatrix} \tag{5.43}$$

$$\Omega_2=[\omega_{21}\quad \omega_{22}\quad \omega_{23}\quad \omega_{24}\quad \omega_{25}]$$

$$\omega_{21}^{\mathrm{T}}=\left[\frac{\partial^2 T}{\partial V^2}\cos\alpha-\frac{\partial^2 D}{\partial V^2}\quad 0\quad \frac{\partial^2 T}{\partial V\partial \alpha}\cos\alpha-\frac{\partial T}{\partial V}\sin\alpha-\frac{\partial^2 D}{\partial V\partial \alpha}\quad \frac{\partial^2 T}{\partial V\partial \phi}\cos\alpha\quad 0\right] \tag{5.44}$$

$$\omega_{22}^{\mathrm{T}}=\left[0\quad mg\sin\gamma\quad 0\quad 0\quad -\frac{\partial g}{\partial h}\cos\gamma\right] \tag{5.45}$$

$$\omega_{23}=\begin{bmatrix}\dfrac{\partial^2 T}{\partial\alpha\partial V}\cos\alpha-\dfrac{\partial T}{\partial V}\sin\alpha-\dfrac{\partial^2 D}{\partial\alpha\partial V}\\ 0\\ \dfrac{\partial^2 T}{\partial\alpha^2}\cos\alpha-2\sin\alpha\dfrac{\partial T}{\partial\alpha}-T\cos\alpha-\dfrac{\partial^2 D}{\partial\alpha^2}\\ \dfrac{\partial^2 T}{\partial\alpha\partial\phi}\cos\alpha-\dfrac{\partial T}{\partial\phi}\sin\alpha\\ 0\end{bmatrix} \tag{5.46}$$

$$\omega_{24}^{\mathrm{T}}=\begin{bmatrix}\dfrac{\partial^2 T}{\partial\phi\partial V}\cos\alpha & 0 & \dfrac{\partial^2 T}{\partial\phi\partial\alpha}\cos\alpha-\dfrac{\partial T}{\partial\phi}\sin\alpha & \dfrac{\partial^2 T}{\partial\phi\partial\alpha}\cos\alpha-\dfrac{\partial T}{\partial\phi}\sin\alpha & \dfrac{\partial^2 T}{\partial\phi^2}\cos\alpha\end{bmatrix} \tag{5.47}$$

$$\omega_{25}^{\mathrm{T}}=\begin{bmatrix}0 & -\dfrac{\partial g}{\partial h}m\cos\gamma & 0 & 0 & -\dfrac{\partial^2 g}{\partial h^2}m\sin\gamma\end{bmatrix} \tag{5.48}$$

$$\Pi_2=\begin{bmatrix}\pi_{21} & \pi_{22} & \pi_{23} & \pi_{24} & \pi_{25}\end{bmatrix}$$

$$\pi_{21}=\begin{bmatrix}\dfrac{2(T\sin\alpha+L)}{V^3}-\dfrac{2\left(\dfrac{\partial L}{\partial V}+\dfrac{\partial T}{\partial V}\sin\alpha\right)}{V^2}+\dfrac{\dfrac{\partial^2 L}{\partial V^2}+\dfrac{\partial^2 T}{\partial V^2}\sin\alpha}{V}-\dfrac{2mg\cos\gamma}{V^3}\\ -\dfrac{mg\sin\gamma}{V^2}\\ -\dfrac{\dfrac{\partial T}{\partial\alpha}\sin\alpha+T\cos\alpha+\dfrac{\partial L}{\partial\alpha}}{V^2}+\dfrac{\dfrac{\partial^2 L}{\partial V\partial\alpha}+\dfrac{\partial^2 T}{\partial V\partial\alpha}\sin\alpha+\dfrac{\partial T}{\partial V}\cos\alpha}{V}\\ -\dfrac{\dfrac{\partial T}{\partial\phi}\sin\alpha}{V^2}+\dfrac{\dfrac{\partial^2 T}{\partial V\partial\phi}}{V}\sin\alpha\\ \dfrac{\dfrac{\partial g}{\partial h}m\cos\gamma}{V^2}\end{bmatrix} \tag{5.49}$$

$$\pi_{22}^{\mathrm{T}}=\begin{bmatrix}-\dfrac{mg\sin\gamma}{V^2} & \dfrac{mg\cos\gamma}{V} & 0 & 0 & \dfrac{\dfrac{\partial g}{\partial h}m\sin\gamma}{V}\end{bmatrix} \tag{5.50}$$

$$\pi_{25}^{\mathrm{T}}=\begin{bmatrix}\dfrac{\dfrac{\partial g}{\partial h}m\cos\gamma}{V^2} & \dfrac{\dfrac{\partial g}{\partial h}m\sin\gamma}{V} & 0 & 0 & \dfrac{\dfrac{\partial^2 g}{\partial h^2}m\cos\gamma}{V}\end{bmatrix} \tag{5.51}$$

$$\pi_{23}=\begin{bmatrix} -\dfrac{\dfrac{\partial T}{\partial\alpha}\sin\alpha+T\cos\alpha+\dfrac{\partial L}{\partial\alpha}}{V^2}+\dfrac{\dfrac{\partial^2 L}{\partial\alpha\partial V}\sin\alpha+\dfrac{\partial^2 T}{\partial\alpha\partial V}\cos\alpha+\dfrac{\partial T}{\partial V}\cos\alpha}{V} \\ 0 \\ \dfrac{\dfrac{\partial^2 T}{\partial\alpha^2}\sin\alpha+2\dfrac{\partial T}{\partial\alpha}\cos\alpha-T\sin\alpha+\dfrac{\partial^2 L}{\partial\alpha^2}}{V} \\ \dfrac{\dfrac{\partial^2 T}{\partial\alpha\partial\phi}\sin\alpha+\dfrac{\partial T}{\partial\phi}\cos\alpha}{V} \\ 0 \end{bmatrix} \tag{5.52}$$

$$\pi_{24}^{\mathrm{T}}=\begin{bmatrix} -\dfrac{\dfrac{\partial T}{\partial\phi}\sin\alpha}{V^2}+\dfrac{\dfrac{\partial^2 T}{\partial\phi\partial V}\sin\alpha}{V} & 0 & \dfrac{\dfrac{\partial^2 T}{\partial\phi\partial\alpha}\sin\alpha+\dfrac{\partial T}{\partial\phi}\cos\alpha}{V} & \dfrac{\dfrac{\partial^2 T}{\partial\phi^2}\sin\alpha}{V} & 0 \end{bmatrix} \tag{5.53}$$

为进行高超声速飞行器的高阶滑模控制，定义速度、高度跟踪误差为

$$e_V=V-V_{\mathrm{d}} \tag{5.54}$$

$$e_h=h-h_{\mathrm{d}} \tag{5.55}$$

基于式(5.33)、式(5.54)及式(5.55)对滑模变量 e_V、e_h 分别求取四阶导数与五阶导数，并考虑气动力系数不确定，可得

$$\begin{aligned}\begin{bmatrix} e_V^{(4)} \\ e_h^{(5)} \end{bmatrix}&=\begin{bmatrix} \dot f_V-V_{\mathrm{d}}^{(4)} \\ \dot f_h-h_{\mathrm{d}}^{(5)} \end{bmatrix}+\begin{bmatrix} \dot b_{11} & \dot b_{12} \\ \dot b_{21} & \dot b_{22} \end{bmatrix}\begin{bmatrix} \phi_{\mathrm{c}} \\ \delta_{\mathrm{e}} \end{bmatrix}+\begin{bmatrix} b_{11} & b_{12} \\ b_{21} & b_{22} \end{bmatrix}\begin{bmatrix} \dot\phi_{\mathrm{c}} \\ \dot\delta_{\mathrm{e}} \end{bmatrix}+\begin{bmatrix} \Delta_V \\ \Delta_h \end{bmatrix} \\ &=\overline{A}(x)+\overline{B}(x)\dot u+\Delta \end{aligned}\tag{5.56}$$

式中，$\overline{A}(x)=\begin{bmatrix} \dot f_V-V_{\mathrm{d}}^{(4)} \\ \dot f_h-h_{\mathrm{d}}^{(5)} \end{bmatrix}+\begin{bmatrix} \dot b_{11} & \dot b_{12} \\ \dot b_{21} & \dot b_{22} \end{bmatrix}\begin{bmatrix} \phi_{\mathrm{c}} \\ \delta_{\mathrm{e}} \end{bmatrix}$；$\overline{B}(x)=\begin{bmatrix} b_{11} & b_{12} \\ b_{21} & b_{22} \end{bmatrix}$；$\dot u=\begin{bmatrix} \dot\phi_{\mathrm{c}} \\ \dot\delta_{\mathrm{e}} \end{bmatrix}$；$\Delta=\begin{bmatrix} \Delta_V \\ \Delta_h \end{bmatrix}$为系统不确定。

5.2.2 自适应高阶滑模控制器设计

自适应高阶滑模控制器能够在有效减弱系统抖振影响的同时，保持传统滑模控制鲁棒性强的优点，同时结合自适应方法克服纯鲁棒控制的保守性。自适应高阶滑模控制器由两部分组成：一部分为连续的等效控制，即标称控制器设计，针对忽略模型不确定的标称系统，利用齐次系统有限时间收敛的理论设计；另一部分利用积分滑模理论设计不连续控制器，对系统的不确定进行补偿。以积分滑模面为基础，构造自适应律，通过自适应增益的动态调整，避免利用不确定上界信息；最后通过 Lyapunov 稳定性理论分析系统的稳定性。

高超声速飞行器稳定跟踪控制问题可归结为：设计控制 $u=[\phi_c,\delta_e]^T$，使得系统在不确定上界未知的情况下，保证系统输出 $y=[V,h]^T$ 在有限时间 t_f 内，实现对期望输出参考指令 $y_d=[V_d,h_d]^T$ 的稳定跟踪控制。

1. 标称控制器设计

本节考虑标称系统控制器设计，即忽略式(5.56)中模型不确定 Δ 的影响，得到标称系统：

$$\begin{bmatrix} e_V^{(4)} \\ e_h^{(5)} \end{bmatrix}=\begin{bmatrix} \dot{f}_V-V_d^{(4)} \\ \dot{f}_h-h_d^{(5)} \end{bmatrix}+\begin{bmatrix} \dot{b}_{11} & \dot{b}_{12} \\ \dot{b}_{21} & \dot{b}_{22} \end{bmatrix}\begin{bmatrix} \phi_c \\ \delta_e \end{bmatrix}+\begin{bmatrix} b_{11} & b_{12} \\ b_{21} & b_{22} \end{bmatrix}\begin{bmatrix} \dot{\phi}_c \\ \dot{\delta}_e \end{bmatrix}=\overline{A}(x)+\overline{B}(x)\dot{u} \tag{5.57}$$

为方便控制器的设计，结合式(5.33)，将误差动态系统式(5.57)进行输入输出线性化，变换为如式(5.58)和式(5.59)所示的积分链形式，速度积分链为

$$\begin{cases} \dot{z}_{1,V}=z_{2,V} \\ \dot{z}_{2,V}=z_{3,V} \\ \dot{z}_{3,V}=z_{4,V} \\ \dot{z}_{4,V}=\dot{f}_V-V_d^{(4)}+\underbrace{[\dot{b}_{11},\dot{b}_{12}]}_{B_1}\dot{u} \end{cases} \tag{5.58}$$

高度积分链为

$$\begin{cases} \dot{z}_{1,h}=z_{2,h} \\ \dot{z}_{2,h}=z_{3,h} \\ \dot{z}_{3,h}=z_{4,h} \\ \dot{z}_{4,h}=z_{5,h} \\ \dot{z}_{5,h}=\dot{f}_h-h_d^{(5)}+\underbrace{[\dot{b}_{21},\dot{b}_{22}]}_{B_2}\dot{u} \end{cases} \tag{5.59}$$

式中，$z_{j,V}=e_V^{(j-1)}\,(j=1,2,3,4)$，$z_{j,h}=e_h^{(j-1)}\,(j=1,2,3,4,5)$，$f_V$、$f_h$、$b_{11}$、$b_{12}$、$b_{21}$、$b_{22}$ 的具体表达式见式(5.34)～式(5.39)。

考虑式(5.57)的标称系统，设计反馈控制器：

$$\dot{u}=\overline{B}(x)^{-1}(-\overline{A}(x)+w_{\text{norm}}) \tag{5.60}$$

式中，$w_{\text{norm}}=[w_{\text{norm},V},w_{\text{norm},h}]^T$ 为标称控制器。

为保证积分链系统式(5.58)与式(5.59)的有限时间稳定，基于引理 5.7，设计标称控制输入 $w_{\text{norm}}=[w_{\text{norm},V},w_{\text{norm},h}]^T$，如式(5.61)和式(5.62)所示：

$$w_{\mathrm{norm},V}=-k_{1V}|z_{1V}|^{\alpha_{1V}}\mathrm{sgn}(z_{1V})-k_{2V}|z_{2V}|^{\alpha_{2V}}\mathrm{sgn}(z_{2V})-k_{3V}|z_{3V}|^{\alpha_{3V}}\mathrm{sgn}(z_{3V})$$
$$-k_{4V}|z_{4V}|^{\alpha_{4V}}\mathrm{sgn}(z_{4V}) \tag{5.61}$$

$$w_{\mathrm{norm},h}=-k_{1h}|z_{1h}|^{\alpha_{1h}}\mathrm{sgn}(z_{1h})-k_{2h}|z_{2h}|^{\alpha_{2h}}\mathrm{sgn}(z_{2h})-k_{3h}|z_{3h}|^{\alpha_{3h}}\mathrm{sgn}(z_{3h})$$
$$-k_{4h}|z_{4h}|^{\alpha_{4h}}\mathrm{sgn}(z_{4h})-k_{5h}|z_{5h}|^{\alpha_{5h}}\mathrm{sgn}(z_{5h}) \tag{5.62}$$

式中，$k_{iV}>0(i=1,2,3,4)$，$k_{jh}>0(j=1,2,3,4,5)$，$\alpha_{(i-1)V}=\dfrac{\alpha_{iV}\alpha_{(i+1)V}}{2\alpha_{(i+1)V}-\alpha_{iV}}$，$i\in\{2,3,4\}$，$\alpha_{(j-1)h}=\dfrac{\alpha_{jh}\alpha_{(j+1)h}}{2\alpha_{(j+1)h}-\alpha_{jh}}$，$j\in\{2,3,4,5\}$。

由引理 5.7 可知，标称控制器 $w_{\mathrm{norm},V}$ 及 $w_{\mathrm{norm},h}$ 可保证标称系统式(5.57)的有限时间收敛，但不能保证不确定系统式(5.56)的稳定，因此必须进行不连续控制器设计，以处理式(5.56)中的不确定。

2. 不连续控制器设计

基于不确定系统式(5.56)，设计控制器

$$\dot{u}=\bar{B}(x)^{-1}(-\bar{A}(x)+w_{\mathrm{norm}}+w_{\mathrm{disc}}) \tag{5.63}$$

式中，标称控制器 w_{norm} 由式(5.61)及式(5.62)给出；w_{disc} 为不连续控制器。

将式(5.63)代入式(5.56)可得

$$\begin{bmatrix} e_V^{(4)} \\ e_h^{(5)} \end{bmatrix}=w_{\mathrm{norm}}+w_{\mathrm{disc}}+\Delta \tag{5.64}$$

式中，w_{disc} 用来抵消不确定 Δ 的影响，设计积分滑模面：

$$s=s_0+\zeta \tag{5.65}$$

式中，$s=[s_V,s_h]^{\mathrm{T}}$；$s_0=[\ddot{e}_V,e_h^{(4)}]^{\mathrm{T}}$；$\zeta$ 满足

$$\dot{\zeta}=-w_{\mathrm{norm}}=-\begin{bmatrix} w_{\mathrm{norm},V} \\ w_{\mathrm{norm},h} \end{bmatrix} \tag{5.66}$$

对式(5.65)求导可得

$$\dot{s}=w_{\mathrm{norm}}+w_{\mathrm{disc}}+\Delta-w_{\mathrm{norm}}=w_{\mathrm{disc}}+\Delta \tag{5.67}$$

为达到控制目标，使系统式(5.56)实现有限时间收敛，假设不确定 Δ 具有上界 G_{d}，则设计不连续控制器 w_{disc} 形式为

$$w_{\mathrm{disc}}=-G\cdot\mathrm{sgn}(s) \tag{5.68}$$

式中，$\mathrm{sgn}(s)=\mathrm{sgn}([s_V,s_h]^{\mathrm{T}})=[\mathrm{sgn}(s_V),\mathrm{sgn}(s_h)]^{\mathrm{T}}$，$G$ 为滑模控制增益，为了保证系统的收敛，G 需要大于不确定上界 G_{d}。因此，需事先明确 Δ 的上界 G_{d}，但这在实际应用中是很难获得的。因此为满足滑模的可达性，控制律增益 G 往往取值过

大，容易导致较大的控制抖振。因此，下面将利用自适应方法设计增益 G，使其可根据系统状态自动调节，从而不需系统不确定 Δ 的上界信息。

设计如式(5.69)所示自适应律：

$$\dot{\hat{G}}=\begin{cases}\dfrac{1}{\beta}\|s\|, & \|s\|\geqslant\varepsilon\\ 0, & \|s\|<\varepsilon\end{cases} \tag{5.69}$$

式中，β 为自适应增益调节参数，且 $\beta>0$；ε 为任意小的正常数，因此，自适应控制器设计如式(5.70)所示：

$$\dot{u}=\overline{B}^{-1}(x)(-\overline{A}(x)+w_{\mathrm{norm}}-\hat{G}\cdot\mathrm{sgn}(s)) \tag{5.70}$$

式中，控制增益估计值 $\hat{G}$ 由自适应律式(5.70)确定，其自适应速率可以通过调节 β 来改变。

因此，系统真正的控制器表达式为

$$u=\int\overline{B}(x)^{-1}(-\overline{A}(x)+w_{\mathrm{norm}}-\hat{G}\cdot\mathrm{sgn}(s)) \tag{5.71}$$

由式(5.70)和式(5.71)可知，不连续函数存在于控制器的导数 $\dot{u}$ 中，而经积分获得的实际控制 u 中不含高频切换，得到连续的滑模控制器，从而达到削弱控制抖振的目的。

定理 5.1　针对带有不确定的系统式(5.56)，设计式(5.71)所示的控制器，并采用式(5.69)所示的自适应律，假设参数选取合适，则系统式(5.56)是有限时间稳定的。

证明　首先证明自适应估计 $\hat{G}$ 是有界的，定义估计误差为 $e_G=\hat{G}-G_{\mathrm{d}}$，选择 Lyapunov 函数如式(5.72)所示：

$$V_G=\frac{1}{2}s^{\mathrm{T}}s+\frac{1}{2}\beta e_G^2 \tag{5.72}$$

对式(5.72)求导可得

$$\dot{V}_G=s^{\mathrm{T}}\dot{s}+\beta e_G\dot{\hat{G}} \tag{5.73}$$

将式(5.67)～式(5.69)代入式(5.73)可得

$$\begin{aligned}\dot{V}_G&=s^{\mathrm{T}}(\Delta-\hat{G}\cdot\mathrm{sgn}(s))+\beta e_G\dot{\hat{G}}\\&=s^{\mathrm{T}}(\Delta-\hat{G}\cdot\mathrm{sgn}(s))+(\hat{G}-G_{\mathrm{d}})\|s\|\\&\leqslant\|\Delta\|\cdot\|s\|-\hat{G}\|s\|+(\hat{G}-G_{\mathrm{d}})\|s\|\\&=\|\Delta\|\cdot\|s\|-G_{\mathrm{d}}\|s\|\\&\leqslant 0\end{aligned} \tag{5.74}$$

因此，增益的估计值 $\hat{G}$ 是有界的，即存在一个正常数 $G^*>0$，使得 $\hat{G}\leqslant G^*$。下面证明系统式(5.56)是有限时间收敛的。

选取 Lyapunov 函数如式(5.75)所示：

$$V_{\mathrm{L}}=\frac{1}{2}s^{\mathrm{T}}s+\frac{1}{2\lambda}(\hat{G}-G^{*})^{2} \tag{5.75}$$

式中，$\lambda>0$，对式(5.75)求导可得

$$\dot{V}_{\mathrm{L}}=s^{\mathrm{T}}\dot{s}+\frac{1}{\lambda}(\hat{G}-G^{*})\dot{\hat{G}} \tag{5.76}$$

当 $\|s\|\geqslant\varepsilon$ 时，基于式(5.69)，将滑模动态变量式(5.67)代入式(5.76)可得

$$\begin{aligned}\dot{V}_{\mathrm{L}}&=s^{\mathrm{T}}(-\hat{G}\mathrm{sgn}(s)+\Delta)+\frac{1}{\lambda}(\hat{G}-G^{*})\cdot\frac{1}{\beta}\|s\|\\&\leqslant-\hat{G}\|s\|+\|\Delta\|\cdot\|s\|+\frac{1}{\lambda\beta}(\hat{G}-G^{*})\|s\|\\&\leqslant-\hat{G}\|s\|+G_{\mathrm{d}}\cdot\|s\|+G^{*}\|s\|-G^{*}\|s\|+\frac{1}{\lambda\beta}(\hat{G}-G^{*})\|s\|\\&=(G_{\mathrm{d}}-G^{*})\|s\|+(\hat{G}-G^{*})\left(-\|s\|+\frac{1}{\lambda\beta}\|s\|\right)\\&=-(G^{*}-G_{\mathrm{d}})\|s\|-(G^{*}-\hat{G})\left(-\|s\|+\frac{1}{\lambda\beta}\|s\|\right)\end{aligned} \tag{5.77}$$

由式(5.77)可知，存在正常数 $G^{*}>0$ 使得 $\hat{G}-G^{*}\leqslant0$，且总存在常数 G^{*} 与 λ 满足：$G^{*}>G_{\mathrm{d}}$，$\lambda<1/\beta$，可以得

$$\begin{aligned}\dot{V}_{\mathrm{L}}&\leqslant-(G^{*}-G_{\mathrm{d}})\|s\|-\left(-\|s\|+\frac{1}{\lambda\beta}\|s\|\right)|G^{*}-\hat{G}|\\&\leqslant-\sqrt{2}(G^{*}-G_{\mathrm{d}})\frac{\|s\|}{\sqrt{2}}-\left(-\|s\|+\frac{1}{\lambda\beta}\|s\|\right)\cdot\sqrt{2\lambda}\cdot\frac{|G^{*}-\hat{G}|}{\sqrt{2\lambda}}\\&\leqslant-\min\left\{\sqrt{2}(G^{*}-G_{\mathrm{d}}),\left(-\|s\|+\frac{1}{\lambda\beta}\|s\|\right)\cdot\sqrt{2\lambda}\right\}\left[\frac{\|s\|}{\sqrt{2}}+\frac{|G^{*}-\hat{G}|}{\sqrt{2\lambda}}\right]\\&\leqslant-\min\left\{\sqrt{2}(G^{*}-G_{\mathrm{d}}),\left(-\|s\|+\frac{1}{\lambda\beta}\|s\|\right)\cdot\sqrt{2\lambda}\right\}\left[\left(\frac{\|s\|}{\sqrt{2}}\right)^{2}+\left(\frac{|G^{*}-\hat{G}|}{\sqrt{2\lambda}}\right)^{2}\right]^{1/2}\\&\leqslant-\min\left\{\sqrt{2}(G^{*}-G_{\mathrm{d}}),\left(-\|s\|+\frac{1}{\lambda\beta}\|s\|\right)\cdot\sqrt{2\lambda}\right\}V_{\mathrm{L}}^{1/2}\end{aligned} \tag{5.78}$$

因此，由引理 5.2 可知，滑模面 s_V 和 s_h 在有限时间内收敛，因此，飞行器的输出 V、h 在有限时间内可实现对期望参考指令 V_{d} 及 h_{d} 的稳定跟踪控制。

5.2.3　仿真分析

在 MATLAB/Simulink 环境中，考虑高超声速飞行器的纵向机动爬升过程，针对速度和高度的跟踪问题，以弹性高超声速飞行器巡航纵向运动方程式(3.4)～式(3.6)为仿真对象，验证自适应高阶滑模控制的跟踪性能与鲁棒性。

1. 仿真条件

高超声速飞行器输出参考指令由二阶滤波产生，初始速度 $V_0=7702\text{ft/s}$，初始高度 $h_0=95000\text{ft}$，完成速度增加 2298ft/s 及高度爬升 15000ft 的机动飞行，且滤波器的自然频率为 0.03rad/s，阻尼为 0.95。跟踪参考指令时，自适应调整参数 $\beta=0.2$，选择速度标称控制器 $w_{\text{norm},V}$ 与高度标称控制器 $w_{\text{norm},h}$ 的控制增益与控制参数，如表 5.1 所示。

表 5.1　控制器参数、控制器增益设置

参数	取值	参数	取值	参数	取值	参数	取值
k_{1V}	10	α_{1V}	3/7	k_{1h}	10	α_{1h}	3/8
k_{2V}	25	α_{2V}	1/2	k_{2h}	25	α_{2h}	3/7
k_{3V}	25	α_{3V}	3/5	k_{3h}	40	α_{3h}	1/2
k_{4V}	10	α_{4V}	3/4	k_{4h}	20	α_{4h}	3/5
				k_{5h}	10	α_{5h}	3/4

2. 仿真结果

图 5.1 输出速度参考指令 V_d、速度 V 的跟踪曲线；图 5.2 为高度参考指令 h_d、高度 h 的跟踪曲线，从仿真结果可以看出，自适应高阶滑模控制方法能够实现对高超声速飞行器输出参考指令的跟踪，收敛时间约为 100s，误差达到 10^{-3}。图 5.3 和图 5.4 为控制输入燃油当量比 ϕ 和升降舵偏转量 δ_e 的变化曲线。从仿真结果图可以看出，通过引入动态滑模控制，在实现对飞行输出参考指令稳定跟踪的同时，能够有效地减弱控制抖振，确保飞行器的控制性能。图 5.5 给出了高超声速飞行器弹性状态变化的曲线。从仿真图可知，弹性状态在 100s 内趋于其稳态值。滑模面变量 s_V、s_h 及自适应增益 $\hat{G}$ 的变化曲线如图 5.6 所示，s_V、s_h 在 200s 内收敛到零，自适应增益 $\hat{G}$ 在 200s 内调整到稳态值。

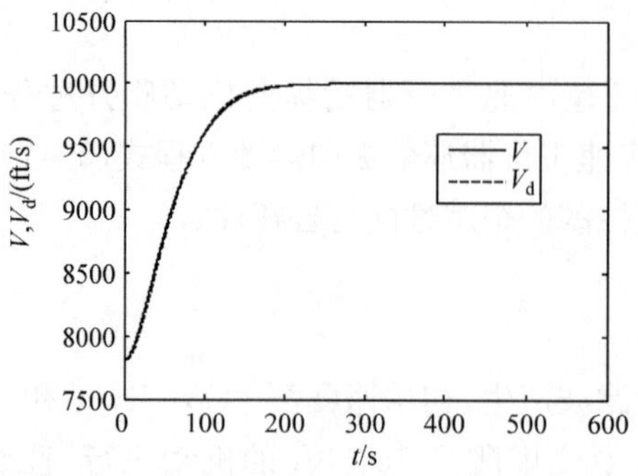

图 5.1 速度参考指令跟踪曲线

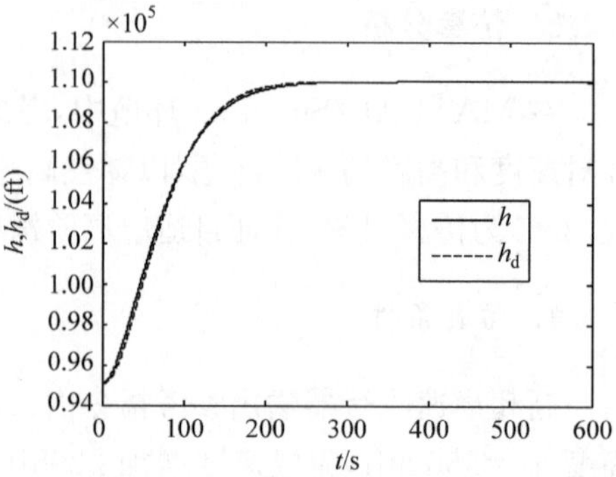

图 5.2 高度参考指令跟踪曲线

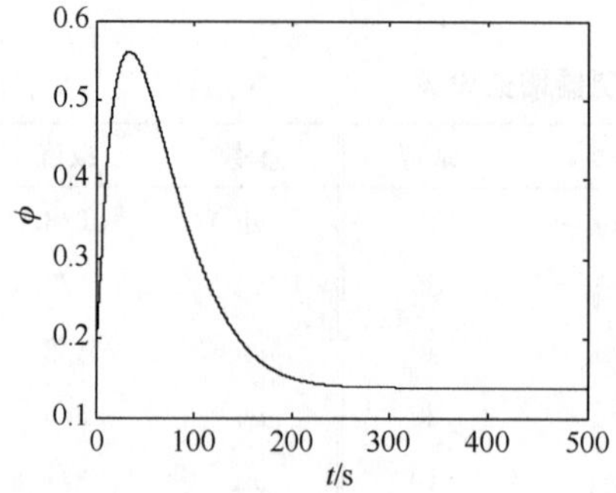

图 5.3 控制输入 ϕ 变化曲线

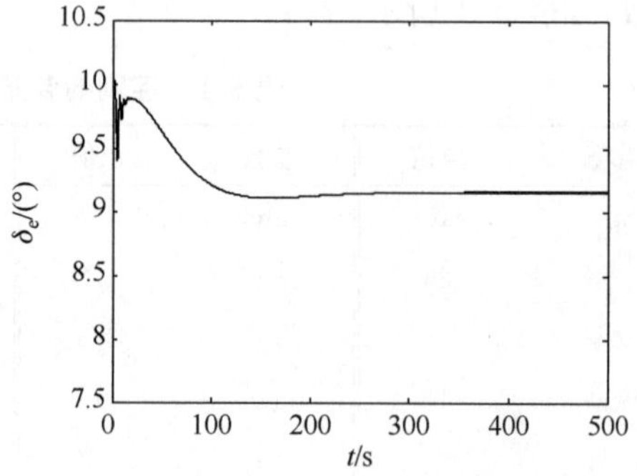

图 5.4 控制输入 δ_e 变化曲线

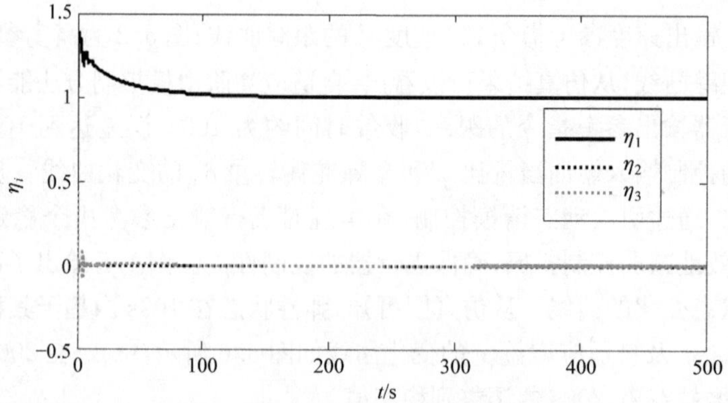

图 5.5 弹性状态变化

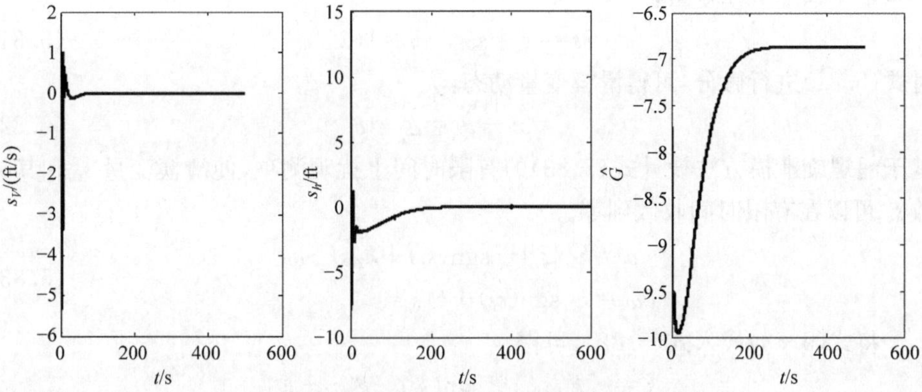

图 5.6　滑模面 s_V、s_h 与自适应增益 $\hat{G}$

5.3　基于超螺旋滑模的高超声速飞行器观测器-控制器综合设计

超螺旋滑模控制已在复杂系统控制器设计[22-25]、观测器设计[26]及鲁棒精确微分器[27,28]设计中得到了广泛的应用。首先基于多时间尺度原理，将弹性高超声速飞行器模型分为速度子系统、高度-航迹角子系统和攻角-俯仰角速率子系统；然后，对每个子系统设计有限时间干扰观测器估计模型中的综合不确定和干扰；进而，又分别设计了分环子系统的超螺旋滑模控制器，在有效消除抖振的同时实现对速度和高度指令的有限时间跟踪。

5.3.1　基于超螺旋滑模方法的有限时间干扰观测器设计

干扰观测器的基本思想是设计输出误差注入项，逼近模型的不确定及干扰，并在控制中引入该等效干扰，对控制器进行补偿，实现对干扰完全抑制。

考虑如下非线性不确定二阶系统：

$$\begin{aligned}\dot{x}_1&=f_1+g_1x_2+\Delta_1\\ \dot{x}_2&=f_2+g_2u+\Delta_2\\ y&=x_1\end{aligned}\tag{5.79}$$

式中，f_i、$g_i(i=1,2)$为系统已知量；Δ_1、Δ_2 为系统未知不确定。

在文献[29]的基础上，基于改进的超螺旋滑模方法提出一种有限时间干扰观测器设计形式，实现对不确定 Δ_1、Δ_2 的有限时间估计。干扰观测器设计形式为

$$\begin{aligned}\dot{w}_1&=f_1+g_1x_2+v_1\\ \dot{w}_2&=f_2+g_2u+v_2\end{aligned}\tag{5.80}$$

定义辅助滑模变量：

$$s_i = x_i - w_i, \quad i=1,2 \tag{5.81}$$

对式(5.81)进行微分，可得滑模变量动态：

$$\dot{s}_i = \dot{x}_i - \dot{w}_i = \Delta_i - v_i \tag{5.82}$$

基于超螺旋滑模方法设计式(5.83)的有限时间干扰观测项，使滑模变量 s_i 和其导数 $\dot{s}_i$ 可以在有限时间收敛到零。

$$\begin{aligned} v_i &= k_{1i}|s_i|^{1/2}\operatorname{sgn}(s_i) + k_{2i}s_i + \omega_i \\ \dot{\omega}_i &= k_{3i}\operatorname{sgn}(s_i) + k_{4i}s_i \end{aligned} \tag{5.83}$$

将式(5.83)代入式(5.82)，可得

$$\begin{aligned} \dot{s}_i &= -k_{1i}|s_i|^{1/2}\operatorname{sgn}(s_i) - k_{2i}s_i + \varpi_i \\ \dot{\varpi}_i &= -k_{3i}\operatorname{sgn}(s_i) - k_{4i}s_i + \dot{\Delta}_i \end{aligned} \tag{5.84}$$

引理 5.11[10]　考虑系统式(5.79)，若不确定满足 $|\dot{\Delta}_i| \leqslant d_i$，且 $d_i \geqslant 0$，选取增益满足 $k_{1i} > \sqrt{2d_i}$，$k_{2i} > 0$，$k_{3i} > \max\left(3d_i + \dfrac{2d_i^2}{k_{1i}^2}, d_i - 2k_{1i}^2\right)$ 及 $k_{4i} \geqslant \max\left(0, 2k_2^2 + \dfrac{\beta_1}{\beta_2}\right)$，且 $\beta_1 = \left(\dfrac{3}{2}k_{1i}^2 k_{2i} + 3d_i k_{2i}\right)^2$，$\beta_2 = k_{3i}k_{1i}^2 - 2d_i^2 - 3d_i k_{1i}^2$，可以证得二阶滑模变量 s_i、$\dot{s}_i$ 可以在有限时间收敛到零。

当 $s_i = \dot{s}_i = 0$ 时，可以得出基于超螺旋滑模方法的有限时间干扰观测项 v_i 能在有限时间内对不确定项 Δ_i 进行精确估计。基于上述设计的有限时间干扰观测器，结合有限时间控制器，设计观测器-控制器综合控制策略，并将其应用到弹性高超声速飞行器的稳定跟踪控制中。

5.3.2　基于干扰观测器的有限时间控制器设计

本节首先基于多时间尺度原理，将弹性高超声速飞行器模型分为速度 V 子系统、高度-航迹角(h,γ)子系统、攻角-俯仰角速率(α,Q)子系统；然后，对每个子系统设计有限时间干扰观测器估计模型中的不确定和干扰；进而，分别设计三个子系统的超螺旋滑模控制器，在有效消除抖振的同时实现对速度和高度参考指令的有限时间跟踪。基于干扰观测器-控制器综合策略的有限时间控制框图如图 5.7 所示。

1. 基于干扰观测器的速度子系统有限时间控制器设计

高超声速飞行器的速度主要受燃料当量比的影响，由弹性高超声速飞行器模型式(5.30)可知，速度子系统表达式如式(5.85)所示：

$$\dot{V} = f_V + g_V\phi + \Delta_V \tag{5.85}$$

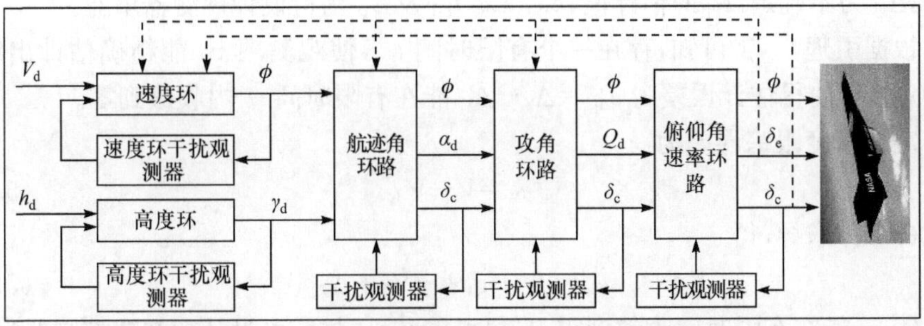

图 5.7　基于干扰观测器的有限时间控制框图

式中，系统已知函数表示为

$$
\begin{aligned}
f_V &= \frac{\bar{q}C_{T,1}\cos\alpha}{m} - g\sin\gamma - \frac{\bar{q}SC_D^0}{m} \\
C_{T,1} &= C_T^{A_d}A_d + C_T^{\alpha}\alpha + C_T^{M_\infty^{-2}}M_\infty^{-2} + C_T^0 \\
g_V &= \frac{\bar{q}C_{T,\phi,1}\cos\alpha}{m} \\
C_{T,\phi,1} &= C_{T,\phi}^{\alpha}\alpha + C_{T,\phi}^{\alpha M_\infty^{-2}}\alpha M_\infty^{-2} + C_{T,\phi}^{M_\infty^{-2}}M_\infty^{-2} + C_{T,\phi}^0
\end{aligned}
\tag{5.86}
$$

另外，速度子系统综合不确定部分表示为

$$
\begin{aligned}
\Delta_V = &\left[\Delta T + \bar{q}\phi\left(C_{T,\phi}^{\alpha\Delta\tau_1}\alpha\Delta\tau_1 + C_{T,\phi}^{\Delta\tau_1^2}\Delta\tau_1^2 + C_{T,\phi}^{\Delta\tau_1}\Delta\tau_1\right) + \bar{q}C_T^{\Delta\tau_1}\Delta\tau_1\right] \\
&\times\frac{\cos\alpha}{m} - \frac{D - \bar{q}SC_D^0 + \Delta D}{m}
\end{aligned}
\tag{5.87}
$$

基于 5.3.1 节设计的干扰观测器，可以对不确定 Δ_V 实现有限时间估计，得到如下观测器形式：

$$
\dot{w}_V = f_V + g_V\phi + v_V \tag{5.88}
$$

定义辅助滑模变量为

$$
s_V = V - w_V \tag{5.89}
$$

假设不确定 Δ_V 满足

$$
|\dot{\Delta}_V| \leqslant \delta_V \tag{5.90}
$$

式中，$\delta_V > 0$ 为已知常数。

可设计基于超螺旋滑模方法的观测项 v_V 为

$$
\begin{aligned}
v_V &= k_{1V}|s_V|^{1/2}\operatorname{sgn}(s_V) + k_{2V}s_V + \omega_V \\
\dot{\omega}_V &= k_{3V}\operatorname{sgn}(s_V) + k_{4V}s_V
\end{aligned}
\tag{5.91}
$$

式中，k_{1V}、k_{2V}、k_{3V}及 k_{4V} 是待设计观测器增益。

由速度子系统式(5.85)和观测器式(5.88)可得

$$
\hat{\Delta}_V = v_V \tag{5.92}
$$

式中,$\hat{\Delta}_V$ 为不确定 Δ_V 的估计值;k_{1V}、k_{2V}、k_{3V} 及 k_{4V} 为待设计观测器增益。

根据引理 5.11 可知,存在一个有限时间 t_{f_V},使观测项 v_V 能精确估计出综合不确定 Δ_V,使得估计误差为 $e_{\Delta_V}=\Delta_V-\hat{\Delta}_V$ 能在有限时间 t_{f_V} 内收敛到零。

定义速度跟踪误差为

$$e_V=V-V_{\rm d} \tag{5.93}$$

对式(5.93)求导,得

$$\dot{e}_V=f_V+g_V\phi-\dot{V}_{\rm d}+\Delta_V \tag{5.94}$$

为了使 e_V 能在有限时间收敛到零,且尽可能减小抖振,可设计超螺旋控制器为

$$\begin{aligned}
&\phi=g_V^{-1}(-f_V+\dot{V}_{\rm d}-\hat{\Delta}_V-k_{1V}|e_V|^{1/2}\mathrm{sgn}(e_V)-k_{2V}e_V+\eta_V)\\
&\dot{\eta}_V=-k_{3V}\mathrm{sgn}(e_V)-k_{4V}e_V
\end{aligned} \tag{5.95}$$

将式(5.95)代入式(5.94),可得

$$\begin{aligned}
&\dot{e}_V=-k_{1V}|e_V|^{1/2}\mathrm{sgn}(e_V)-k_{2V}e_V+\tilde{\eta}_V\\
&\dot{\tilde{\eta}}_V=-k_{3V}\mathrm{sgn}(e_V)-k_{4V}e_V+\dot{e}_{\Delta_V}
\end{aligned} \tag{5.96}$$

根据引理 5.8,假设存在已知正常数 d_V 且满足 $|\dot{e}_{\Delta_V}|\leqslant d_V$,则对于系统式(5.96),若选择合适的控制增益 k_{1V}、k_{2V}、k_{3V}、k_{4V},可以使得 e_V 在有限时间收敛到零。

2. 基于干扰观测器的高度-航迹角子系统有限时间控制器设计

对于高度-航迹角子系统,可以转换成式(5.97)和式(5.98)的形式:

$$\dot{h}=V\sin\gamma \tag{5.97}$$

$$\dot{\gamma}=f_\gamma-\frac{g\cos\gamma}{V}+g_\gamma\delta_{\rm c}+\Delta f_\gamma \tag{5.98}$$

式中

$$\begin{aligned}
&f_\gamma=[\bar{q}SC_L^\alpha\alpha+T_1\sin\alpha+\bar{q}S(C_L^{\delta_{\rm e}}\delta_{\rm e}+C_L^0)]/(mV)\\
&T_1=\bar{q}(C_{T,\phi,1}\phi+C_{T,1}),\quad g_\gamma=\bar{q}SC_L^{\delta_{\rm c}}/(mV)\\
&\Delta f_\gamma=\bar{q}S(C_L^{\Delta\tau_1}\Delta\tau_1+C_L^{\Delta\tau_2}\Delta\tau_2)/(mV)+\Delta L/(mV)+\bar{q}\phi\\
&\qquad\times(C_{T,\phi}^{\alpha\Delta\tau_1}\alpha\Delta\tau_1+C_{T,\phi}^{\Delta\tau_1^2}\Delta\tau_1^2+C_{T,\phi}^{\Delta\tau_1}\Delta\tau_1)\sin\alpha/(mV)\\
&\qquad+\bar{q}C_T^{\Delta\tau_1}\Delta\tau_1\sin\alpha/(mV)+\Delta T\sin\alpha/(mV)
\end{aligned} \tag{5.99}$$

定义高度和航迹角跟踪误差分别为 $e_h=h-h_{\rm d}$ 和 $e_\gamma=\gamma-\gamma_{\rm d}$。式中,$\gamma_{\rm d}$ 表示系统式(5.97)的虚拟控制量。此外,根据小角度近似,可令 $\sin\gamma=\gamma$,$\cos\gamma=1$。则高度误差和航迹角误差的动力学方程如式(5.100)和式(5.101)所示:

$$\dot{e}_h=V\gamma-\dot{h}_{\rm d}+\Delta_h \tag{5.100}$$

$$\dot{e}_\gamma=f_\gamma-\frac{g}{V}-\dot{\gamma}_{\rm d}+g_\gamma\delta_{\rm c}+\Delta_\gamma \tag{5.101}$$

式中，$\Delta_\gamma=g(1-\cos\gamma)/V+\Delta f_\gamma$ 是关于 Δf_γ 和小角度近似的综合不确定性的表达式；$\Delta_h=V(\sin\gamma-\gamma)$ 是由小角度近似引起的。

在高度-航迹角子系统中，高度的变化主要受鸭翼偏转量的影响。因此，高度的控制是可以作为一个单独的控制环进行设计的。采用与上面的速度子系统相同的控制方法，确保在小抖振的情况下，实现高度误差在有限时间内收敛到零。通过式(5.99)可知，状态 γ 作为虚拟控制输入影响高度误差 e_h，使得在有限时间内 $e_h\to 0$。$\hat{\Delta}_h$ 表示 Δ_h 的估计值，所设计的控制器如式(5.102)所示：

$$\begin{aligned}&\gamma_{\mathrm{d}}=(\dot{h}_{\mathrm{d}}-\hat{\Delta}_h-k_{1h}|e_h|^{1/2}\operatorname{sgn}(e_h)-k_{2h}e_h+\eta_h)/V\\&\dot{\eta}_h=-k_{3h}\operatorname{sgn}(e_h)-k_{4h}e_h\end{aligned}\tag{5.102}$$

通过式(5.99)可知，f_γ 等式的右边两项用来获得攻角 α 的参考指令 α_{d}：

$$\alpha_{\mathrm{d}}=\alpha^*-e_\gamma$$

式中，α^* 是攻角的期望值。那么，可得

$$\alpha=\alpha^*-e_\gamma+e_\alpha\tag{5.103}$$

式中，$e_\alpha=\alpha-\alpha_{\mathrm{d}}$ 是 α 的误差。假设有

$$\begin{aligned}&T^*\approx\bar{q}(\phi C_{T,\phi}|_{\alpha=\alpha^*}+C_T|_{\alpha=\alpha^*})\\&\Lambda(\alpha,\alpha^*,\bar{q},\phi)=\bar{q}SC_L^\alpha\alpha+T\sin\alpha-\bar{q}SC_L^\alpha\alpha^*-T^*\sin\alpha^*\end{aligned}\tag{5.104}$$

根据文献[30]可得

$$\Lambda(\alpha,\alpha^*,\bar{q},\phi)=K_{\alpha_1}(x,\phi)V^2(\alpha-\alpha^*)\tag{5.105}$$

式中，$K_{\alpha_1}(x,\phi)$ 是满足 $k_{\mathrm{m}}\leqslant K_{\alpha_1}(x,\phi)\leqslant k_{\mathrm{M}}$，$k_{\mathrm{m}}$、$k_{\mathrm{M}}>0$ 的依赖系数。

由式(5.102)～式(5.105)，可得

$$\dot{e}_\gamma=F_\gamma^*+g_\gamma\delta_{\mathrm{c}}+\bar{\Delta}_\gamma\tag{5.106}$$

式中，$F_\gamma^*=\dfrac{\bar{q}SC_L^\alpha\alpha^*+T^*\sin\alpha^*+\bar{q}S(C_L^{\delta_{\mathrm{e}}}\delta_{\mathrm{e}}+C_L^0)}{mV}-\dfrac{g}{V}$；$\bar{\Delta}_\gamma=\dfrac{\Lambda(\alpha,\alpha^*,\bar{q},\phi)}{mV}+\Delta_\gamma-\dot{\gamma}_{\mathrm{d}}$。为避免虚拟控制的导数，设计干扰观测器来估计 $\bar{\Delta}_\gamma$。根据 5.3.1 节干扰观测器的设计步骤，干扰观测器可以设计成式(5.107)所示的形式：

$$\dot{w}_\gamma=F_\gamma^*+g_\gamma\delta_{\mathrm{c}}+v_\gamma\tag{5.107}$$

设计滑模面 s_γ 如式(5.108)所示：

$$s_\gamma=e_\gamma-w_\gamma\tag{5.108}$$

则超螺旋控制器设计为

$$\begin{aligned}&v_\gamma=k_{1\gamma}|s_\gamma|^{1/2}\operatorname{sgn}(s_\gamma)+k_{2\gamma}s_\gamma+\omega_\gamma\\&\dot{\omega}_\gamma=k_{3\gamma}\operatorname{sgn}(s_\gamma)+k_{4\gamma}s_\gamma\end{aligned}\tag{5.109}$$

式中，$v_\gamma=\hat{\bar{\Delta}}_\gamma$ 是 $\bar{\Delta}_\gamma$ 的估计值。

则基于超螺旋滑模的鸭翼偏转控制器可以设计成：

$$\begin{aligned}&\delta_c=(-F_\gamma^*-\hat{\bar{\Delta}}_\gamma-k_{1\gamma}|e_\gamma|^{1/2}\mathrm{sgn}(e_\gamma)-k_{2\gamma}e_\gamma+\eta_\gamma)/g_\gamma\\&\dot{\eta}_\gamma=-k_{3\gamma}\mathrm{sgn}(e_\gamma)-k_{4\gamma}e_\gamma\end{aligned}\tag{5.110}$$

定义 $e_{\Delta_h}=\Delta_h-\hat{\Delta}_h$，$e_{\bar{\Delta}_\gamma}=\bar{\Delta}_\gamma-\hat{\bar{\Delta}}_\gamma$。通过干扰观测器式(5.91)和式(5.107)可以在有限时间内得到 $e_{\Delta_h}\to 0$，$e_{\bar{\Delta}_\gamma}\to 0$。将式(5.102)和式(5.110)分别代入式(5.100)和式(5.106)中。得到式(5.111)和式(5.112)：

$$\begin{aligned}&\dot{e}_h=-k_{1h}|e_h|^{1/2}\mathrm{sgn}(e_h)-k_{2h}e_h+\tilde{\eta}_h\\&\dot{\tilde{\eta}}_h=-k_{3h}\mathrm{sgn}(e_h)-k_{4h}e_h+\dot{\phi}_h\end{aligned}\tag{5.111}$$

$$\begin{aligned}&\dot{e}_\gamma=-k_{1\gamma}|e_\gamma|^{1/2}\mathrm{sgn}(e_\gamma)-k_{2\gamma}e_\gamma+\tilde{\eta}_\gamma\\&\dot{\tilde{\eta}}_\gamma=-k_{3\gamma}\mathrm{sgn}(e_\gamma)-k_{4\gamma}e_\gamma+\dot{e}_{\bar{\Delta}_\gamma}\end{aligned}\tag{5.112}$$

式中，$\phi_h=Ve_\gamma+e_{\Delta_h}$，并假设 $|\dot{\phi}_h|<d_h$，$|\dot{e}_{\bar{\Delta}_\gamma}|<d_\gamma$，式中 d_h、$d_\gamma>0$。根据引理 5.8，通过选择合适的增益 k_{1i}、k_{2i}、k_{3i}、$k_{4i}(i=h,\gamma)$，可以在有限时间内实现 $(e_\gamma,\dot{e}_\gamma)\to 0$，$(e_h,\dot{e}_h)\to 0$。

3. 基于干扰观测器的攻角-俯仰角速率子系统有限时间控制器设计

令 $e_\alpha=\alpha-\alpha_d$，$e_Q=Q-Q_d$，设计升降舵偏角 δ_e 使得 e_α 和 e_Q 在有限时间内收敛到零。设计过程与高度-航迹角子系统设计过程相似。

攻角的误差方程表示为

$$\dot{e}_\alpha=f_\alpha+Q+\Delta_\alpha\tag{5.113}$$

式中，f_α 为系统已知函数，表示如下：

$$f_\alpha=-[\bar{q}SC_L^\alpha\alpha+T_1\sin\alpha+\bar{q}S(C_L^{\delta_e}\delta_e+C_L^0)+\bar{q}SC_L^{\delta_c}\delta_c]/(mV)+\frac{g}{V},\Delta_\alpha=-\Delta f_\gamma-\dot{\alpha}_d$$

为了使 e_α 在有限时间内收敛到零，虚拟控制器设计成

$$\begin{aligned}&Q_d=-f_\alpha-\hat{\Delta}_\alpha-k_{1\alpha}|e_\alpha|^{1/2}\mathrm{sgn}(e_\alpha)-k_{2\alpha}e_\alpha+\eta_\alpha\\&\dot{\eta}_\alpha=-k_{3\alpha}\mathrm{sgn}(e_\alpha)-k_{4\alpha}e_\alpha\end{aligned}\tag{5.114}$$

俯仰角速率的误差方程表示如下：

$$\dot{e}_Q=f_Q+g_Q\delta_e+\Delta_Q\tag{5.115}$$

式中

$$f_Q=[z_TT_1+\bar{q}S\bar{c}(C_M^{\alpha^2}\alpha^2+C_M^\alpha\alpha+C_M^{\delta_c}\delta_c+C_M^0)]/I_{yy},\quad g_Q=\bar{q}S\bar{c}C_M^{\delta_e}/I_{yy}$$

$$\begin{aligned}\Delta_Q=\{&z_T[\Delta T+\bar{q}\phi(C_{T,\phi}^{\alpha\Delta\tau_1}\alpha\Delta\tau_1+C_{T,\phi}^{\Delta\tau_1^2}\Delta\tau_1^2+C_{T,\phi}^{\Delta\tau_1}\Delta\tau_1)+\bar{q}C_T^{\Delta\tau_1}\Delta\tau_1]\\&+\bar{q}S\bar{c}(\Delta C_M+C_M^{\Delta\tau_1}\Delta\tau_1+C_M^{\Delta\tau_2}\Delta\tau_2)\}/I_{yy}-\dot{Q}_d\end{aligned}$$

为了使 e_Q 在有限时间内收敛到零，升降舵偏角设计成

$$\begin{aligned}&\delta_e = g_Q^{-1}[-f_Q - \hat{\Delta}_Q - k_{1Q}|e_Q|^{1/2}\operatorname{sgn}(e_Q) - k_{2Q}e_Q + \eta_Q]\\&\dot{\eta}_Q = -k_{3Q}\operatorname{sgn}(e_Q) - k_{4Q}e_Q\end{aligned} \tag{5.116}$$

根据引理 5.8,通过选择合适的增益 k_{1i}、k_{2i}、k_{3i}、k_{4i}($i=(\alpha,Q)$),可以在有限时间内实现$(e_\alpha,\dot{e}_\alpha)\to 0$,$(e_Q,\dot{e}_Q)\to 0$。

5.3.3 仿真分析

1. 仿真条件

仿真过程中,以俄亥俄州立大学 David 模型式(3.4)～式(3.6)为仿真对象,验证控制策略的有效性。

首先由二阶滤波器生成的参考指令的自然频率 $\omega_f=0.03\text{rad/s}$,阻尼比 $\xi_f=0.95$。飞行器的初始状态为$[V_0,h_0,\gamma_0,\alpha_0,q_0]=[8000\text{ft/s},8\times10^4\text{ft},0\text{rad},0.018\text{rad},0\text{rad/s}]$,需要跟踪阶跃变化 1.5×10^4ft 的高度指令,同时,还需要跟踪阶跃变化 2200ft/s 的速度指令,燃油当量比设定为 50%,并设置气动参数的不确定性为:$|\Delta C_L|=20\%C_L$,$|\Delta C_D|=20\%C_D$,$|\Delta C_M|=20\%C_M$,$|\Delta C_{T\alpha}|=20\%C_{T\alpha}$,$|\Delta C_{T\phi}|=20\%C_{T\phi}$。干扰观测器的各个参数设计如下:$k_{1i}=0$,$k_{2i}=10$,$k_{3i}=0.1$,$k_{4i}=0.02$($i=V,h,\gamma,\alpha,Q$)。在仿真中控制器的参数设计如表 5.2 所示分别为速度子系统、高度子系统、航迹角子系统、攻角子系统和俯仰角速率子系统的设计参数。

表 5.2　控制器的参数设计

参数	速度子系统	高度子系统	航迹角子系统	攻角子系统	俯仰角速率子系统
k_{1j}	10	0.01	0.5	2	10
k_{2j}	6	0.01	0.2	0.5	2
k_{3j}	0.5	0.002	0.1	0.1	0.1
k_{4j}	0.1	0.001	0.01	0.02	0.02

2. 仿真结果

由图 5.8 及图 5.9 可见,设计的控制输入可以实现在有限时间内速度(不超过 20s)和高度(不超过 30s)的稳定跟踪。此外,由图 5.10 可见其他状态量(航迹角、攻角、俯仰率和弹性模态)的变化是光滑稳定的。与 5.2 节基于齐次性高阶滑模相比,收敛速度得到了明显提升。通过仿真结果可以看出,跟踪误差在两种仿真情形下均很小,所以式(5.92)、式(5.107)和式(5.113)所示的控制输入可以使式(5.23)中的非线性系统稳定。由此得出结论,基于干扰观测器的有限时间控制器可以使飞行器的速度和高度在有限时间内快速稳定地收敛到参考值,实现了很好的跟踪性能。

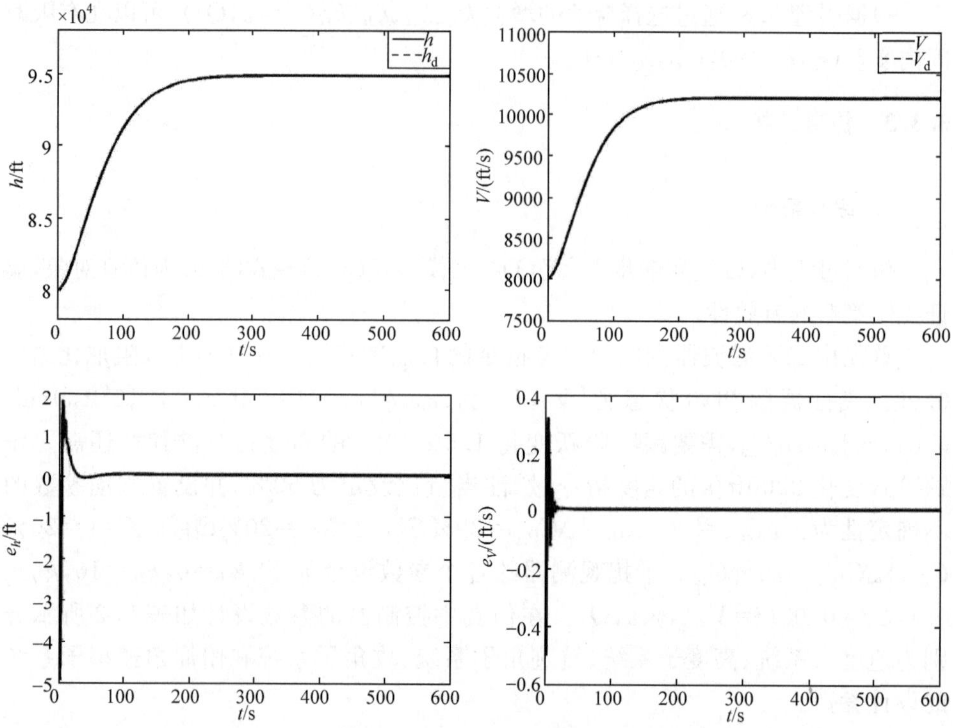

图 5.8　高度、速度、高度误差和速度误差跟踪曲线

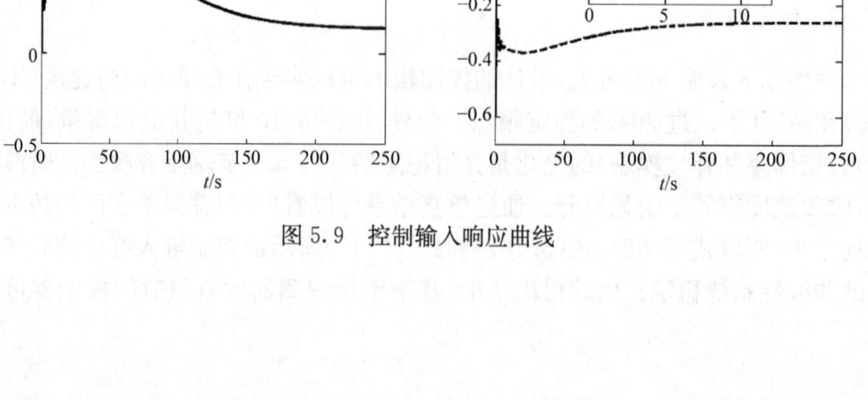

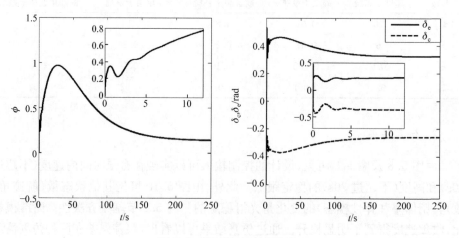

图 5.9　控制输入响应曲线

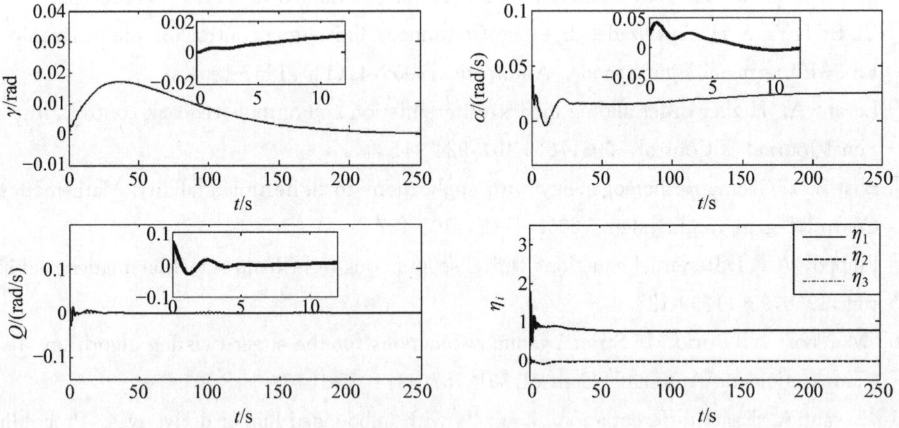

图 5.10　航迹角 γ、攻角 α、俯仰角速率 Q 以及弹性模态 η_i 的响应曲线

5.4　小　结

高阶滑模控制作为一种有限时间控制方法,具有精度高、抖振小的特性。本章首先对高阶滑模控制方法进行了概述,并介绍了任意阶高阶滑模控制及超螺旋滑模控制的基本原理。重点针对弹性高超声速飞行器跟踪控制问题,基于标称系统设计连续时间控制器,考虑到其对系统不确定鲁棒性差,在此基础上设计自适应律实现系统不确定上界的估计,进行不连续控制器的设计,实现高超声速飞行器的鲁棒稳定跟踪控制。此外,本章研究了有限时间干扰观测器设计方法,用来估计不确定及弹性的综合影响,同时为避免状态的高阶导数,基于分环设计思想,设计了超螺旋滑模控制器,实现了有限时间观测器-控制器综合设计,解决了高超声速飞行器的有限时间稳定跟踪控制问题。

参 考 文 献

[1] Levant A. Sliding order and sliding accuracy in sliding mode control. International Journal of Control,1993,58(6):1247-1263.

[2] Levant A. Universal SISO sliding mode controllers with finite-time convergence. IEEE Transactions on Automatic Control,2001,46(9):1447-1451.

[3] Bhat S P,Bernstein D S. Finite-time stability of continuous autonomous systems. SIAM Journal on Control and Optimization,2000,38(3):751-766.

[4] Rosier L. Homogeneous Lyapunov function for homogeneous continuous vector field. Systems and Control Letters,1992,19(6):467-473.

[5] Zhu Z,Xia Y Q,Fu M Y. Attitude stabilization of rigid spacecraft with finite-time conver-

gence. International Journal of Robust and Nonlinear Control,2011,21(6):686-702.

[6] Yu S H,Yu X H,Shirinzadeh B,et al. Continuous finite-time control for robotic manipulators with terminal sliding mode. Automatica,2005,41(11):1957-1964.

[7] Levant A. Higher-order sliding modes,differentiation and output-feedback control. International Journal of Control,2003,76(9-10):924-941.

[8] Bhat S B. Geometric homogeneigy with applications to finite time stability. Mathematics of Control,Signals,and Systems,2005,17(2):101-127.

[9] Filippov A F. Differential equations with discontinuous right-hand side. Matematicheskii sbornik,1960,93(1):99-128.

[10] Moreno J A,Osorio M. Strict Lyapunov functions for the super-twisting algorithm. IEEE Transactions on Automatic Control,2012,57(4):1035-1040.

[11] Levant A. Exact differentiation of signals with unbounded higher derivatives. Proceedings of the 45th IEEE Conference on Decision and Control,San Diego,2006:5585-5590.

[12] Nagesh I,Edwards C. A multivariable super-twisting sliding mode approach. Automatica,2014,50(3):984-988.

[13] Wang J,Zong Q,Tian B L,et al. Flight control for hypersonic vehicle based on quasi-continuous integral high-order sliding mode. Proceedings of the 24th Chinese Control and Decision Conference,Taiyuan,2012:2185-2190.

[14] Zong Q,Wang J,Tian B L,et al. Quasi-continuous high-order sliding mode controller and observer design for flexible hypersonic vehicle. Aerospace Science and Technology,2013,27(1):127-137.

[15] Wang J,Zong Q,Su R,et al. Continuous high order sliding mode controller design for a flexible air-breathing hypersonic vehicle. ISA Transactions,2014,53(3):690-698.

[16] Zong Q,Wang J,Yang T. Adaptive high order dynamic sliding mode control for a flexible air-breathing hypersonic vehicle. International Journal of Robust and Nonlinear Control,2013,23(15):1718-1736.

[17] Tian B L,Fan W,Zong Q,et al. Adaptivehigh order sliding mode controller design for hypersonic vehicle with flexible body dynamics. Mathematical Problems in Engineering,2013,2013(5):464-468.

[18] Zong Q,Dong Q,Wang F,et al. Super twisting sliding mode control for a flexible air-breathing hypersonic vehicle based on disturbance observer. Science China Information Sciences,2015,58(7):1-15.

[19] Dong Q,Zong Q,Tian B L,et al. Adaptive-gain multivariable super-twisting sliding mode control for reentry RLV with torque perturbation. International Journal of Robust and Nonlinear Control,2017,27(4):620-638.

[20] 王婕. 弹性高超声速飞行器跟踪问题控制方法研究[博士学位论文]. 天津:天津大学,2013.

[21] Bartolini G,Ferrara A,Usai E,et al. On multi-input chattering-free second-order sliding

mode Control. IEEE Transactions on Automatic Control,2000,45(9):1711-1719.

[22] Tian B L, Liu L H, Lu H C, et al. Multivariable finite time attitude control for quadrotor UAV: Theory and experimentation. IEEE Transactions on Industrial Electronics, 2018, 65(3):2567-2577.

[23] Tian B L, Yin L P, Wang H. Finite time reentry attitude control based on adaptive multivariable disturbance compensation. IEEE Transactions on Industrial Electronics, 2015, 62(9): 5889-5898.

[24] Derafa L, Benalleguel A, Fridman L. Super twisting control algorithm for the attitude tracking of a four rotors UAV. Journal of the Franklin Institute, 2012, 349(2):685-699.

[25] Levant A. Principles of 2-sliding mode design. Automatica, 2007, 43(4):576-586.

[26] Moreno J A, Osorio M. A Lyapunov approach to second-order sliding mode controllers and observers. IEEE Conference on Decision and Control, Cancun, 2008:2856-2861.

[27] Leventa A. Robust exact differentiation via sliding mode technique. Automatica, 1998, 34(3):379-384.

[28] Pisano A, Usai E. Globally convergent real-time differentiation via second order sliding modes. International Journal of Systmes Science, 2007, 38(10):833-844.

[29] Besnard L, Shtessel Y B, Landrum B. Quadrotor vehicle control via sliding mode controller driven by sliding mode disturbance observer. Journal of Franklin Institute, 2012, 349(2): 658-684.

[30] Fiorentini L, Serrani A, Bolender M A. Nonlinear robust adaptive control of flexible air-breathing hypersonic vehicles. Journal of Guidance, Control and Dynamics, 2009, 32(2): 401-415.

第 6 章　基于反步控制方法的高超声速飞行器稳定跟踪控制

滑模控制方法对系统不确定具有强鲁棒性，但不能直接处理非匹配不确定（与控制输入没有直接关系的不确定项），而反步控制方法明显的优势是可以将非匹配不确定转化为匹配不确定。另外，反步控制方法也是一种处理高阶非线性系统控制问题的有效手段，它可以将复杂、高阶的非线性系统分解为多个简单、低阶的子系统，并逐步针对每个子系统设计虚拟控制输入，以保证子系统的稳定，从而最终获得真实控制量。单纯的反步控制方法在处理不确定时可能引起控制增益过大问题，导致执行器饱和，严重时会造成飞行器控制失稳。因此，本章以反步控制方法为理论基础，考虑实际工程中高超声速飞行器存在的输入约束问题，重点对自适应反步、神经网络反步控制方法展开研究，分别引入近似反步控制方法、动态面方法解决反步控制方法带来的“计算爆炸”问题。

本章的主要内容安排如下：6.1 节概述反步控制方法，包括其基本原理及优缺点分析；6.2 节基于自适应反步控制方法进行高超声速飞行器控制器设计；6.3 节解决带有输入约束问题的高超声速飞行器稳定跟踪控制问题；6.4 节给出本章小结。

6.1　反步控制方法概述

6.1.1　反步控制方法的基本原理

反步控制方法可以简称为反步法，又称反推法、后推法或反演法，是 Kokotović 等在1991 年首先提出的[1,2]，其主要思路为：首先将复杂、高阶的非线性系统分解为多个简单、低阶的子系统，其次在每个子系统中引入误差变量，并通过选取相应的 Lyapunov 函数，设计虚拟控制输入保证子系统的稳定，之后逐步递推到整个系统完成控制器的设计，最终实现系统的全局稳定跟踪，并使系统达到期望的性能指标。下面对反步法的基本设计原理进行概述。

考虑如式(6.1)所示的连续严反馈形式的非线性系统：

$$
\begin{aligned}
&\dot{x}_i=g_i(x_i)x_{i+1}+f_i(x_i), \quad i=1,2,\cdots,n-1\\
&\dot{x}_n=g_n(x_n)u+f_n(x_n)\\
&y=x_1
\end{aligned}
\tag{6.1}
$$

式中，$x_i(i=1,2,\cdots,n-1)$，x_n 为系统第 n 个状态量；$g_i(x_i)$、$f_i(x_i)$为连续函数，且假设 $g_i(x_i)\neq 0$。对于系统式(6.1)，下面基于反步法设计控制器，使得输出 y 稳定跟踪其参考指令 y_d。

根据反步法的基本思想，首先，将式(6.1)的 n 阶系统分解为 n 个子系统，分别为 $x_1,x_2,\cdots,x_n$ 子系统；其次，依次针对 $x_i(i=1,2,\cdots,n-1)$子系统设计虚拟控制量 $x_{(i+1)d}(i=1,2,\cdots,n-1)$，并保证每个子系统的稳定；最后，基于 x_n 子系统获得系统真实的控制输入 u。反步法的原理框图如图 6.1 所示，其中，虚线为系统的实际控制过程，实线为反步法的设计过程，可以看出，反步法实际为一种逆推的设计方法。

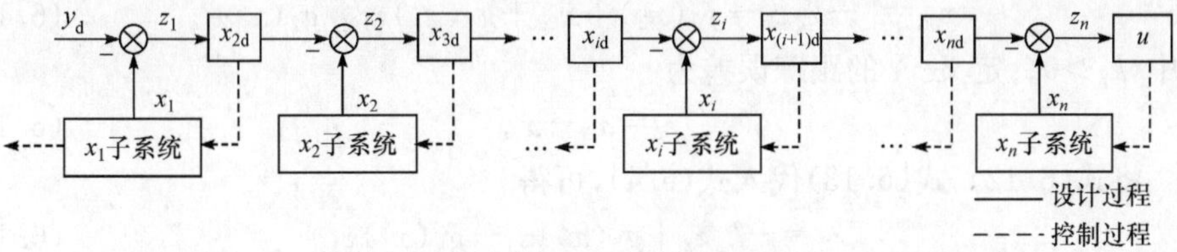

图 6.1　反步法原理框图

下面将针对系统式(6.1)详细介绍基于反步法的控制器设计过程。

步骤 1　针对 x_1 子系统：

$$\dot{x}_1=g_1(x_1)x_2+f_1(x_1) \tag{6.2}$$

定义 x_1 系统输出误差：

$$z_1=x_1-y_d \tag{6.3}$$

对式(6.3)求导，可得

$$\dot{z}_1=g_1(x_1)x_2+f_1(x_1)-\dot{y}_d \tag{6.4}$$

将系统式(6.4)中 x_2 当作虚拟控制量，实现 x_1 对参考指令 y_d 的跟踪，并保证 x_1 子系统的稳定。

基于式(6.4)设计 x_2 的参考指令 x_{2d}：

$$x_{2d}=[-k_1z_1-f_1(x_1)+\dot{y}_d]/g_1(x_1) \tag{6.5}$$

式中，k_1 为正实数。定义 x_2 的跟踪误差为

$$z_2=x_2-x_{2d} \tag{6.6}$$

将式(6.5)、式(6.6)代入式(6.4)，可得

$$\dot{z}_1=-k_1z_1+g_1(x_1)z_2 \tag{6.7}$$

为证明 x_1 子系统的稳定性，定义 Lyapunov 函数：

$$V_1=\frac{1}{2}z_1^2 \tag{6.8}$$

基于式(6.7)，对式(6.8)求导可得

$$\dot{V}_1=-k_1z_1^2+g_1(x_1)z_1z_2 \tag{6.9}$$

式中，$g_1(x_1)z_1z_2$ 项会通过对 x_2 子系统虚拟控制量的设计进行抵消。

步骤 2 针对 x_2 子系统：

$$\dot{x}_2=g_2(x_2)x_3+f_2(x_2) \tag{6.10}$$

基于式(6.10)，对 x_2 的跟踪误差式(6.6)求导可得

$$\dot{z}_2=g_2(x_2)x_3+f_2(x_2)-\dot{x}_{2d} \tag{6.11}$$

将系统式(6.11)中 x_3 当作虚拟控制量，实现 x_2 对参考指令 x_{2d} 的跟踪，并保证 x_2 子系统的稳定。

基于式(6.11)设计 x_3 的参考指令 x_{3d}：

$$x_{3d}=[-k_2z_2-f_2(x_2)+\dot{x}_{2d}+g_1(x_1)z_1]/g_2(x_2) \tag{6.12}$$

式中，$k_2>0$。定义 x_3 的跟踪误差为

$$z_3=x_3-x_{3d} \tag{6.13}$$

将式(6.12)、式(6.13)代入式(6.4)，可得

$$\dot{z}_2=-k_2z_2+g_2(x_2)z_3-g_1(x_1)z_1 \tag{6.14}$$

为证明 x_2 子系统的稳定性能，选取 Lyapunov 函数：

$$V_2=V_1+\frac{1}{2}z_2^2 \tag{6.15}$$

基于式(6.14)，对式(6.15)求导可得

$$\dot{V}_2=-k_1z_1^2-k_2z_2^2+g_2(x_2)z_2z_3 \tag{6.16}$$

同样，$g_2(x_2)z_2z_3$ 项可以通过对 x_3 子系统虚拟控制量的设计进行抵消。

步骤 $i(i<n)$ 针对 x_i 子系统：

$$\dot{x}_i=g_i(x_i)x_{i+1}+f_i(x_i) \tag{6.17}$$

由第 $i-1$ 步可获得 x_i 的参考指令 x_{id}，定义跟踪误差：

$$z_i=x_i-x_{id} \tag{6.18}$$

基于式(6.17)，对式(6.18)求导可得

$$\dot{z}_i=g_i(x_i)x_{(i+1)}+f_i(x_i)-\dot{x}_{id} \tag{6.19}$$

将系统式(6.19)中 $x_{(i+1)}$ 当作虚拟控制量，实现 x_i 对参考指令 x_{id} 的跟踪，并保证 x_i 子系统的稳定。

基于式(6.19)设计 x_{i+1} 的参考指令 $x_{(i+1)d}$：

$$x_{(i+1)d}=[-k_iz_i-f_i(x_i)+\dot{x}_{id}+g_{i-1}(x_{i-1})z_{i-1}]/g_i(x_i) \tag{6.20}$$

式中，$k_i>0$。同样，式(6.20)的设计需要保证 x_i 子系统的稳定性能，Lyapunov 函数的选取及稳定性证明过程同式(6.15)和式(6.16)，此处不再赘述。

步骤 n 针对 x_n 子系统：

$$\dot{x}_n=g_n(x_n)u+f_n(x_n) \tag{6.21}$$

由第 $n-1$ 步可获得 x_n 的参考指令 x_{nd}，定义跟踪误差：

$$z_n = x_n - x_{nd} \tag{6.22}$$

式(6.21)中出现系统真实控制量 u，通过设计 u 可以实现 x_n 对参考指令 x_{nd} 的跟踪，并按照上述每一步的分析依次逆推，可最终实现系统输出 y 对 y_d 的跟踪。

基于式(6.21)，对式(6.22)求导可得

$$\dot{z}_n = g_n(x_n)u + f_n(x_n) - \dot{x}_{nd} \tag{6.23}$$

设计如式(6.24)所示的控制输入：

$$u = [-k_n z_n - f_n(x_n) + \dot{x}_{nd} + g_{n-1}(x_{n-1})z_{n-1}]/g_n(x_n) \tag{6.24}$$

式中，$k_n > 0$。

将式(6.24)代入式(6.23)，可得

$$\dot{z}_n = -k_n z_n - g_{n-1}(x_{n-1})z_{n-1} \tag{6.25}$$

选取 Lyapunov 函数：

$$V_n = \frac{1}{2}z_n^2 + \sum_{j=1}^{n-1} V_j \tag{6.26}$$

对式(6.26)求导可得

$$\dot{V}_n = -k_1 z_1^2 - k_2 z_2^2 - \cdots - k_n z_n^2 \leqslant 0 \tag{6.27}$$

因此，整个闭环系统是稳定的。

由以上分析可知，反步法是一种由前向后递推的设计方法，前面的子系统必须通过后面子系统的虚拟控制才能达到稳定，并且要求被控系统满足严反馈形式，或经变换后可转化为严反馈形式。

6.1.2　反步控制方法的优缺点分析

近年来，反步法作为解决非线性系统控制问题的有效工具，得到了国内外的广泛应用，其优点主要有以下几方面[3,4]：

(1) 反步法需要进行严格的数学推导，可以有效地处理高阶非线性系统的控制问题。

(2) 利用反步法时，可以直接针对非线性系统进行控制器设计，无须将非线性系统线性化，从而避免了有用信息的缺失，使控制器设计更精确。

(3) 反步法是一种由前向后递推的设计方法，在一定程度上解决了难以构造 Lyapunov 函数的问题，为系统的控制器设计提供了一种结构化和系统化的方法。

(4) 当系统中存在模型不确定或外界扰动时，反步法与自适应控制、智能控制等方法相结合，可以有效解决该类系统中的控制问题；特别是当系统的不确定或干扰不满足匹配条件时，反步法可以通过虚拟控制输入将非匹配不确定转化为匹配不确定，具体参见 6.2.2 节。

然而，虽然反步法有以上优点，但仍存在需要完善的地方，由 6.1.1 节可知，求取系统控制器过程中需要虚拟控制量的导数信息，而随着系统阶数的升高，会大大

增加计算复杂度，导致“计算爆炸”问题的产生，该问题在一定程度上限制了反步法在实际工程领域的应用。

近年来，反步法在航空航天领域得到了广泛应用[5-9]。但由于高超声速飞行器模型不确定上界未知，需要引入自适应手段进行处理；而且，由于模型阶数过高，会导致“计算爆炸”问题，因此 6.2 节将利用自适应方法处理模型不确定问题，并结合近似反步手段解决“计算爆炸”问题，以保证高超声速飞行器的稳定跟踪控制。

6.2 基于自适应反步控制方法的高超声速飞行器稳定跟踪控制

6.2.1 面向控制建模

考虑高超声速飞行器模型式(3.4)～式(3.6)的强非线性、强耦合及强不确定性，为方便非线性控制器设计，需对模型进行简化处理，且建立的模型必须符合反步法所需的严反馈形式。通过将式(3.4)～式(3.6)中弹性与刚体耦合项视为扰动，忽略弹性模态，建立如式(6.28)～式(6.32)所示的面向控制模型[10]：

$$\dot{V}=f_V+g_V\phi+\Delta f_V \tag{6.28}$$

$$\dot{h}=V\sin\gamma \tag{6.29}$$

$$\dot{\gamma}=f_\gamma+g_\gamma\alpha+\Delta f_\gamma \tag{6.30}$$

$$\dot{\alpha}=f_\alpha+g_\alpha Q+\Delta f_\alpha \tag{6.31}$$

$$\dot{Q}=f_q+g_q\delta_e+\Delta f_q \tag{6.32}$$

式中，Δf_V、Δf_q 与控制量 ϕ、δ_e 出现在同一个通道，故为匹配不确定项；而 Δf_γ、Δf_α 与控制量 ϕ、δ_e 未出现在同一通道，故为非匹配不确定项。式(6.28)～式(6.32)中各参数表达式为

$$f_V=\frac{1}{m}(\bar{q}C_{T,1}\cos\alpha-\bar{q}SC_D^0)-g\sin\gamma,\quad g_V=\frac{1}{m}\bar{q}C_{T,\phi,1}\cos\alpha$$

$$\begin{aligned}\Delta f_V=&\frac{1}{m}\bar{q}\Delta T\cos\alpha-\frac{1}{m}\bar{q}S[(C_D^{(\alpha+\Delta\tau_1)^2}+\Delta C_D^{(\alpha+\Delta\tau_1)^2})(\alpha+\Delta\tau_1)^2\\&+(C_D^{(\alpha+\Delta\tau_1)}+\Delta C_D^{(\alpha+\Delta\tau_1)})(\alpha+\Delta\tau_1)+(C_D^{\Delta\tau_2}+\Delta C_D^{\Delta\tau_2})\Delta\tau_2\\&+(C_D^{\delta_e^2}+\Delta C_D^{\delta_e^2})\delta_e^2+(C_D^{\delta_e}+\Delta C_D^{\delta_e})\delta_e+(C_D^{\alpha\delta_e}+\Delta C_D^{\alpha\delta_e})\alpha\delta_e\\&+(C_D^{\delta_c^2}+\Delta C_D^{\delta_c^2})\delta_c^2+C_D^{\delta_c}\delta_c+(C_D^{\delta_c^2}+\Delta C_D^{\delta_c^2})\delta_c^2+C_D^{\delta_c}\delta_c\\&+(C_D^{\alpha\delta_c}+\Delta C_D^{\alpha\delta_e})\alpha\delta_c+(C_D^{\alpha\delta_e}+\Delta C_D^{\alpha\delta_e})\alpha\delta_e\\&+(C_D^{\alpha\delta_c}+\Delta C_D^{\alpha\delta_e})\alpha\delta_c+(\Delta C_D^0)]\end{aligned} \tag{6.33}$$

$$f_\gamma=\frac{1}{mV}[\bar{q}S(C_L^\alpha\alpha+C_L^0)+T_1\sin\alpha-mg\cos\gamma],\quad g_\gamma=\frac{1}{mV}\bar{q}SC_L^{\delta_c}$$

$$\Delta f_\gamma=\frac{1}{mV}\bar{q}S[(C_L^{\Delta\tau_1}+\Delta C_L^{\Delta\tau_1})\Delta\tau_1+(C_L^{\Delta\tau_2}+\Delta C_L^{\Delta\tau_2})\Delta\tau_2+(C_L^{\delta_e}+\Delta C_L^{\delta_e})\delta_e]$$
$$+\frac{1}{mV}[\bar{q}S\Delta C_L^\alpha\alpha+\Delta T\sin\alpha+\bar{q}S\Delta C_L^0+\bar{q}S\Delta C_L^{\delta_c}\delta_c]$$
$$f_q=\frac{1}{I_{yy}}[z_T T+\bar{q}S\bar{c}(C_M^\alpha\alpha+C_M^0)],\quad g_Q=\frac{1}{I_{yy}}\bar{q}S\bar{c}\delta_e$$
$$\Delta f_q=\frac{1}{I_{yy}}[z_T\Delta T+\bar{q}S\bar{c}(\Delta C_M+C_M^{\Delta\tau_1}\Delta\tau_1)+\bar{q}S\bar{c}(C_M^{\Delta\tau_2}\Delta\tau_2+C_M^{\delta_c}\delta_c)]$$

式中

$$T_1=\bar{q}(C_{T,\phi,1}\phi+C_{T,1}),\quad C_{T,1}=C_T^{A_d}A_d+C_T^\alpha\alpha+C_T^{M_\infty^{-2}}M_\infty^{-2}+C_T^0$$
$$C_{T,\phi,1}=C_{T,\phi}^\alpha\alpha+C_{T,\phi}^{\alpha M_\infty^{-2}}\alpha M_\infty^{-2}+C_{T,\phi}^{M_\infty^{-2}}M_\infty^{-2}+C_{T,\phi}^0$$

式中，气动力、启动力矩以及广义力的不确定部分表达式为

$$\begin{aligned}&\Delta T=\bar{q}(\phi\Delta C_{T,\phi}+\Delta C_T)\\&\Delta D\approx\bar{q}S\Delta C_D,\quad \Delta L\approx\bar{q}S\Delta C_L\\&\Delta M_y\approx z_T\Delta T+\bar{q}S\bar{c}\Delta C_M,\quad \Delta N_i\approx\bar{q}\Delta C_{N_i},\quad i=1,2,3\end{aligned}\tag{6.34}$$

式中，$\Delta C_{T,\phi}$、ΔC_T、ΔC_D、ΔC_L、ΔC_M、ΔC_{N_i} 为气动系数的不确定部分，表达式分别为

$$\begin{aligned}\Delta C_{T,\phi}=&\Delta C_{T,\phi}^\alpha\alpha+\Delta C_{T,\phi}^{\alpha M_\infty^{-2}}\alpha M_\infty^{-2}+\Delta C_{T,\phi}^{M_\infty^{-2}}M_\infty^{-2}+\Delta C_{T,\phi}^0+\Delta C_{T,\phi}^{\alpha\Delta\tau_1}\alpha\Delta\tau_1\\&+\Delta C_{T,\phi}^{\Delta\tau_1^2}\Delta\tau_1^2+\Delta C_{T,\phi}^{\Delta\tau_1}\Delta\tau_1\\\Delta C_T=&\Delta C_T^{A_d}A_d+\Delta C_T^\alpha\alpha+\Delta C_T^{M_\infty^{-2}}M_\infty^{-2}+\Delta C_T^{\Delta\tau_1}\Delta\tau_1+\Delta C_T^0\\\Delta C_D=&\Delta C_D^{(\alpha+\Delta\tau_1)^2}(\alpha+\Delta\tau_1)^2+\Delta C_D^{(\alpha+\Delta\tau_1)}(\alpha+\Delta\tau_1)+\Delta C_D^{\delta_e^2}\delta_e^2+\Delta C_D^{\delta_e}\delta_e\\&+\Delta C_D^{\delta_c^2}\delta_c^2+\Delta C_D^{\delta_c}\delta_c+\Delta C_D^{\alpha\delta_e}\alpha\delta_e+\Delta C_D^{\alpha\delta_c}\alpha\delta_c+\Delta C_D^{\Delta\tau_2}\Delta\tau_2+\Delta C_D^0\\\Delta C_L=&\Delta C_L^\alpha\alpha+\Delta C_L^{\delta_e}\delta_e+\Delta C_L^{\delta_c}\delta_c+\Delta C_L^{\Delta\tau_1}\Delta\tau_1+\Delta C_L^{\Delta\tau_2}\Delta\tau_2+\Delta C_L^0\\\Delta C_M=&\Delta C_M^\alpha\alpha+\Delta C_M^{\delta_e}\delta_e+\Delta C_M^{\delta_c}\delta_c+\Delta C_M^{\Delta\tau_1}\Delta\tau_1+\Delta C_M^{\Delta\tau_2}\Delta\tau_2+\Delta C_M^0\\\Delta C_{N_i}=&\Delta C_{N_i}^\alpha\alpha+\Delta C_{N_i}^{\delta_e}\delta_e+\Delta C_{N_i}^{\delta_c}\delta_c+\Delta C_{N_i}^{\Delta\tau_1}\Delta\tau_1+\Delta C_{N_i}^{\Delta\tau_2}\Delta\tau_2+\Delta C_{N_i}^0\end{aligned}\tag{6.35}$$

式中，鸭翼 δ_c 用于抵消升降舵-升力耦合；δ_c 为升降舵偏角 δ_e 的线性函数，即 $\delta_c=k_{ec}\delta_e$，其中，系数 $k_{ec}=-(C_L^{\delta_e}/C_L^{\delta_c})$。

通过观察式(6.28)～式(6.32)的面向控制模型可以发现，系统存在非匹配不确定 Δf_γ、Δf_α 与匹配不确定 Δf_V、Δf_q，且满足反步法所需的严反馈形式，故下面将针对面向控制模型式(6.28)～式(6.35)进行反步控制器设计。

6.2.2　基于自适应反步控制方法的高超声速飞行器控制器设计

基于自适应反步控制方法的高超声速飞行器控制框图如图 6.2 所示。

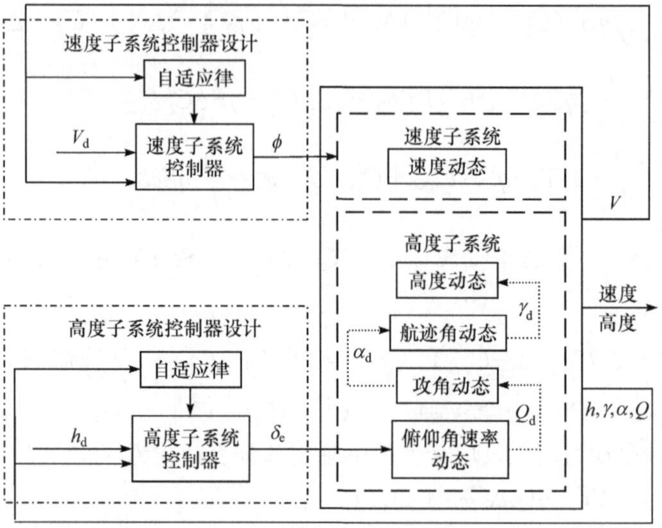

图 6.2　自适应反步控制器设计框图

高超声速飞行器稳定跟踪控制问题可归结为:设计控制输入 $u=[\phi,\delta_e]^T$,保证系统输出 $y=[V,h]^T$ 实现对期望输出参考指令 $y_d=[V_d,h_d]^T$ 的稳定跟踪控制。实现这一目标设计过程描述如下。

将弹性高超声速飞行器面向控制模型式(6.28)～式(6.32)划分为速度子系统式(6.28)和高度子系统式(6.29)～式(6.32),速度子系统利用自适应方法估计不确定项,并基于动态逆方法设计速度环控制器;高度子系统细分为高度 h 动态子系统、航迹角 γ 动态子系统、攻角 α 动态子系统及俯仰角速率 Q 动态子系统,参照 6.1.1 节,针对每个子系统设计虚拟控制输入,保证各个子系统的稳定性,并在控制器设计过程中采用近似反步法,将虚拟控制量的高阶导数视为不确定,并结合系统气动参数不确定利用自适应律进行估计,解决了"计算爆炸"问题,实现高超声速飞行器的稳定跟踪。

1. 速度子系统控制器设计

假设 6.1　考虑速度子系统式(6.28),假设存在未知有界正常数 λ_V,使不确定项 Δf_V 满足 $|\Delta f_V|\leqslant\lambda_V$。

定义速度跟踪误差为

$$e_V=V-V_d \tag{6.36}$$

基于速度子系统式(6.28),对式(6.36)求导可得

$$\dot{e}_V=f_V+g_V\phi+\Delta f_V-\dot{V}_d \tag{6.37}$$

基于动态逆方法,设计控制输入:

$$\phi=\frac{1}{g_V}\left(-k_V e_V-f_V+\dot{V}_{\mathrm{d}}-\frac{\hat{\lambda}_V c_V e_V}{|e_V|+\varepsilon_V}\right) \tag{6.38}$$

式中，k_V、$\varepsilon_V>0$，$c_V>1$。$\frac{\hat{\lambda}_V c_V e_V}{|e_V|+\varepsilon_V}$用来抵消 Δf_V，$\hat{\lambda}_V$ 为不确定 Δf_V 上界 λ_V 的估计值，设计自适应律为

$$\dot{\hat{\lambda}}_V=\begin{cases}\dfrac{a_V c_V e_V^2}{|e_V|+\varepsilon_V}, & |e_V|>\dfrac{\varepsilon_V}{c_V-1}\\ 0, & |e_V|\leqslant\dfrac{\varepsilon_V}{c_V-1}\end{cases} \tag{6.39}$$

式中，$a_V>0$ 为待设计的参数。如自适应律式(6.39)所示，当速度跟踪误差$|e_V|>\frac{\varepsilon_V}{c_V-1}$时，$\hat{\lambda}_V$ 单调递增，从而增大控制输入 ϕ 以减小速度跟踪误差 e_V。当$|e_V|\leqslant\frac{\varepsilon_V}{c_V-1}$时，若此时 $\hat{\lambda}_V$ 继续增加，会导致控制输入过大。因此，当$|e_\gamma|\leqslant\frac{\varepsilon_\gamma}{c_\gamma-1}$时，令$\dot{\hat{\lambda}}_\gamma=0$，使 $\hat{\lambda}_\gamma$ 不再变化，从而避免控制增益过大。

定理 6.1　针对速度子系统式(6.28)，采用如式(6.38)所示的控制器，结合自适应律式(6.39)，可以保证速度跟踪误差系统式(6.36)的稳定。

证明　考虑速度跟踪误差及自适应律估计误差，选择 Lyapunov 函数：

$$V_V=\frac{1}{2}e_V^2+\frac{1}{2a_V}\tilde{\lambda}_V^2 \tag{6.40}$$

式中，$\tilde{\lambda}_V=\hat{\lambda}_V-\lambda_V$ 为 λ_V 的估计误差。

对式(6.40)求导可得

$$\dot{V}_V=e_V\dot{e}_V+\frac{1}{a_V}\tilde{\lambda}_V\dot{\hat{\lambda}}_V \tag{6.41}$$

将式(6.38)与式(6.39)代入式(6.41)，可得

$$\dot{V}_V=-k_V e_V^2-\frac{\hat{\lambda}_V c_V e_V^2}{|e_V|+\varepsilon_V}+e_V\Delta f_V+\frac{\tilde{\lambda}_V c_V e_V^2}{|e_V|+\varepsilon_V} \tag{6.42}$$

由于 $e_V\Delta f\leqslant|e_V|\lambda_V$，则式(6.42)满足

$$\dot{V}_V=-k_V e_V^2-\frac{\lambda_V c_V e_V^2}{|e_V|+\varepsilon_V}+|e_V|\lambda_V \tag{6.43}$$

只要$|e_V|\geqslant\frac{\varepsilon_V}{c_V-1}$，式(6.43)满足

$$\dot{V}_V\leqslant-k_V e_V^2\leqslant 0 \tag{6.44}$$

此时速度跟踪误差 e_V 会不断减小，最终渐近收敛至小邻域$|e_V|\leqslant\frac{\varepsilon_V}{c_V-1}$内。至此，

速度环稳定性得以证明。

2. 高度子系统控制器设计

假设 6.2　考虑高度子系统中式(6.30)～式(6.32)，假设存在未知有界正常数 λ_γ、λ_α 和 λ_q，使不确定项 Δf_γ、Δf_α 和 Δf_q 满足 $|\Delta f_\gamma| \leqslant \lambda_\gamma$、$|\Delta f_\alpha - \dot{\alpha}_{\mathrm{d}}| \leqslant \lambda_\alpha$，$|\Delta f_q - \dot{Q}_{\mathrm{d}}| \leqslant \lambda_q$，其中，$\alpha_{\mathrm{d}}$ 为攻角 α 的参考指令，Q_{d} 为俯仰角速率 Q 的参考指令。

步骤 1　针对高度 h 动态子系统式(6.29)，定义高度跟踪误差：

$$e_h = h - h_{\mathrm{d}} \tag{6.45}$$

式中，h_{d} 为高度的参考指令。

对式(6.45)求导可得

$$\dot{e}_h = V\sin\gamma - \dot{h}_{\mathrm{d}} \tag{6.46}$$

在巡航飞行过程中，航迹角 γ 是非常小的，所以 $\sin\gamma \approx \gamma$，因此式(6.46)可近似为

$$\dot{e}_h \approx V\gamma - \dot{h}_{\mathrm{d}} \tag{6.47}$$

将航迹角 γ 当作系统式(6.47)的虚拟控制输入，设计航迹角的参考指令：

$$\gamma_{\mathrm{d}} = (-k_h e_h + \dot{h}_{\mathrm{d}})/V \tag{6.48}$$

式中，$k_h > 0$ 为待设计的控制器参数。

将式(6.48)代入式(6.47)可得

$$\dot{e}_h = -k_h e_h + V e_\gamma \tag{6.49}$$

式中，e_γ 是航迹角的跟踪误差，定义：

$$e_\gamma = \gamma - \gamma_{\mathrm{d}} \tag{6.50}$$

选取如下 Lyapunov 函数：

$$V_h = \frac{1}{2} e_h^2 \tag{6.51}$$

基于式(6.49)，对式(6.51)求导可得

$$\dot{V}_h = -k_h e_h^2 + V e_\gamma e_h \tag{6.52}$$

步骤 2　针对航迹角 γ 动态子系统式(6.30)，对式(6.50)求导可得

$$\dot{e}_\gamma = f_\gamma + g_\gamma \alpha - \dot{\gamma}_{\mathrm{d}} + \Delta f_\gamma \tag{6.53}$$

式中，将攻角 α 当作系统式(6.53)的虚拟控制量，因此非匹配不确定 Δf_γ 与控制量出现在同一通道中，从而非匹配不确定被转化为匹配不确定。

设计虚拟控制输入 α_{d}：

$$\alpha_{\mathrm{d}} = \left(-k_\gamma e_\gamma - f_\gamma + \dot{\gamma}_{\mathrm{d}} - \frac{\hat{\lambda}_\gamma c_\gamma e_\gamma}{|e_\gamma| + \varepsilon_\gamma} + V e_h\right) \bigg/ g_\gamma \tag{6.54}$$

式中，$\hat{\lambda}_\gamma$ 为 Δf_γ 上界 λ_γ 的估计值，其自适应律形式为

$$\dot{\hat{\lambda}}_\gamma=\begin{cases}\dfrac{a_\gamma c_\gamma e_\gamma^2}{|e_\gamma|+\varepsilon_\gamma}, & |e_\gamma|>\dfrac{\varepsilon_\gamma}{c_\gamma-1}\\[2ex] 0, & |e_\gamma|\leqslant\dfrac{\varepsilon_\gamma}{c_\gamma-1}\end{cases} \tag{6.55}$$

式中，k_γ、a_γ、$\varepsilon_\gamma>0$，$c_\gamma>1$ 为待设计的参数。如自适应律式(6.55)所示，当航迹角跟踪误差 $|e_\gamma|$ 大于临界值 $\dfrac{\varepsilon_\gamma}{c_\gamma-1}$ 时，$\hat{\lambda}_\gamma$ 单调递增，从而增大控制输入使得航迹角跟踪误差 e_γ 不断减小。然而，自适应律的持续增大，最终会导致控制输入过大。因此，当 $|e_\gamma|\leqslant\dfrac{\varepsilon_\gamma}{c_\gamma-1}$ 时，令 $\dot{\hat{\lambda}}_\gamma=0$，使 $\hat{\lambda}_\gamma$ 不再变化，从而避免控制增益过大。

构造如式(6.56)所示的 Lyapunov 函数：

$$V_\gamma=\frac{1}{2}e_\gamma^2+\frac{1}{2a_\gamma}\tilde{\lambda}_\gamma^2 \tag{6.56}$$

式中，$\tilde{\lambda}_\gamma$ 为估计误差，定义为 $\tilde{\lambda}_\gamma=\hat{\lambda}_\gamma-\lambda_\gamma$。

基于式(6.53)，对式(6.56)求导可得

$$\dot{V}_\gamma=e_\gamma(f_\gamma+g_\gamma\alpha-\dot{\gamma}_d)+e_\gamma(\Delta f_\gamma)+\frac{1}{a_\gamma}\tilde{\lambda}_\gamma\dot{\hat{\lambda}}_\gamma \tag{6.57}$$

将式(6.54)及式(6.55)代入式(6.57)可得

$$\dot{V}_\gamma\leqslant-k_\gamma e_\gamma^2+|e_\gamma|\lambda_\gamma-\frac{\lambda_\gamma c_\gamma e_\gamma^2}{|e_\gamma|+\varepsilon_\gamma}+e_\gamma g_\gamma e_\alpha \tag{6.58}$$

只要 $|e_\gamma|>\dfrac{\varepsilon_\gamma}{c_\gamma-1}$，则式(6.58)满足

$$\dot{V}_\gamma\leqslant-k_\gamma e_\gamma^2+e_\gamma g_\gamma e_\alpha-Ve_\gamma e_h \tag{6.59}$$

式中，e_α 为攻角跟踪误差，定义为

$$e_\alpha=\alpha-\alpha_d \tag{6.60}$$

步骤 3　考虑攻角 α 动态子系统式(6.31)，对式(6.60)求导可得

$$\dot{e}_\alpha=f_\alpha+g_\alpha Q+\Delta f_\alpha-\dot{\alpha}_d \tag{6.61}$$

对于攻角误差动态系统式(6.61)，将俯仰角速率 Q 作为虚拟控制量，因此不确定 Δf_α 与控制量出现在同一通道，从而非匹配不确定 Δf_α 转化为匹配不确定。另外，从式(6.61)可看出，需已知 $\dot{\alpha}_d$ 的信息，但由式(6.54)可知，若要求计算 $\dot{\alpha}_d$，首先需计算 $\ddot{\gamma}_d$，大大增加了计算的复杂性，导致“计算爆炸”问题。为此，采用近似反步法，将 $\dot{\alpha}_d$ 视为不确定，并结合模型不确定 Δf_α，通过自适应方法进行估计，从而

避免虚拟控制量的多次求导，解决“计算爆炸”问题。

基于式(6.61)，虚拟控制输入 Q_d 设计为

$$Q_d=\left(-k_\alpha e_\alpha-f_\alpha-\frac{\hat{\lambda}_\alpha c_\alpha e_\alpha}{|e_\alpha|+\varepsilon_\alpha}-g_\gamma e_\gamma\right)\Big/g_\alpha \tag{6.62}$$

式中，$\hat{\lambda}_\alpha$ 为综合不确定 $\Delta f_\alpha-\dot{\alpha}_d$ 上界 λ_α 的估计值，其自适应律形式为

$$\dot{\hat{\lambda}}_\alpha=\begin{cases}\dfrac{a_\alpha c_\alpha e_\alpha^2}{|e_\alpha|+\varepsilon_\alpha}, & |e_\alpha|>\dfrac{\varepsilon_\alpha}{c_\alpha-1}\\ 0, & |e_\alpha|\leqslant\dfrac{\varepsilon_\alpha}{c_\alpha-1}\end{cases} \tag{6.63}$$

k_α、a_α、$\varepsilon_\alpha>0$，$c_\alpha>1$ 为待设计参数。如自适应律式(6.63)所示，当攻角跟踪误差 $|e_\alpha|>\dfrac{\varepsilon_\alpha}{c_\alpha-1}$时，$\hat{\lambda}_\alpha$ 单调递增，增大控制输入使得攻角跟踪误差 e_α 不断减小。当 $|e_\alpha|\leqslant\dfrac{\varepsilon_\alpha}{c_\alpha-1}$时，令$\dot{\hat{\lambda}}_\alpha=0$，因此 $\hat{\lambda}_\alpha$ 不再变化，从而避免控制增益过大。

构造 Lyapunov 函数：

$$V_\alpha=\frac{1}{2}e_\alpha^2+\frac{1}{2a_\alpha}\tilde{\lambda}_\alpha^2 \tag{6.64}$$

式中，$\tilde{\lambda}_\alpha$ 为估计值，定义为 $\tilde{\lambda}_\alpha=\hat{\lambda}_\alpha-\lambda_\alpha$。

对式(6.64)求导可得

$$\dot{V}_\alpha=e_\alpha\dot{e}_\alpha+\frac{1}{a_\alpha}\tilde{\lambda}_\alpha\dot{\hat{\lambda}}_\alpha=e_\alpha(f_\alpha+g_\alpha q+\Delta f_\alpha-\dot{\alpha}_d)+\frac{1}{a_\alpha}\tilde{\lambda}_\alpha\dot{\hat{\lambda}}_\alpha \tag{6.65}$$

将式(6.62)及式(6.63)代入式(6.65)可得

$$\dot{V}_\alpha\leqslant-k_\alpha e_\alpha^2+|e_\alpha|\lambda_\alpha-\frac{\lambda_\alpha c_\alpha e_\alpha^2}{|e_\alpha|+\varepsilon_\alpha}-e_\alpha g_\gamma e_\gamma+e_\alpha g_\alpha e_Q \tag{6.66}$$

只要$|e_\alpha|>\dfrac{\varepsilon_\alpha}{c_\alpha-1}$，则式(6.66)满足

$$\dot{V}_\alpha\leqslant-k_\alpha e_\alpha^2-e_\alpha g_\gamma e_\gamma+e_\alpha g_\alpha e_Q \tag{6.67}$$

式中，e_Q 为俯仰角速率跟踪误差，定义为

$$e_Q=Q-Q_d \tag{6.68}$$

步骤 4　考虑俯仰角速率 Q 动态子系统(6.32)，对式(6.68)求导可得

$$\dot{e}_Q=f_q+g_q\delta_e+\Delta f_q-\dot{Q}_d \tag{6.69}$$

同样，为解决“计算爆炸”问题，采用近似反步方法，将 $\dot{Q}_d$ 处理为不确定，并结合模型不确定 Δf_α，利用自适应方法进行估计。

升降舵偏角 δ_e 设计为

$$\delta_e=\left(-k_q e_Q-f_q-\frac{\hat{\lambda}_q c_q e_q}{|e_q|+\varepsilon_q}-g_\alpha e_\alpha\right)\Big/g_q \tag{6.70}$$

式中，$\hat{\lambda}_q$ 为综合不确定 $\Delta f_q-\dot{Q}_{\mathrm{d}}$ 上界 λ_q 的估计值，其自适应律形式为

$$\dot{\hat{\lambda}}_q=\begin{cases}\dfrac{a_q c_q e_Q^2}{|e_Q|+\varepsilon_q}, & |e_Q|>\dfrac{\varepsilon_q}{c_q-1}\\ 0, & |e_Q|\leqslant\dfrac{\varepsilon_q}{c_q-1}\end{cases} \tag{6.71}$$

式中，k_q、a_q、$\varepsilon_q>0$，$c_q>1$ 为待设计的参数。如自适应律式(6.71)所示，当俯仰角速率跟踪误差 $|e_Q|>\dfrac{\varepsilon_q}{c_q-1}$ 时，$\hat{\lambda}_q$ 单调递增，进而增大控制输入使俯仰角速率跟踪误差 e_Q 不断减小。当 $|e_Q|\leqslant\dfrac{\varepsilon_q}{c_q-1}$ 时，令 $\dot{\hat{\lambda}}_q=0$，此后 $\hat{\lambda}_q$ 不再变化，从而避免控制增益过大。

构造 Lyapunov 函数：

$$V_q=\frac{1}{2}e_Q^2+\frac{1}{2a_q}\tilde{\lambda}_q^2 \tag{6.72}$$

式中，$\tilde{\lambda}_q$ 为估计值，定义为 $\tilde{\lambda}_q=\hat{\lambda}_q-\lambda_q$。

对式(6.72)求导可得

$$\dot{V}_q=\frac{e_Q(f_q+g_q\delta_{\mathrm{e}}-\dot{q}_{\mathrm{d}}+\Delta f_q)+1}{a_q\tilde{\lambda}_q\dot{\hat{\lambda}}_q} \tag{6.73}$$

将式(6.70)及式(6.71)代入式(6.73)可得

$$\dot{V}_q=-k_q e_Q^2-\frac{\hat{\lambda}_q c_q e_Q^2}{|e_Q|+\varepsilon_q}+e_Q\Delta f_q+\frac{\tilde{\lambda}_q c_q e_Q^2}{|e_Q|+\varepsilon_q}-e_Q g_\alpha e_\alpha \tag{6.74}$$

由于 $e_Q\Delta f_q\leqslant|e_Q|\lambda_q$，可得

$$\dot{V}_q\leqslant-k_q e_Q^2-\frac{\lambda_q c_q e_Q^2}{|e_Q|+\varepsilon_q}+|e_Q|\lambda_q-e_Q g_\alpha e_\alpha \tag{6.75}$$

只要 $|e_Q|>\dfrac{\varepsilon_q}{c_q-1}$，则式(6.75)满足

$$\dot{V}_q\leqslant-k_q e_Q^2-e_Q g_\alpha e_\alpha \tag{6.76}$$

选取整个闭环系统的 Lyapunov 函数：

$$V_{\mathrm{L}}=V_V+V_h+V_\gamma+V_\alpha+V_q \tag{6.77}$$

对式(6.77)求导可得

$$\dot{V}_{\mathrm{L}}=\dot{V}_V+\dot{V}_h+\dot{V}_\gamma+\dot{V}_\alpha+\dot{V}_q \tag{6.78}$$

将式(6.43)、式(6.52)、式(6.59)、式(6.67)和式(6.76)代入式(6.78)，可得式(6.79)：

$$
\begin{aligned}
\dot{V}_{\mathrm{L}} \leqslant & -k_V e_V^2 - k_h e_h^2 + V e_\gamma e_h - k_\gamma e_\gamma^2 + e_\gamma g_\gamma e_\alpha - V e_\gamma e_h \\
& - k_\alpha e_\alpha^2 - e_\alpha g_\gamma e_\gamma + e_\alpha g_\alpha e_Q - k_q e_Q^2 - e_Q g_\alpha e_\alpha \\
= & -k_V e_V^2 - k_h e_h^2 - k_\gamma e_\gamma^2 - k_\alpha e_\alpha^2 - k_q e_Q^2 \leqslant 0
\end{aligned} \tag{6.79}
$$

至此，整个闭环系统的稳定性得以证明。

6.2.3 仿真分析

1. 仿真条件

在 MATLAB/Simulink 环境中，为了更好地验证控制策略的有效性，在初始速度 $V_0=7846\mathrm{ft/s}$，初始高度 $h_0=85000\mathrm{ft}$ 情形下，分别对速度为 100ft/s 的机动飞行与高度为 2000ft 的机动飞行进行仿真验证。

高度与速度的参考指令通过二阶滤波进行光滑处理，滤波的频率与阻尼分别为 $\omega_{\mathrm{f}}=0.03\mathrm{rad/s}$，$\xi_{\mathrm{f}}=0.95$。燃油量选择为 50%。气动参数的不确定为标称值的 +20%。控制器参数选择如表 6.1 所示。

表 6.1　控制器参数

参数	取值	参数	取值	参数	取值	参数	取值
k_V	1	a_V	2	c_V	10	ε_V	0.001
k_h	0.2	a_γ	0.0001	c_γ	1.2	ε_γ	0.0001
k_γ	10	a_α	0.01	c_α	1.2	ε_α	0.0001
k_α	10	a_q	50	c_q	30	ε_q	0.1
k_q	1						

2. 仿真结果

图 6.3～图 6.5 给出速度机动飞行中的仿真结果。其中，图 6.3 为速度 V、高度 h、速度误差 e_V 和高度误差 e_h 的曲线。由图中曲线可以看出，速度大约在 10s 收敛到参考指令，同时高度大约在 20s 后保持在 85000ft。由局部放大图可知，速度和高度跟踪误差的最大绝对值小于 5ft/s 和 2.5ft，收敛精度达到 10^{-3} 数量级。图 6.4 给出了航迹角 γ、航迹角跟踪误差 e_γ、攻角 α 及俯仰角速率 Q 曲线。由曲线可以看出，各状态量均在较短的时间内趋于稳定值。图 6.5 给出了控制输入 ϕ、δ_{e} 及弹性状态曲线，燃油当量比 ϕ 实现了速度的跟踪控制，升降舵偏角 δ_{e} 实现了高度保持在 85000ft 不变，弹性状态在 10s 内趋于稳定。

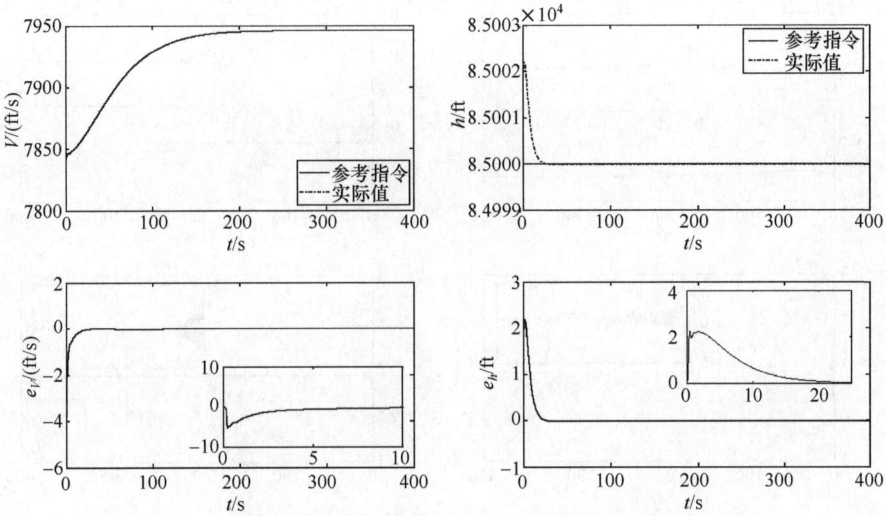

图 6.3　速度机动飞行中速度、高度、速度误差和高度误差曲线

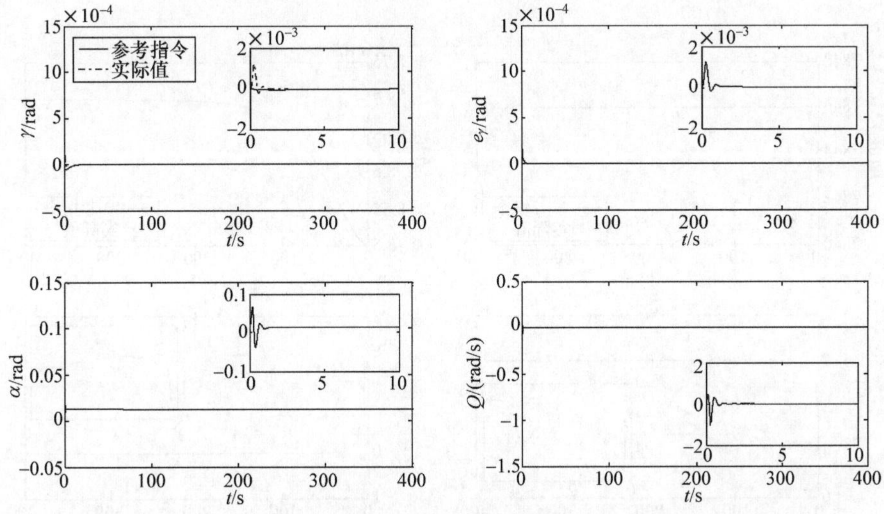

图 6.4　速度机动飞行中航迹角、航迹角跟踪误差、攻角及俯仰角速率曲线

图 6.6～图 6.8 给出了高度机动飞行中的仿真结果。由图 6.6 可知，在 20s 时间内，速度 V 与高度 h 均实现了对参考指令的稳定跟踪，且速度误差 e_V 和高度误差 e_h 的最大绝对值小于 6ft/s 和 2.5ft，跟踪误差精度为 10^{-3} 数量级。图 6.7 给出了航迹角 γ、航迹角跟踪误差、攻角 α 及俯仰角速率 Q 曲线，各状态量均在较短时间内趋于稳定值。图 6.8 给出了控制输入燃油当量比 ϕ 及升降舵偏角 δ_e 曲线，燃油当量比保证速度保持平衡点 7846ft/s 不变，升降舵偏角实现了高度参考指令的跟踪，弹性状态在 10s 之内趋于稳定。

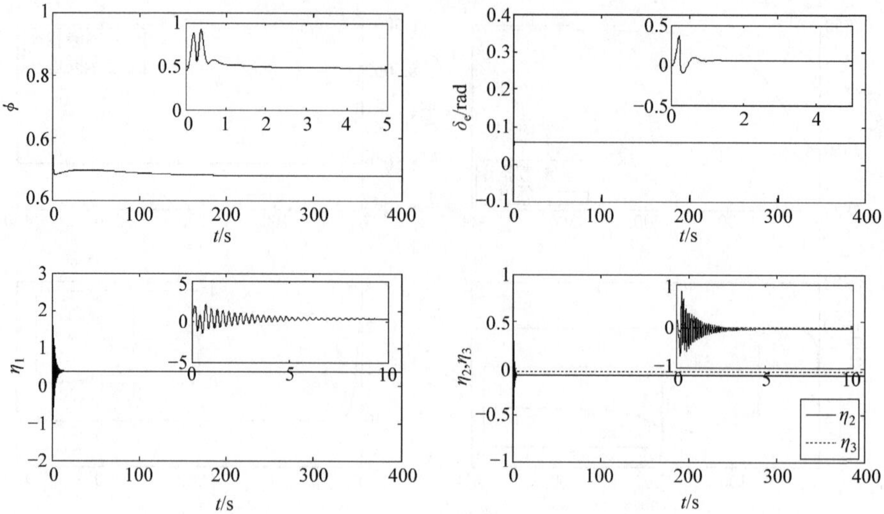

图 6.5　速度机动飞行中控制输入及弹性状态曲线

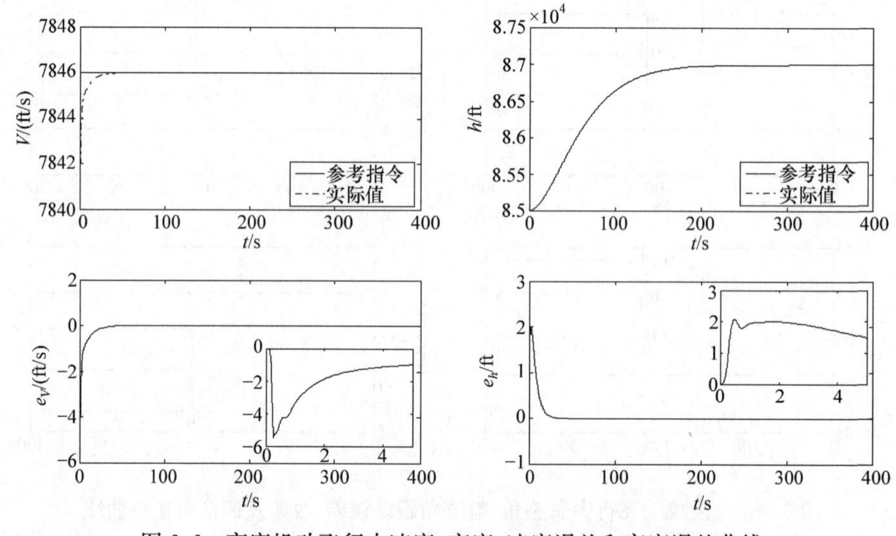

图 6.6　高度机动飞行中速度、高度、速度误差和高度误差曲线

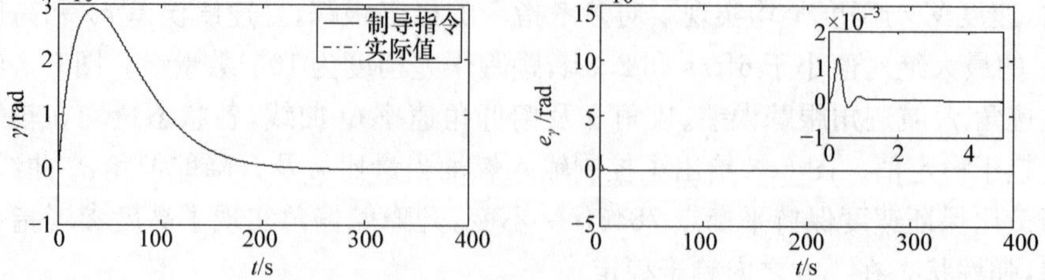

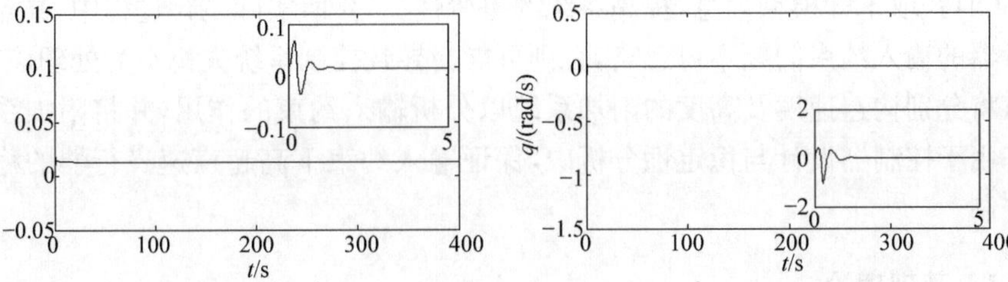

图 6.7　高度机动飞行中航迹角、航迹角跟踪误差、攻角及俯仰角速率曲线

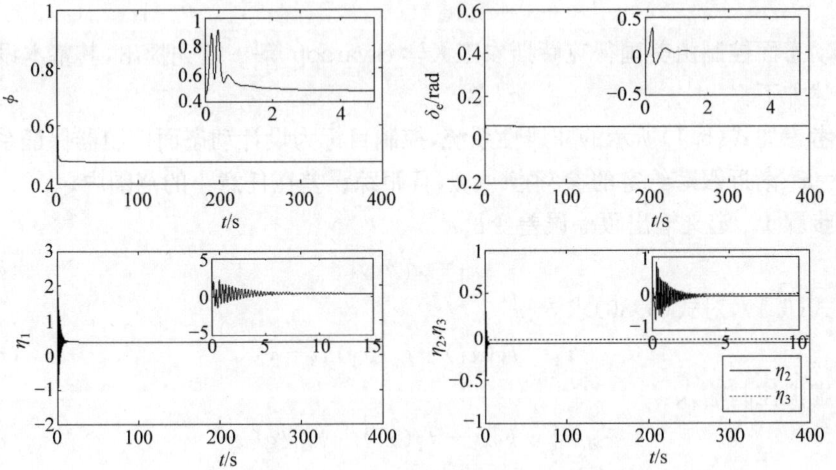

图 6.8　高度机动飞行中控制输入及弹性状态曲线

以上仿真结果表明，弹性高超声速飞行器在控制器式(6.38)、式(6.70)和自适应律式(6.39)、式(6.55)、式(6.63)和式(6.71)的作用下，系统输出速度 V 和高度 h 能够很快地跟踪其参考指令，高超声速飞行器的其他状态和控制输入最终会趋于稳定值。

6.3　带有输入约束的高超声速飞行器稳定跟踪控制

本节重点研究气动参数不确定与输入约束综合影响下的弹性高超声速飞行器跟踪控制问题。为处理气动参数不确定，6.2 节利用自适应方法对不确定进行估计，且为了避免反步法引起的“计算爆炸”问题，通过近似反步法，将虚拟控制量的导数视为不确定，这会增大系统不确定，对控制器的鲁棒性要求更强。本节将利用动态面方法，引入一阶滤波器直接对虚拟控制量的导数进行估计，并基于径向基函数神经网络(radial basis function neural network，RBFNN)在线逼近系统未知函数，实时获取未知模型信息，提高系统的鲁棒性。另外，实际飞行过程中，高超声速飞行器的输入约束问题不可忽略，否则可能会导致控制系统失稳。为处理该问题，本节将分别构造速度及高度的附加系统以分析输入约束的作用，并将附加系统的状态用于控制器设计与稳定性分析中，保证输入约束下高超声速飞行器的稳定跟踪控制。

6.3.1 基础理论

1. *动态面控制*

动态面控制由美国得克萨斯农工大学 Swaroop 等[11]首先提出，其基本设计原理概述如下。

考虑如式(6.1)所示的非线性系统，控制目标为设计动态面控制器保证系统输出 $y=x_1$ 渐近跟踪给定的参考指令 y_d，且跟踪误差在任意小的范围内。

步骤 1 定义输出跟踪误差变量：

$$z_1=x_1-y_d \tag{6.80}$$

结合式(6.1)，对式(6.80)求导得

$$\dot{z}_1=f_1(x_1)+g_1(x_1)x_2-\dot{y}_d \tag{6.81}$$

设计虚拟控制输入：

$$x_{2d}=[-k_1z_1-f_1(x_1)+\dot{y}_d]/g(x_1) \tag{6.82}$$

式中，$k_1>0$ 为待设计的参数。

考虑到“计算爆炸”问题，为了获取虚拟控制量的导数信息，引入一阶滤波器：

$$\begin{aligned}&\tau_2\dot{\bar{x}}_{2d}+\bar{x}_{2d}=x_{2d}\\&\bar{x}_{2d}(0)=x_{2d}(0)\end{aligned} \tag{6.83}$$

式中，$\bar{x}_{2d}$为滤波器的输出。通过式(6.83)估计 $\dot{x}_{2d}$，估计值$\dot{\bar{x}}_{2d}$表达式为

$$\dot{\bar{x}}_{2d}=\frac{x_{2d}-\bar{x}_{2d}}{\tau_2} \tag{6.84}$$

式中，$\tau_2>0$ 为滤波器的时间参数。

步骤 2 定义 x_2 子系统误差变量：

$$z_2=x_2-\bar{x}_{2d} \tag{6.85}$$

对式(6.85)求导可得

$$\dot{z}_2=f_2(x_2)+g_2(x_2)x_3-\dot{\bar{x}}_{2d} \tag{6.86}$$

设计虚拟控制输入：

$$x_{3d}=[-k_2z_2-f_2(x_2)+\dot{\bar{x}}_{2d}-g_1(x_1)z_1]/g_2(x_2) \tag{6.87}$$

同样，为了避免下一步对虚拟控制输入 x_{3d}求导，引入一阶滤波器：

$$\begin{aligned}\tau_3\dot{\bar{x}}_{3d}+\bar{x}_{3d}&=x_{3d}\\ \bar{x}_{3d}(0)&=x_{3d}(0)\end{aligned}\tag{6.88}$$

式中，x_{3d}为滤波器的输入。通过式(6.88)估计$\dot{\bar{x}}_{3d}$，估计值$\dot{x}_{3d}$表达式为

$$\dot{\bar{x}}_{3d}=\frac{x_{3d}-\bar{x}_{3d}}{\tau_3}\tag{6.89}$$

式中，$\tau_3>0$ 为滤波器的时间参数。

步骤 $i(i\geqslant 3)$　定义 x_i 子系统的误差变量：

$$z_i=x_i-\bar{x}_{id}\tag{6.90}$$

对式(6.90)求导可得

$$\dot{z}_i=f_i(x_i)+g_i(x_i)x_{i+1}-\dot{\bar{x}}_{id}\tag{6.91}$$

设计如式(6.92)所示的虚拟控制输入：

$$x_{(i+1)d}=[-k_iz_i-f_i(x_i)+\dot{\bar{x}}_{id}-g_{i-1}(x_{i-1})z_{i-1}]/g_i(x_i)\tag{6.92}$$

引入一阶积分滤波器：

$$\begin{aligned}\tau_{i+1}\dot{\bar{x}}_{(i+1)d}+\bar{x}_{(i+1)d}&=x_{(i+1)d}\\ \bar{x}_{(i+1)d}(0)&=x_{(i+1)d}(0)\end{aligned}\tag{6.93}$$

式(6.93)用于估计 $\dot{x}_{(i+1)d}$，由式(6.93)可得

$$\dot{\bar{x}}_{(i+1)d}=\frac{x_{(i+1)d}-\bar{x}_{(i+1)d}}{\tau_{i+1}}\tag{6.94}$$

式中，$\tau_{i+1}>0$ 为滤波器的时间参数。

步骤 n　定义第 n 个误差变量：

$$z_n=x_n-\bar{x}_{nd}\tag{6.95}$$

对式(6.95)进行求导可得

$$\dot{z}_n=f_n(x_n)+g_n(x_n)u-\dot{\bar{x}}_{nd}\tag{6.96}$$

设计如下的实际控制输入：

$$u=[-k_nz_n-f_n(x_n)+\dot{\bar{x}}_{nd}-g_{n-1}(x_{n-1})z_{n-1}]/g_n(x_n)\tag{6.97}$$

由动态面的设计过程可以看出，通过在每个子系统分别引入一阶滤波器式(6.83)、式(6.88)及式(6.93)，可以估计出各个虚拟控制量导数的信息式(6.84)、式(6.89)及式(6.94)，从而解决了“计算爆炸”问题。

2. 径向基函数神经网络

RBFNN 是由 Moody 和 Darken 在 20 世纪 80 年代末提出的，它是以函数逼近理论为基础的一种前馈网络，是一种局部逼近网络，能以任意精度逼近任意连续函数。RBFNN 的三层网络分别为输入层、隐含层和输出层，结构如图 6.9 所示。

图 6.9 中隐含层变换函数 $\rho_i(i=1,2,\cdots,n)$为径向基函数，通常选取为高斯函数。从图 6.9 中可以看出，RBFNN 中由输入到输出的映射是非线性的，而隐含层

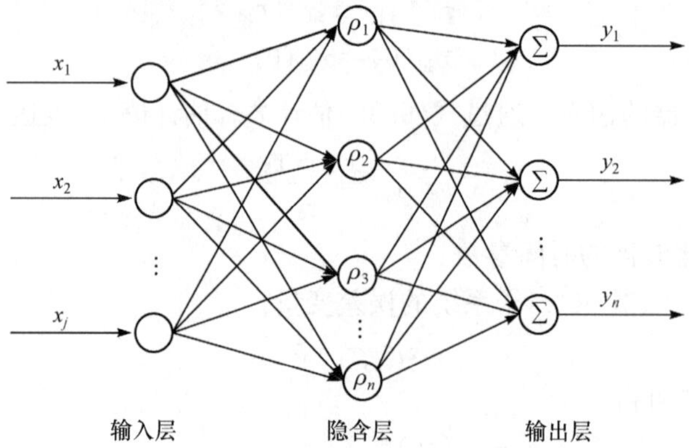

图 6.9　RBFNN 结构图

到输出空间的映射是线性的,从而可以大大加快学习速度并避免局部极小问题。

采用 RBFNN 在线逼近系统未知函数 $F(\cdot)$,其估计形式如式(6.98)所示:

$$F(x)=w^{*\mathrm{T}}\xi(x)+\delta^* \tag{6.98}$$

式中,δ^* 为逼近误差;$w=[w_1,w_2,\cdots,w_N]\in\mathbb{R}^N$ 为隐含层与输出层之间的连接权值向量;$w^*\in\mathbb{R}^N$ 则为权值向量的理想值;$\xi(x):\mathbb{R}^n\to\mathbb{R}^N$ 为输入 x 的向量函数,$\xi(x)=[\rho_1(x),\rho_2(x),\cdots,\rho_N(x)]^{\mathrm{T}}$,其中 $\rho_i(x)$ 为径向基函数,通常选为高斯函数:

$$\rho_i(x)=\frac{1}{\sqrt{2\pi\sigma_i}}\exp\left(-\frac{\|x-\zeta_i\|^2}{2\sigma_i^2}\right),\quad i=1,2,\cdots,N \tag{6.99}$$

式中,$\zeta_i\in\mathbb{R}^p$ 为第 i 阶径向基函数的中心;σ_i 为径向基函数的带宽。

理想权值向量 $w^*\in\mathbb{R}^N$ 是一个虚拟量,可通过求解如下优化问题获得:

$$w^*=\arg\min_{w\in\mathbb{R}^n}\{\sup_{\xi\in\Omega_\xi}|F(x)-w^{\mathrm{T}}\xi(x)|\} \tag{6.100}$$

由式(6.99)可以看出,RBFNN 函数有 3 个学习参数:各 RBF 的中心 ζ_i、带宽 σ_i 和隐含层到输出层的权值向量 w。学习算法参数通过如下步骤选取:

(1) 从输入向量中选一组初始中心值 ζ_i。

(2) 计算带宽 σ_i:

$$\sigma_i=\frac{d_{\max}}{i} \tag{6.101}$$

式中,$d_{\max}$ 为所选中心值之间最大的距离;i 为 ζ_i 的数量。

(3) 设 $F(n)$ 为第 n 时刻网络的理想输出,$\hat{F}(n)$ 为第 n 时刻网络的实际输出,则逼近误差 $e(n)=F(n)-\hat{F}(n)$,定义目标函数为

$$E=\frac{1}{2}e(n)^2 \tag{6.102}$$

式中,$\hat{F}(n)=\sum_{i=1}^{N}w_i\rho_i[x(n),\zeta_i,\sigma_i]$。则输出层的权值通过式(6.103)进行调整:

$$w_i(n+1)=w_i(n)-\mu_w\frac{\partial E}{\partial w}=w_i(n)-\mu_w\frac{\partial E}{\partial e(n)}\frac{\partial e(n)}{\partial \hat{F}(n)}\frac{\partial \hat{F}(n)}{\partial w}=w_i(n)-\mu_w e(n)\rho_i(n) \tag{6.103}$$

径向基函数中心通过式(6.104)进行调整：

$$\begin{aligned}\zeta_i(n+1)&=\zeta_i(n)-\mu_C\frac{\partial E}{\partial \zeta}=\zeta_i(n)-\mu_C\frac{\partial E}{\partial e(n)}\frac{\partial e(n)}{\partial \rho_i}\frac{\partial \rho_i}{\partial \zeta}\\&=\zeta_i(n)-\mu_C\frac{e(n)w_i(n)}{\sigma_i^2(n)}\rho_i[x(n),\zeta_i(n),\sigma_i][x(n)-\zeta_i(n)]\end{aligned} \tag{6.104}$$

同样，径向基函数带宽通过式(6.105)进行调整：

$$\sigma_i(n+1)=\sigma_i(n)-\mu_\sigma\frac{e(n)w_i(n)}{\sigma_i^3(n)}\rho_i[x(n),\zeta_i(n),\sigma_i]\,\|[x(n)-\zeta_i(n)]\|^2 \tag{6.105}$$

式中，μ_w、μ_C、μ_σ 为三个参数的学习速率。

6.3.2 带有输入约束的高超声速飞行器控制器设计

带输入约束的高超声速飞行器稳定控制框图如图 6.10 所示，具体描述如下[12]：将高超声速飞行器系统分为速度与高度两个子系统分别控制。速度子系统通过结合 RBFNN 与鲁棒自适应设计控制器，而高度子系统则采用基于 RBFNN 的鲁棒自适应动态面控制方法。RBFNN 可在线逼近各子系统中的未知非线性函数，通过自适应方法估计神经网络中理想权值向量的最大范数，实时获取未知模型信息。为处理各子系统输入约束问题，设计相应的附加系统，结合附加系统的状态及鲁棒自适应律设计子系统的控制输入。

本节考虑的输入约束包括燃油当量比 ϕ 与升降舵偏角 δ_e 的约束，ϕ 的约束来源于高超声速飞行器推进系统的本质，推进系统需要维持超燃冲压发动机的正常工作，如果超出约束，会发生热阻塞的问题，进而导致发动机急停，难以完成飞行器的任务；升降舵偏角 δ_e 的约束来源于升降舵位置的相位约束[13]。输入约束的形式分别为

$$\phi=\begin{cases}\phi_{\max}, & \phi_d\geqslant\phi_{\max}\\ \phi_d, & \phi_{\min}<\phi_d<\phi_{\max}\\ \phi_{\min}, & \phi_d\leqslant\phi_{\min}\end{cases},\quad \delta_e=\begin{cases}\delta_{e\max}, & \delta_{ec}\geqslant\delta_{e\max}\\ \delta_{ec}, & \delta_{e\min}<\delta_{ec}<\delta_{e\max}\\ \delta_{e\min}, & \delta_{ec}\leqslant\delta_{e\min}\end{cases} \tag{6.106}$$

式中，ϕ_d 和 δ_{ec} 分别为所设计的期望控制输入；$\phi_{\min}$ 和 $\phi_{\max}$ 分别为燃油当量比的最小值与最大值；$\delta_{e\min}$ 和 $\delta_{e\max}$ 分别为升降舵偏角的最小值与最大值。

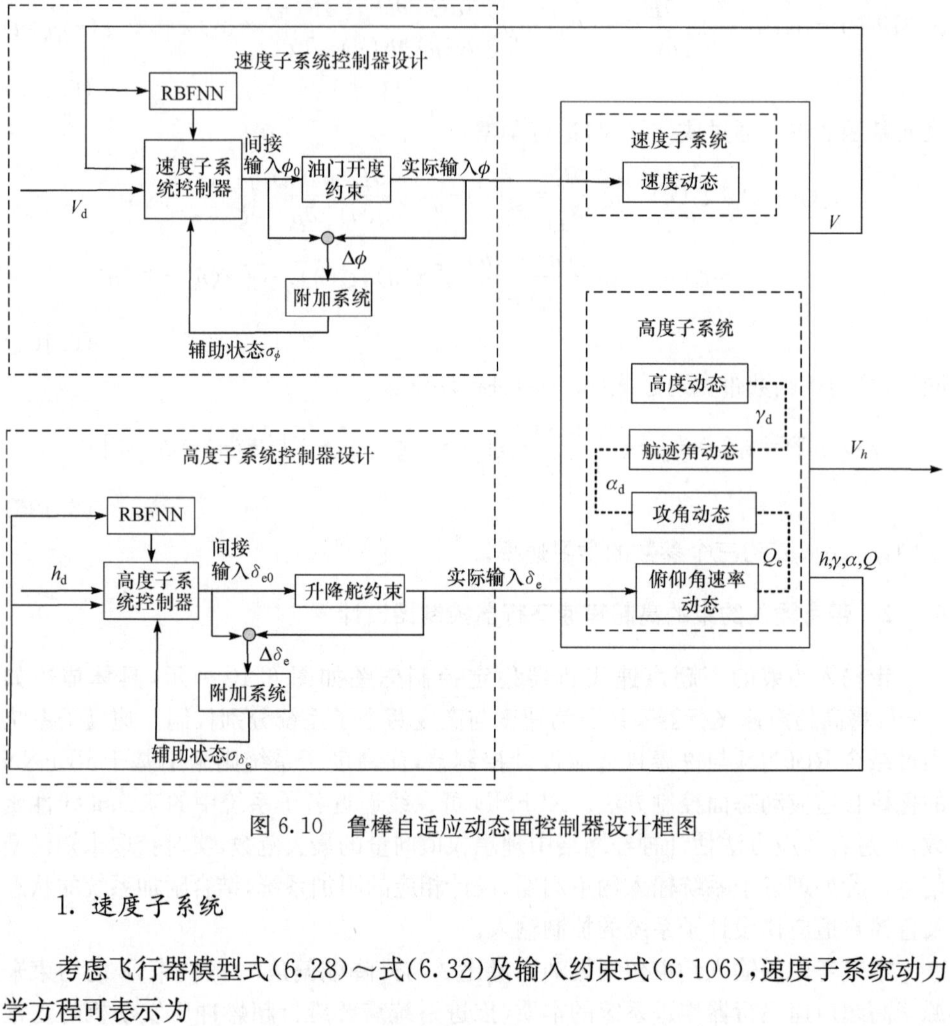

图 6.10 鲁棒自适应动态面控制器设计框图

1. 速度子系统

考虑飞行器模型式(6.28)～式(6.32)及输入约束式(6.106),速度子系统动力学方程可表示为

$$\dot{V}=F_V(V)+\phi \tag{6.107}$$

式中,$F_V(V)=f_V+g_V\phi+\Delta f_V-\phi$,由于$F_V(V)$中包含不确定函数$\Delta f_V$,需要利用RBFNN逼近$F_V(V)$。

基于式(6.107),对速度跟踪误差式(6.36)求导可得

$$\dot{e}_V=F_V(V)+\phi-\dot{V}_d \tag{6.108}$$

为逼近未知函数$F_V(V)$,基于6.3.1节,其估计形式为

$$F_V(V)=w_V^{*\mathrm{T}}\xi_V(V)+\delta_V^*,\quad |\delta_V^*|\leqslant\delta_m \tag{6.109}$$

式中,$w_V^{*\mathrm{T}}$是未知的理想权值向量;$\xi_V(V)=[\rho_1(V),\rho_2(V),\cdots,\rho_N(V)]^{\mathrm{T}}$为输入的向量函数,$\rho_i(V)$为径向基函数;$\delta_V^*$为逼近误差;$\delta_m$为逼近误差上界。

为处理输入约束,构造附加系统:

$$\dot{\sigma}_\phi=\begin{cases}-k_{\sigma_\phi}\sigma_\phi-\dfrac{1}{\sigma_\phi}(|e_V\Delta\phi|+0.5\Delta\phi^2)-\Delta\phi, & |\sigma_\phi|\geqslant\psi_\phi \\ 0, & |\sigma_\phi|<\psi_\phi\end{cases} \tag{6.110}$$

式中，σ_ϕ 为附加系统的状态；ψ_ϕ 为较小正数，根据跟踪性能要求而选取恰当值。$\Delta\phi=\phi-\phi_d$ 为实际控制输入 ϕ（由执行器提供）和所设计的控制输入 ϕ_d 的差值；$k_{\sigma_\phi}>0$ 为待设计参数。

基于式(6.108)、式(6.109)及式(6.110)，设计如式(6.111)～式(6.113)所示的速度子系统控制器：

$$\phi_d=-k_V(e_V-\sigma_\phi)+\dot{V}_d-\frac{e_V\mu_\phi(e_V)}{\xi_\phi^2+e_V^2}-\hat{w}_V^{*\mathrm{T}}\xi_V \tag{6.111}$$

$$\mu_\phi(e_V)=0.5k_V^2e_V^2$$

$$\dot{\xi}_\phi=\begin{cases}-k_{\xi_\phi}\xi_\phi-\dfrac{\mu_\phi(e_V)\xi_\phi}{\xi_\phi^2+e_V^2}, & |e_V|\geqslant\psi_V \\ 0, & |e_V|<\psi_V\end{cases} \tag{6.112}$$

式中，待设计参数 $k_V>0$，$\psi_V>0$ 为较小正数，自适应律 $\hat{w}_V^*$ 满足

$$\dot{\hat{w}}_V^*=\Gamma_V(\xi_Ve_V-b_V\hat{w}_V^*) \tag{6.113}$$

式中，Γ_V 为正定对角阵；$b_V>0$。

基于式(6.106)中的油门开度约束，控制器式(6.111)中的约束调节通过 $k_V\sigma_\phi$ 体现，主要表现为以下两个方面。

(1) 如果 $|\sigma_\phi|\geqslant\psi_\phi>0$，则存在输入饱和：① 若 $\phi_d\geqslant\phi_{\max}$，$k_V\sigma_\phi$ 的作用是保持变化使 ϕ_d 减小到 $\phi_d=\phi_{\max}$；② 若 $\phi_d\leqslant\phi_{\min}$，$k_V\sigma_\phi$ 的作用是保持变化使 ϕ_d 增大到 $\phi_d=\phi_{\min}$。所以，$\phi=\phi_{\max}$ 或者 $\phi=\phi_{\min}$。

(2) 如果 $|\sigma_\phi|<\psi_\phi$，$\dot{\sigma}_\phi=0$，则不存在输入饱和，即 $\Delta\phi=0$。$k_V\sigma_\phi$ 的作用是保证 $\phi_{\min}\leqslant\phi_d\leqslant\phi_{\max}$。此时，$\phi=\phi_d$。

定理 6.2　考虑输入约束式(6.106)下的速度子系统式(6.107)，设计如式(6.111)和式(6.112)所示的控制器，采用自适应律式(6.113)，则可保证输入约束下的速度跟踪误差渐近收敛到 0。

证明　考虑速度跟踪误差 e_V 与 $\hat{w}_V^*$ 的估计误差，构造 Lyapunov 函数：

$$V_V=\frac{1}{2}e_V^2+\frac{1}{2}\tilde{w}_V^{*\mathrm{T}}\Gamma_V^{-1}\tilde{w}_V^*+\frac{1}{2}\xi_\phi^2+\frac{1}{2}\sigma_\phi^2 \tag{6.114}$$

式中，$\tilde{w}_V^*=\hat{w}_V^*-w_V^*$ 为 w_V^* 的估计误差。

对式(6.114)求导可得

$$\dot{V}_V=e_V\dot{e}_V+\tilde{w}_V^*\Gamma_V^{-1}\dot{\hat{w}}_V^*+\xi_\phi\dot{\xi}_\phi+\sigma_\phi\dot{\sigma}_\phi \tag{6.115}$$

由式(6.110)～式(6.113)可得

$$\dot{V}_V = -k_V e_V^2 - k_{\sigma_\phi}\sigma_\phi^2 - k_{\xi_\phi}\xi_\phi^2 + k_V\sigma_\phi e_V + e_V\Delta\phi - |e_V\Delta\phi| - \frac{1}{2}\Delta\phi^2 - \sigma_\phi\Delta\phi$$
$$-\frac{e_V^2\mu_\phi(z_V)}{\xi_\phi^2+e_V^2} - \frac{\mu_\phi(e_V)\xi_\phi^2}{\xi_\phi^2+e_V^2} - e_V\hat{w}_V^{*\mathrm{T}}\xi_V + e_V w_V^{*\mathrm{T}}\xi_V + e_V\delta_V^* + e_V\tilde{w}_V^{*\mathrm{T}}\xi_V - b_V\tilde{w}_V^{*\mathrm{T}}\hat{w}_V^* \tag{6.116}$$

由于

$$-\frac{e_V^2\mu_\phi(e_V)}{\xi_\phi^2+e_V^2} = -\mu_\phi(e_V) + \frac{\mu_\phi(e_V)\xi_\phi^2}{\xi_\phi^2+e_V^2}$$

$$\mu_\phi(e_V) = \frac{1}{2}k_V^2 e_V^2,\quad e_V\Delta\phi - |e_V\Delta\phi| \leqslant 0$$

$$k_V\sigma_\phi e_V - \sigma_\phi\Delta\phi \leqslant \frac{1}{2}k_V^2 e_V^2 + \sigma_\phi^2 + \frac{1}{2}\Delta\phi^2$$

$$-e_V\hat{w}_V^{*\mathrm{T}}\xi_V + e_V w_V^{*\mathrm{T}}\xi_V + e_V\delta_V^* + e_V\tilde{w}_V^{*\mathrm{T}}\xi_V - b_V\tilde{w}_V^{*\mathrm{T}}\hat{w}_V^*$$
$$= e_V\delta_V^* - b_V\tilde{w}_V^{*\mathrm{T}}\hat{w}_V^* \leqslant e_V^2 + \frac{\delta_\mathrm{m}}{4} - \frac{b_V}{2}\|\tilde{w}_V^*\|^2 + \frac{b_V}{2}\|w_V^*\|^2$$

因此,式(6.116)转化为

$$\dot{V}_V \leqslant -(k_V-1)e_V^2 - (k_{\sigma_\phi}-1)\sigma_\phi^2 - k_{\xi_\phi}\xi_\phi^2 - \frac{b_V}{2}\|\tilde{w}_V^*\|^2 + \frac{\delta_\mathrm{m}}{4} + \frac{b_V}{2}\|w_V^*\|^2 \tag{6.117}$$

式中,$k_{\sigma_\phi}>1$ 为待设计参数。

2. 高度子系统

定义高度的跟踪误差为式(6.45),即 $e_h=h-h_\mathrm{d}$,由于在巡航段航迹角 γ 较小,故 $\sin\gamma\approx\gamma$,高度的跟踪误差动态表示为

$$\dot{e}_h \approx V\gamma - \dot{h}_\mathrm{d} \tag{6.118}$$

高度的跟踪控制通过航迹角实现,设计航迹角的参考指令 γ_d 为

$$\gamma_\mathrm{d} = \frac{1}{V}(-k_h e_h + \dot{h}_\mathrm{d}) \tag{6.119}$$

式中,$k_h>0$ 为待设计的参数。

若航迹角 γ 可以实现对 γ_d 的稳定跟踪控制,则高度即可稳定跟踪,故下面将设计控制器实现航迹角 γ 的稳定跟踪控制。

将式(6.30)~式(6.32)表示为式(6.120)~式(6.122):

$$\dot{\gamma} = F_\gamma(\gamma,\alpha) + \alpha \tag{6.120}$$
$$\dot{\alpha} = F_\alpha(\gamma,\alpha,Q) + Q \tag{6.121}$$

$$\dot{Q}=F_q(\gamma,\alpha,Q)+\delta_e \tag{6.122}$$

式中，$F_\gamma(\gamma,\alpha)=f_\gamma(\gamma,\alpha)+g_\gamma(\alpha)\alpha+\Delta f_\gamma-\alpha$；$F_q(\alpha)=f_q(\alpha)+g_q\delta_e+\Delta f_q-\delta_e$；$F_\alpha(\alpha)=-F_\gamma(\alpha)+\alpha$ 为未知非线性函数，分别利用 RBFNN 进行估计，估计形式为

$$F_\gamma(\gamma,\alpha)=w_\gamma^{*\mathrm{T}}\xi_\gamma(x)+\delta_\gamma^* \tag{6.123}$$

$$F_\alpha(\alpha)=w_\alpha^{*\mathrm{T}}\xi_\alpha(x)+\delta_\alpha^* \tag{6.124}$$

$$F_q(\alpha)=w_q^{*\mathrm{T}}\xi_q(x)+\delta_q^* \tag{6.125}$$

式中，理想权重向量 w_γ^*、w_α^* 和 w_q^* 是未知的，需设计自适应律进行估计，但由于每个自适应律都是多维的动态系统，三个自适应律会加剧计算的复杂性，为减小计算量，利用最小学习参数(minimal learning parameter，MLP)技术估计理想权值向量 w_γ^*、w_α^* 和 w_q^* 的最大范数平方值 φ，定义为

$$\varphi=\max\{\|w_l^*\|^2,\quad l=\gamma,\alpha,q\} \tag{6.126}$$

因为 w_l^* 是未知的，故 φ 需要在线估计，定义其估计值为 $\hat{\varphi}$，且 $\hat{\varphi}\geqslant 0$。

下面通过结合 RBFNN 和动态面控制，针对式(6.120)～式(6.122)设计高度子系统的控制器。

步骤 1　定义航迹角跟踪误差为

$$e_\gamma=\gamma-\gamma_d \tag{6.127}$$

基于式(6.120)，对式(6.127)求导可得

$$\dot{e}_\gamma=F_\gamma(\gamma,\alpha)+\alpha-\dot{\gamma}_d \tag{6.128}$$

设计虚拟控制输入为

$$\alpha_d=-\left(k_\gamma+\frac{1}{2a_\gamma^2}+\frac{a_\gamma^2}{2}\right)e_\gamma-\frac{a_\gamma^2}{2}e_\gamma\hat{\varphi}\xi_\gamma^{\mathrm{T}}\xi_\gamma+\dot{\gamma}_d \tag{6.129}$$

式中，k_γ、$a_\gamma>0$ 为待设计参数。

构造 Lyapunov 函数：

$$V_\gamma=\frac{1}{2}e_\gamma^2+\frac{1}{2\lambda}\tilde{\varphi}^2 \tag{6.130}$$

式中，$\tilde{\varphi}=\hat{\varphi}-\varphi$ 为 RBFNN 的估计误差；λ 为待设计的参数。

基于式(6.120)，对式(6.130)求导可得

$$\dot{V}_\gamma=e_\gamma F_\gamma(\gamma,\alpha)+e_\gamma(\alpha-\alpha_d)+e_\gamma\alpha_d-e_\gamma\dot{\gamma}_d+\frac{1}{\lambda}\tilde{\varphi}\dot{\hat{\varphi}} \tag{6.131}$$

利用式(6.123)与 Young 不等式可得

$$\begin{aligned}e_\gamma F_\gamma(\gamma,\alpha)&=e_\gamma(w_\gamma^{*\mathrm{T}}\xi_\gamma(x)+\delta_\gamma^*)\\&\leqslant\frac{a_\gamma^2e_\gamma^2}{2}\varphi\xi_\gamma^{\mathrm{T}}\xi_\gamma+\frac{1}{2a_\gamma^2}+\frac{a_\gamma^2e_\gamma^2}{2}+\frac{\delta_m^2}{2a_\gamma^2}\end{aligned} \tag{6.132}$$

将式(6.129)和式(6.132)代入式(6.131)可得

$$\dot{V}_\gamma \leqslant e_\gamma(\alpha-\alpha_d)-k_\gamma e_\gamma^2-\frac{e_\gamma^2}{2a_\gamma^2}+\frac{1}{\lambda}\tilde{\varphi}\left(\dot{\hat{\varphi}}-\frac{\lambda a_\gamma^2 e_\gamma^2}{2}\xi_\gamma^T\xi_\gamma\right)+\frac{1}{2a_\gamma^2}+\frac{\delta_m^2}{2a_\gamma^2} \tag{6.133}$$

为解决“计算爆炸”问题，引入一阶滤波器：

$$\tau_\alpha \dot{\bar{\alpha}}_d+\bar{\alpha}_d=\alpha_d,\quad \bar{\alpha}_d(0)=\alpha_d(0) \tag{6.134}$$

式中，$\dot{\bar{\alpha}}_d$ 为滤波器输出，用来估计 $\dot{\alpha}_d$；$\tau_\alpha>0$ 为时间常数。

定义滤波估计误差为

$$\chi_\alpha=\bar{\alpha}_d-\alpha_d \tag{6.135}$$

步骤 2 定义攻角跟踪误差为

$$e_\alpha=\alpha-\bar{\alpha}_d \tag{6.136}$$

基于式(6.135)和式(6.136)，式(6.133)转化为

$$\dot{V}_\gamma \leqslant e_\gamma\chi_\alpha+e_\gamma e_\alpha-k_\gamma e_\gamma^2-\frac{e_\gamma^2}{2a_\gamma^2}+\frac{1}{\lambda}\tilde{\varphi}\left(\dot{\hat{\varphi}}-\frac{\lambda a_\gamma^2 e_\gamma^2}{2}\xi_\gamma^T\xi_\gamma\right)+\frac{1}{2a_\gamma^2}+\frac{\delta_m^2}{2a_\gamma^2} \tag{6.137}$$

式中，耦合项 $e_\gamma e_\alpha$ 将会在下一步控制器设计中抵消掉。

对式(6.136)求导可得

$$\dot{e}_\alpha=F_\alpha(\gamma,\alpha,q)+Q-\dot{\bar{\alpha}}_d \tag{6.138}$$

设计虚拟控制输入为

$$Q_d=-\left(k_\alpha+\frac{1}{2a_\alpha^2}+\frac{a_\alpha^2}{2}\right)e_\alpha-\frac{a_\alpha^2}{2}e_\alpha\hat{\varphi}\xi_\alpha^T\xi_\alpha+\dot{\bar{\alpha}}_d-e_\gamma \tag{6.139}$$

式中，k_α、$a_\alpha>0$，最后一项 $-e_\gamma$ 用于抵消式(6.137)中的耦合项 $e_\gamma e_\alpha$。

构造 Lyapunov 函数：

$$V_\alpha=\frac{1}{2}e_\alpha^2 \tag{6.140}$$

对式(6.140)求导

$$\dot{V}_\alpha=e_\alpha F_\alpha(\gamma,\alpha,Q)+e_\alpha(Q-Q_d)+e_\alpha Q_d-e_\alpha\dot{\bar{\alpha}}_d \tag{6.141}$$

由式(6.124)与 Young 不等式可得

$$e_\alpha F_\alpha(\gamma,\alpha,Q)\leqslant\frac{a_\alpha^2 e_\alpha^2}{2}\varphi\xi_\alpha^T\xi_\alpha+\frac{1}{2a_\alpha^2}+\frac{a_\alpha^2 e_\alpha^2}{2}+\frac{\delta_m^2}{2a_\alpha^2} \tag{6.142}$$

将式(6.139)、式(6.142)代入式(6.141)可得

$$\dot{V}_\alpha\leqslant e_\alpha(Q-Q_d)-k_\alpha e_\alpha^2-\frac{1}{2a_\alpha^2}e_\alpha^2-\frac{a_\alpha^2 e_\alpha^2}{2}\tilde{\varphi}\xi_\alpha^T\xi_\alpha-e_\alpha e_\gamma+\frac{1}{2a_\alpha^2}+\frac{\delta_m^2}{2a_\alpha^2} \tag{6.143}$$

为解决“计算爆炸”问题，引入一阶滤波器：

$$\tau_q\dot{\bar{Q}}_d+\bar{Q}_d=Q_d,\quad Q_d(0)=\bar{Q}_d(0) \tag{6.144}$$

式中，$\dot{\bar{Q}}_d$ 为滤波器输出，用来估计 $\dot{Q}_d$；$\tau_q>0$ 为滤波时间常数。

定义滤波器估计误差为

$$\chi_q = \bar{Q}_d - Q_d \tag{6.145}$$

步骤 3　定义俯仰角速率跟踪误差为

$$e_Q = Q - \bar{Q}_d \tag{6.146}$$

基于式(6.145)和式(6.146),式(6.143)转化

$$\dot{V}_\alpha \leqslant e_\alpha(\chi_q + e_Q) - k_\alpha e_\alpha^2 - \frac{1}{2a_\alpha^2}e_\alpha^2 - \frac{a_\alpha^2 e_\alpha^2}{2}\tilde{\varphi}\xi_\alpha^{\mathrm{T}}\xi_\alpha - e_\alpha e_\gamma + \frac{1}{2a_\alpha^2} + \frac{\delta_m^2}{2a_\alpha^2} \tag{6.147}$$

对式(6.146)求导可得

$$\dot{e}_Q = F_q(\gamma,\alpha,Q) + \delta_e - \dot{\bar{Q}}_d \tag{6.148}$$

考虑升降舵偏角约束式(6.106),构造如式(6.149)所示的附加系统[14]:

$$\dot{\sigma}_{\delta_e} = \begin{cases} -k_{\sigma_{\delta_e}}\sigma_{\delta_e} - \dfrac{1}{\sigma_{\delta_e}}(|e_Q\Delta\delta_e| + 0.5\Delta\delta_e^2) - \Delta\delta_e, & |\sigma_{\delta_e}| \geqslant \psi_{\delta_e} \\ 0, & |\sigma_{\delta_e}| < \psi_{\delta_e} \end{cases} \tag{6.149}$$

式中,σ_{δ_e} 为附加系统的状态;$\psi_{\delta_e}>0$ 根据跟踪性能要求选取恰当值。$\Delta\delta_e = \delta_e - \delta_{ec}$ 为实际控制输入 δ_e 和所设计控制输入 δ_{ec} 之间的差值。

设计控制输入表示为

$$\delta_{ec} = -\left(\frac{1}{2a_q^2} + \frac{a_q^2}{2}\right)e_Q - k_q(e_Q - \sigma_{\delta_e}) + \dot{\bar{Q}}_d - \frac{e_Q\mu_{\delta_e}(e_Q)}{\xi_{\delta_e}^2 + e_Q^2} - \frac{a_q^2}{2}e_Q\hat{\varphi}\xi_q^{\mathrm{T}}\xi_q - e_\alpha \tag{6.150}$$

式中

$$\mu_{\delta_e}(e_q) = \frac{1}{2}k_q^2 e_Q^2, \quad \dot{\xi}_{\delta_e} = \begin{cases} -k_{\xi_{\delta_e}}\xi_{\delta_e} - \dfrac{\mu_{\delta_e}(e_Q)\xi_{\delta_e}}{\xi_\phi^2 + e_Q^2}, & |e_Q| \geqslant \psi_q \\ 0, & |e_Q| < \psi_q \end{cases} \tag{6.151}$$

式中,$\psi_q>0$,根据跟踪性能要求选取恰当值。

$\hat{\varphi}$ 的自适应律设计为

$$\dot{\hat{\varphi}} = \sum_{l=\gamma,\alpha,q} \frac{\lambda a_l^2 e_l^2 \xi_l^{\mathrm{T}}\xi_l}{2} - \vartheta\lambda\hat{\varphi}, \quad \hat{\varphi}(0) \geqslant 0 \tag{6.152}$$

式中,k_q、$k_{\xi_{\delta_e}}$、$\vartheta>0$ 为待设计的参数。

构造 Lyapunov 函数:

$$V_q = \frac{1}{2}e_Q^2 + \frac{1}{2}\xi_{\delta_e}^2 + \frac{1}{2}\sigma_{\delta_e}^2 \tag{6.153}$$

对式(6.153)求导可得

$$\dot{V}_q = e_Q(F_q(\gamma,\alpha,q) + \delta_{ec} + \Delta\delta_e - \dot{\bar{Q}}_d) + \xi_{\delta_e}\dot{\xi}_{\delta_e} + \sigma_{\delta_e}\dot{\sigma}_{\delta_e} \tag{6.154}$$

基于式(6.125)及 Young 不等式可得

$$e_Q F_q(\gamma,\alpha,Q)\leqslant\frac{a_q^2e_Q^2}{2}\varphi\xi_q^{\mathrm{T}}\xi_q+\frac{1}{2a_q^2}+\frac{a_q^2e_Q^2}{2}+\frac{\delta_{\mathrm{m}}^2}{2a_q^2} \tag{6.155}$$

式中，$a_q>0$ 为待设计参数。

将式(6.150)和式(6.155)代入式(6.154)可得

$$\begin{aligned}\dot{V}_q\leqslant&-k_qe_Q^2-\frac{1}{2a_q^2}e_Q^2-\frac{a_q^2e_Q^2}{2}\tilde{\varphi}\xi_q^{\mathrm{T}}\xi_q-e_\alpha e_Q+\frac{1}{2a_q^2}+\frac{\delta_{\mathrm{m}}^2}{2a_q^2}\\&-\frac{e_Q^2\mu_{\delta_{\mathrm{e}}}(e_Q)}{\xi_{\delta_{\mathrm{e}}}^2+e_Q^2}+k_q\sigma_{\delta_{\mathrm{e}}}e_Q+e_Q\Delta\delta_{\mathrm{e}}+\xi_{\delta_{\mathrm{e}}}\dot{\xi}_{\delta_{\mathrm{e}}}+\sigma_{\delta_{\mathrm{e}}}\dot{\sigma}_{\delta_{\mathrm{e}}}\end{aligned} \tag{6.156}$$

令 $A=-\dfrac{e_q^2\mu_{\delta_{\mathrm{e}}}(e_Q)}{\xi_{\delta_{\mathrm{e}}}^2+e_Q^2}+k_q\sigma_{\delta_{\mathrm{e}}}e_Q+e_Q\Delta\delta_{\mathrm{e}}+\xi_{\delta_{\mathrm{e}}}\dot{\xi}_{\delta_{\mathrm{e}}}+\sigma_{\delta_{\mathrm{e}}}\dot{\sigma}_{\delta_{\mathrm{e}}}$，基于式(6.149)和式(6.151)可得

$$\begin{aligned}A=&-\frac{e_q^2\mu_{\delta_{\mathrm{e}}}(e_Q)}{\xi_{\delta_{\mathrm{e}}}^2+e_Q^2}+k_q\sigma_{\delta_{\mathrm{e}}}e_Q+e_Q\Delta\delta_{\mathrm{e}}-k_{\sigma_{\delta_{\mathrm{e}}}}\sigma_{\delta_{\mathrm{e}}}^2-k_{\xi_{\delta_{\mathrm{e}}}}\xi_{\delta_{\mathrm{e}}}^2\\&-\frac{\mu_{\delta_{\mathrm{e}}}(e_Q)\xi_{\delta_{\mathrm{e}}}^2}{\xi_{\delta_{\mathrm{e}}}^2+e_Q^2}-(|e_Q\Delta\delta_{\mathrm{e}}|+0.5\Delta\delta_{\mathrm{e}}^2)-\sigma_{\delta_{\mathrm{e}}}\Delta\delta_{\mathrm{e}}\end{aligned} \tag{6.157}$$

由于

$$\begin{gathered}k_q\sigma_{\delta_{\mathrm{e}}}e_Q-\sigma_{\delta_{\mathrm{e}}}\Delta\delta_{\mathrm{e}}\leqslant0.5k_q^2e_Q^2+\sigma_{\delta_{\mathrm{e}}}^2+0.5\Delta\delta_{\mathrm{e}}{}^2,\quad \mu_{\delta_{\mathrm{e}}}(e_Q)=0.5k_q^2e_Q^2\\ e_Q\Delta\delta_{\mathrm{e}}-|e_Q\Delta\delta_{\mathrm{e}}|\leqslant0,\quad -\frac{e_Q^2\mu_{\delta_{\mathrm{e}}}(e_Q)}{\xi_{\delta_{\mathrm{e}}}^2+e_Q^2}=-\mu_{\delta_{\mathrm{e}}}(e_Q)+\frac{\mu_{\delta_{\mathrm{e}}}(e_Q)\xi_{\delta_{\mathrm{e}}}^2}{\xi_{\delta_{\mathrm{e}}}^2+e_Q^2}\end{gathered} \tag{6.158}$$

将式(6.158)代入式(6.157)可得

$$A\leqslant-(k_{\sigma_{\delta_{\mathrm{e}}}}-1)\sigma_{\delta_{\mathrm{e}}}^2-k_{\xi_{\delta_{\mathrm{e}}}}\xi_{\delta_{\mathrm{e}}}^2 \tag{6.159}$$

将式(6.159)代入式(6.156)可得

$$\dot{V}_q\leqslant-k_qe_q^2-\frac{1}{2a_q^2}e_Q^2-(k_{\sigma_{\delta_{\mathrm{e}}}}-1)\sigma_{\delta_{\mathrm{e}}}^2-k_{\xi_{\delta_{\mathrm{e}}}}\xi_{\delta_{\mathrm{e}}}^2-\frac{a_q^2e_Q^2}{2}\tilde{\varphi}\xi_q^{\mathrm{T}}\xi_q-e_\alpha e_Q+\frac{1}{2a_q^2}+\frac{\delta_{\mathrm{m}}^2}{2a_q^2} \tag{6.160}$$

为进行闭环系统的稳定性分析，需同时考虑一阶滤波器的估计误差。由式(6.134)、式(6.135)、式(6.144)和式(6.145)可得

$$\dot{\alpha}_{\mathrm{d}}=-\frac{\chi_\alpha}{\tau_\alpha},\quad \dot{Q}_{\mathrm{d}}=-\frac{\chi_q}{\tau_q} \tag{6.161}$$

基于式(6.161)，对式(6.135)、式(6.145)分别求导可得

$$\dot{\chi}_\alpha=-\frac{\chi_\alpha}{\tau_\alpha}-\dot{\alpha}_{\mathrm{d}},\quad \dot{\chi}_q=-\frac{\chi_q}{\tau_q}-\dot{Q}_{\mathrm{d}} \tag{6.162}$$

由式(6.129)和式(6.139)可得

$$\dot{\alpha}_{\mathrm{d}}=-\left(k_\gamma+\frac{1}{2a_\gamma^2}+\frac{a_\gamma^2}{2}\right)\dot{e}_\gamma-\frac{a_\gamma^2}{2}(\dot{e}_\gamma\hat{\varphi}\xi_\gamma^{\mathrm{T}}\xi_\gamma+e_\gamma\dot{\hat{\varphi}}\xi_\gamma^{\mathrm{T}}\xi_\gamma)$$

$$-\frac{a_\gamma^2}{2}e_\gamma\hat{\varphi}\left(\frac{\partial(\xi_\gamma^{\mathrm{T}}\xi_\gamma)}{\partial\gamma}\dot{\gamma}+\frac{\partial(\xi_\gamma^{\mathrm{T}}\xi_\gamma)}{\partial\alpha}\dot{\alpha}\right)+\ddot{\gamma}_{\mathrm{d}} \tag{6.163}$$

$$\dot{Q}_{\mathrm{d}}=-\left(k_\alpha+\frac{1}{2a_\alpha^2}+\frac{a_\alpha^2}{2}\right)\dot{e}_\alpha-\frac{a_\alpha^2}{2}(\dot{e}_\alpha\hat{\varphi}\xi_\alpha^{\mathrm{T}}\xi_\alpha+e_\alpha\dot{\hat{\varphi}}\xi_\alpha^{\mathrm{T}}\xi_\alpha)$$

$$-\frac{a_\alpha^2}{2}e_\alpha\hat{\varphi}\left(\frac{\partial\dot{\xi}_\alpha^{\mathrm{T}}\xi_\alpha}{\partial\gamma}\dot{\gamma}+\frac{\partial\dot{\xi}_\alpha^{\mathrm{T}}\xi_\alpha}{\partial\alpha}\dot{\alpha}\right)+\ddot{\alpha}_{\mathrm{d}}-\dot{e}_\alpha \tag{6.164}$$

为证明整个闭环系统的稳定性，构造 Lyapunov 函数：

$$V_{\mathrm{L}}=V_V+V_\gamma+V_\alpha+V_q+\frac{1}{2}\chi_\alpha^2+\frac{1}{2}\chi_q^2 \tag{6.165}$$

对式(6.165)求导可得

$$\dot{V}_{\mathrm{L}}=\dot{V}_V+\dot{V}_\gamma+\dot{V}_\alpha+\dot{V}_q+\chi_\alpha\dot{\chi}_\alpha+\chi_q\dot{\chi}_q \tag{6.166}$$

分别将式(6.117)、式(6.133)、式(6.137)、式(6.147)、式(6.156)和式(6.160)代入式(6.166)，可得

$$\dot{V}_{\mathrm{L}}\leqslant-(k_V-1)e_V^2-(k_{\sigma_\phi}-1)\sigma_\phi^2-k_{\xi_\phi}\xi_\phi^2-\frac{b_V}{2}\|\tilde{w}_V^*\|^2-k_\gamma e_\gamma^2-\frac{1}{2a_\gamma^2}e_\gamma^2-k_\alpha e_\alpha^2-\frac{1}{2a_\alpha^2}e_\alpha^2$$

$$-k_q e_Q^2-\frac{1}{2a_q^2}e_Q^2-(k_{\sigma_{\delta_\mathrm{e}}}-1)\sigma_{\delta_\mathrm{e}}^2-k_{\xi_{\delta_\mathrm{e}}}\xi_{\delta_\mathrm{e}}^2+e_\gamma\chi_\alpha+e_\alpha\chi_q-\vartheta\tilde{\varphi}\hat{\varphi}$$

$$+\chi_\alpha\dot{\chi}_\alpha+\chi_q\dot{\chi}_q+\frac{1}{2a_\gamma^2}+\frac{\delta_\mathrm{m}^2}{2a_\gamma^2}+\frac{1}{2a_\alpha^2}+\frac{\delta_\mathrm{m}^2}{2a_\alpha^2}+\frac{1}{2a_q^2}+\frac{\delta_\mathrm{m}^2}{2a_q^2}+\frac{\delta_\mathrm{m}}{4}+\frac{b_V}{2}\|w_V^*\|^2 \tag{6.167}$$

由文献[11]和[14]，式(6.163)和式(6.164)满足 $|\dot{\alpha}_\mathrm{d}|\leqslant c_\alpha$ 和 $|\dot{Q}_\mathrm{d}|\leqslant c_q$，故由式(6.162)，可得

$$\chi_\alpha\dot{\chi}_\alpha+\chi_q\dot{\chi}_q\leqslant-\frac{\chi_\alpha^2}{\tau_\alpha}-\frac{\chi_q^2}{\tau_q}+\frac{a_\alpha^2}{2}\chi_\alpha^2c_\alpha+\frac{1}{2a_\alpha^2}+\frac{a_q^2}{2}\chi_q^2c_q+\frac{1}{2a_q^2} \tag{6.168}$$

另外

$$\tilde{\varphi}\hat{\varphi}\geqslant\frac{\tilde{\varphi}^2}{2}-\frac{\varphi^2}{2},\quad e_\gamma\chi_\alpha+e_\alpha\chi_q\leqslant\frac{1}{2a_\gamma^2}e_\gamma^2+\frac{a_\gamma^2\chi_\alpha^2}{2}+\frac{1}{2a_\alpha^2}e_\alpha^2+\frac{a_\alpha^2\chi_q^2}{2} \tag{6.169}$$

将式(6.168)和式(6.169)代入式(6.167)，可得

$$\dot{V}_{\mathrm{L}}\leqslant-(k_V-1)e_V^2-k_\gamma e_\gamma^2-k_\alpha e_\alpha^2-\left(k_q+\frac{1}{2a_q^2}\right)e_Q^2-(k_{\sigma_\phi}-1)\sigma_\phi^2-k_{\xi_\phi}\xi_\phi^2-(k_{\sigma_{\delta_\mathrm{e}}}-1)\sigma_{\delta_\mathrm{e}}^2$$

$$-k_{\xi_{\delta_\mathrm{e}}}\xi_{\delta_\mathrm{e}}^2-\left(\frac{1}{\tau_\alpha}-\frac{a_\gamma^2}{2}-\frac{a_\alpha^2}{2}c_\alpha\right)\chi_\alpha^2-\left(\frac{1}{\tau_q}-\frac{a_\alpha^2}{2}-\frac{a_q^2}{2}c_q\right)\chi_q^2-\frac{b_V}{2}\|\tilde{w}_V^*\|^2-\frac{1}{\lambda}\lambda\vartheta\tilde{\varphi}^2$$

$$+\frac{1}{2a_\gamma^2}+\frac{1}{a_\alpha^2}+\frac{1}{a_q^2}+\frac{\delta_{\mathrm{m}}^2}{2a_\gamma^2}+\frac{\delta_{\mathrm{m}}^2}{2a_\alpha^2}+\frac{\delta_{\mathrm{m}}^2}{2a_q^2}+\frac{\delta_{\mathrm{m}}}{4}+\frac{b_V}{2}\|w_V^*\|^2+\frac{\vartheta\varphi^2}{2}$$

$$\leqslant -2\varepsilon\dot{V}_{\mathrm{L}}+C \tag{6.170}$$

式中

$$k_V>1,\quad k_{\sigma_\phi}>1,\quad k_{\sigma_{\delta_{\mathrm{e}}}}>1,\quad 0<\tau_\alpha<\frac{2}{a_\gamma^2+a_\alpha^2 c_\alpha},\quad 0<\tau_q<\frac{2}{a_\alpha^2+a_q^2 c_q}$$

$$\varepsilon=\min\left\{\begin{array}{l}k_V-1,k_\gamma,k_\alpha,k_q+\dfrac{1}{2a_q^2},k_{\sigma_\phi}-1,k_{\xi_\phi},k_{\sigma_{\delta_{\mathrm{e}}}}-1,k_{\xi_{\delta_{\mathrm{e}}}},\dfrac{1}{\tau_\alpha}-\dfrac{a_\gamma^2}{2}-\dfrac{a_\alpha^2}{2}c_\alpha,\\ \dfrac{1}{\tau_q}-\dfrac{a_\alpha^2}{2}-\dfrac{a_q^2}{2}c_q,\dfrac{b_V}{2\lambda_{\max}(\Gamma_V^{-1})},\dfrac{\lambda\vartheta}{2}\end{array}\right\} \tag{6.171}$$

$$C=\frac{1}{2a_\gamma^2}+\frac{1}{a_\alpha^2}+\frac{1}{a_q^2}+\frac{\delta_{\mathrm{m}}^2}{2a_\gamma^2}+\frac{\delta_{\mathrm{m}}^2}{2a_\alpha^2}+\frac{\delta_{\mathrm{m}}^2}{2a_q^2}+\frac{\delta_{\mathrm{m}}}{4}+\frac{b_V}{2}\|w_V^*\|^2+\frac{\vartheta\varphi^2}{2}$$

由式(6.170)可知，若 $V_{\mathrm{L}}=\zeta$，则 $\dot{V}_{\mathrm{L}}\leqslant-2\varepsilon\zeta+C$。如果 $\varepsilon>\dfrac{C}{2\zeta}$，那么在 $V_{\mathrm{L}}=\zeta$ 时，$\dot{V}_{\mathrm{L}}\leqslant 0$，所以 $V_{\mathrm{L}}\leqslant\zeta$ 是一个不变集合，即若 $V_{\mathrm{L}}(0)\leqslant\zeta$，那么 $V_{\mathrm{L}}(t)\leqslant\zeta$。因此，对所有 $V_{\mathrm{L}}(t)\leqslant\zeta$ 和 $t\geqslant 0$，不等式(6.170)对所有的 $V_{\mathrm{L}}(t)\leqslant\zeta$ 和 $t\geqslant 0$ 成立。

对式(6.170)两边积分可得

$$0\leqslant V_{\mathrm{L}}(t)\leqslant\frac{C}{2\varepsilon}+\left(V_{\mathrm{L}}(0)-\frac{C}{2\varepsilon}\right)\exp(-2\varepsilon t),\quad \forall t\geqslant 0 \tag{6.172}$$

由式(6.172)可知，$V_{\mathrm{L}}(t)$ 的边界为 $C/(2\varepsilon)$，即对于任意的 $t\geqslant 0$，$0\leqslant V_{\mathrm{L}}(t)\leqslant C/(2\varepsilon)$。由此可得 e_V、e_γ、e_α、e_Q、σ_ϕ、ξ_ϕ、$\sigma_{\delta_{\mathrm{e}}}$、$\xi_{\delta_{\mathrm{e}}}$、$\chi_\alpha$、$\chi_q$、$\tilde{w}_V^*$、$\tilde{\varphi}$ 为半全局一致最终有界的。

下面证明通过选取适当的控制器参数，速度 V 与航迹角 γ 的跟踪误差会收敛到任意小邻域。

由不等式(6.172)可得，速度 V 与航迹角 γ 的跟踪误差满足

$$\begin{aligned}|e_V|&\leqslant\sqrt{\frac{C}{\varepsilon}+\left(2V_L(0)-\frac{C}{\varepsilon}\right)\exp(-2\varepsilon t)},\quad \forall t\geqslant 0\\ |e_\gamma|&\leqslant\sqrt{\frac{C}{\varepsilon}+\left(2V_L(0)-\frac{C}{\varepsilon}\right)\exp(-2\varepsilon t)},\quad \forall t\geqslant 0\end{aligned} \tag{6.173}$$

因此有

$$\lim_{t\to\infty}|e_V|\leqslant\sqrt{C/\varepsilon},\quad \lim_{t\to\infty}|e_\gamma|\leqslant\sqrt{C/\varepsilon} \tag{6.174}$$

故速度 V 与航迹角 γ 的收敛域满足紧集：

$$R_V=\{e_V\,|\,|e_V|\leqslant\sqrt{C/\varepsilon}\},\quad R_\gamma=\{e_\gamma\,|\,|e_\gamma|\leqslant\sqrt{C/\varepsilon}\} \tag{6.175}$$

在以上的稳定性分析中，控制器设计和稳定分析中都考虑了输入约束。如果在控制器设计时不考虑输入约束，那么控制器设计为如下形式：

$$\phi_{\mathrm{d}}=-k_V e_V+\dot{V}_{\mathrm{d}}-\frac{e_V\mu_\phi(e_V)}{\xi_\phi^2+e_V^2}-\hat{w}_V^{*\mathrm{T}}\xi_V \tag{6.176}$$

$$\delta_{\mathrm{ec}}=-\left(\frac{1}{2a_q^2}+\frac{a_q^2}{2}\right)e_Q-k_q e_Q+\dot{q}_{\mathrm{d}}-\frac{e_Q\mu_{\delta_{\mathrm{e}}}(e_Q)}{\xi_{\delta_{\mathrm{e}}}^2+e_Q^2}-\frac{a_q^2}{2}e_Q\hat{\varphi}\xi_q^{\mathrm{T}}\xi_q-e_\alpha \tag{6.177}$$

在 6.3.3 节中，将对控制器设计时不考虑输入约束与考虑输入约束的仿真结果进行对比分析。

6.3.3　仿真分析

1. 仿真条件

本节将验证设计的鲁棒自适应动态面控制器的有效性。模型参数、燃油量及初始飞行条件与 6.2.3 节相同。输入约束值为 $\phi\in[0.1,1.2]$，$\delta_{\mathrm{e}}\in[-0.2618,0.2618]$，为了更好地验证所设计的控制方法的跟踪性能，考虑如下两种情形的仿真。情形 1：考虑输入约束和气动参数不确定。分别给出速度与高度的参考指令，高度由 $h_0=85000\mathrm{ft}$ 增加到 98500ft，而速度由 $V_0=7846\mathrm{ft/s}$ 增加至 10600ft/s。情形 2：考虑气动参数不确定，在控制器设计过程中并不考虑输入约束，只是在仿真中手动加入。控制器的设计由式(6.176)和式(6.177)给出。在所有的仿真情形中，考虑如下两种不确定情形：CaseⅠ：30%的气动参数不确定。CaseⅡ：20%的气动参数不确定。控制器、自适应律和附加系统的参数由表 6.2 给出。

表 6.2　控制器、自适应律和附加系统参数

参数	取值	参数	取值	参数	取值	参数	取值	参数	取值
k_V	20	k_h	2	ψ_V	0.0001	τ_α	0.05	λ	20
k_{σ_ϕ}	1.2	k_γ	5	ψ_q	0.0001	τ_q	0.05	$k_{\xi_{\delta_{\mathrm{e}}}}$	2
k_{ξ_ϕ}	0.0001	k_α	4	ψ_ϕ	0.0001	a_γ	1	$k_{\sigma_{\delta_{\mathrm{e}}}}$	2
Γ_V	10	k_q	12	$\psi_{\delta_{\mathrm{e}}}$	0.0001	a_α	1	ϑ	0.0002
b_V	0.01					a_q	1		

2. 仿真结果

情形 1 的仿真结果如图 6.11～图 6.13 所示。由图 6.11 可知，所设计的控制方法实现了速度与高度参考指令的稳定跟踪控制。速度在 200s 以内完成了加速到 10600ft/s 的任务，同时高度爬升到 98500ft。在情形 1 中，速度与高度的跟踪误差的最大绝对值分别小于 11ft/s 和 1.5ft。在情形 2 中，速度与高度的跟踪误差的最大绝对值分别小于 2.5ft/s 和 1.5ft。由图 6.11 可以看出，高度通过航迹角的稳定跟踪控制实现了对其参考指令的稳定跟踪控制。在两种不确定情形中，航迹角的跟踪误差的最大绝对值小于 0.0004rad。速度、高度与航迹角的跟踪误差远远小于他们的参考指令。由图 6.12 可以看出，系统其他状态量航迹角、攻角及俯仰角速率变化满足实际情形，且航迹角跟踪误差最大绝对值为 0.0004rad，在 150s 后收敛到 0。

由图 6.13 可以看出，输入饱和只出现在油门开度，且出现在仿真的暂态阶段，而升降舵偏角一直在其约束范围内。另外由图 6.11 可知，在饱和阶段，控制器的跟踪性能受到一定影响，但是控制输入分别在 53s 和 63s 后返回线性工作区，即控制输入恢复到了饱和前的跟踪性能。最后由图 6.11 可知，虽然在仿真初始阶段出现振荡，三个弹性状态最后保持在有界范围内。

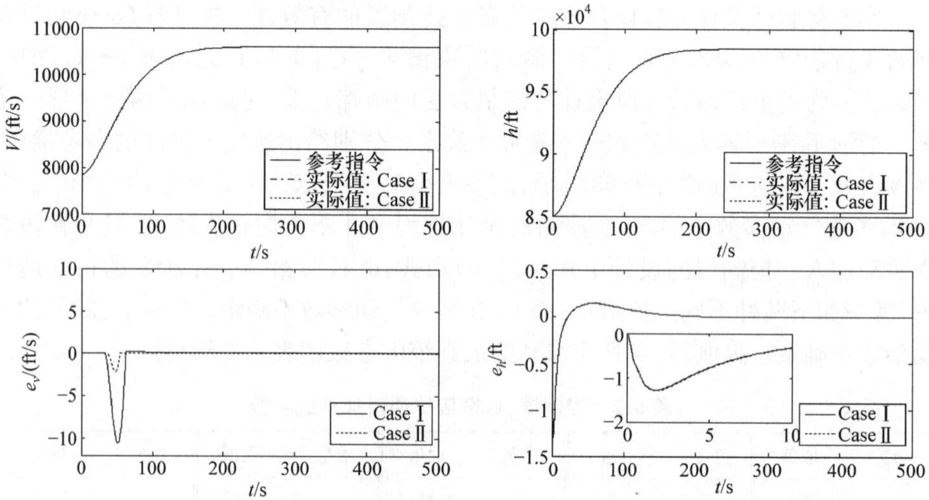

图 6.11　情形 1 中速度、高度、速度跟踪误差及高度跟踪误差曲线

为了更好地体现设计的控制器具有处理输入约束的能力，进行情形 2 的仿真，仿真结果如图 6.14～图 6.16 所示。由图可知，两种不确定情形时，控制输入达到饱和值时，系统趋于不稳定。且随着不确定的增加，输入达到饱和值的速度越快。

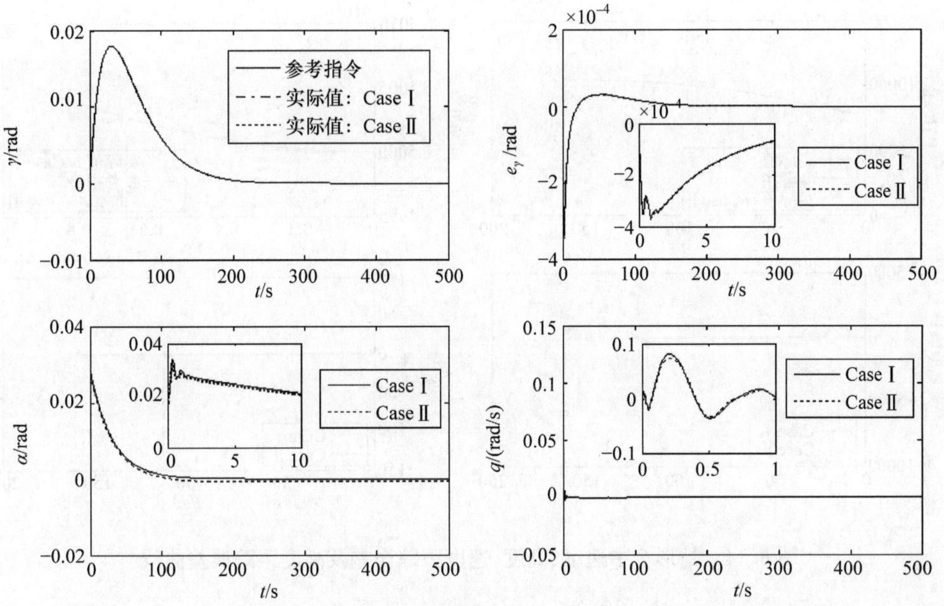

图 6.12　情形 1 中航迹角、航迹角跟踪误差、攻角及俯仰角速率的变化曲线

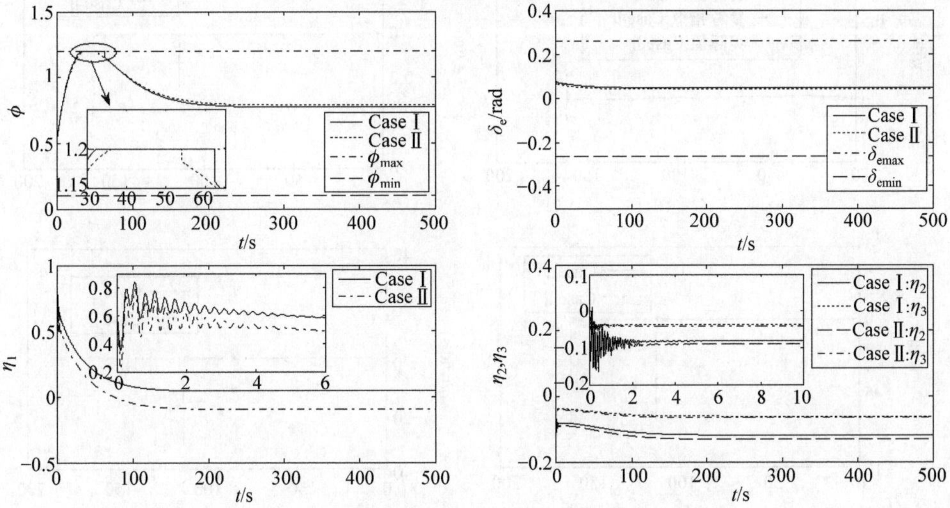

图 6.13　情形 1 中控制输入及弹性状态的变化曲线

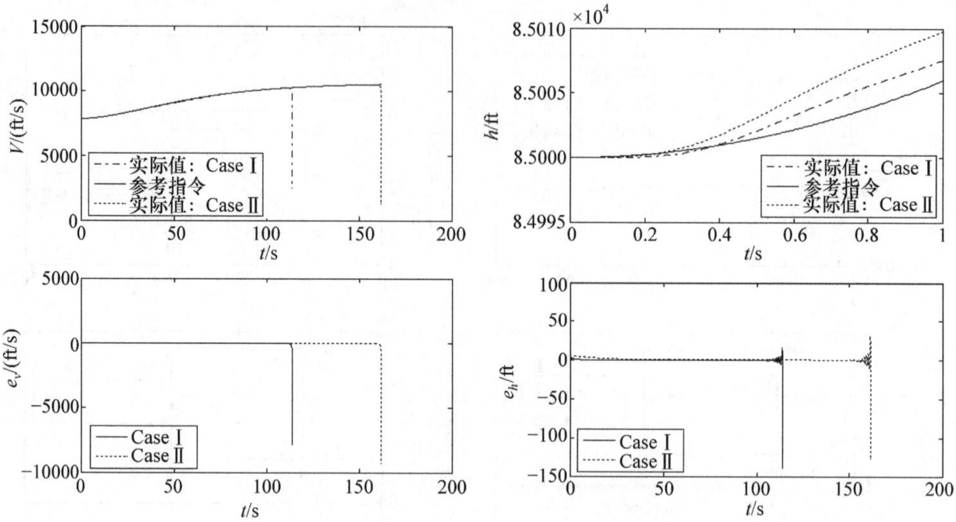

图 6.14　情形 2 中速度、高度、速度跟踪误差及高度跟踪误差曲线

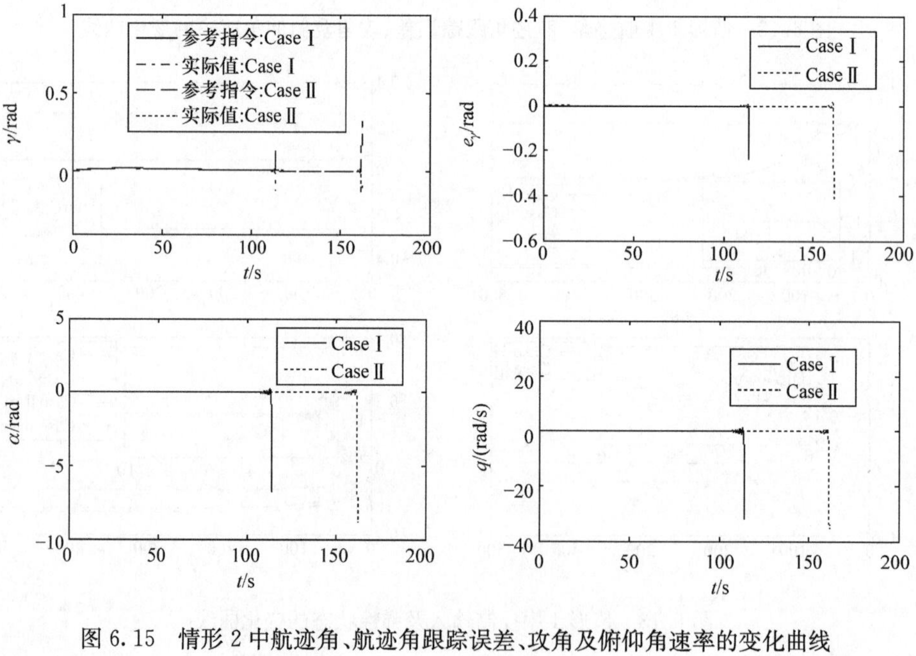

图 6.15　情形 2 中航迹角、航迹角跟踪误差、攻角及俯仰角速率的变化曲线

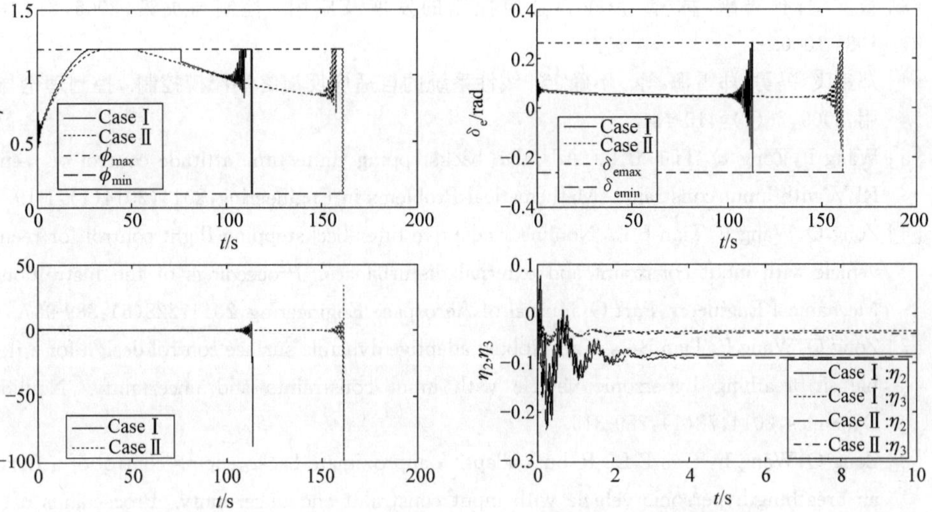

图 6.16　情形 2 中控制输入及弹性状态的变化曲线

以上仿真结果表明在控制器设计时考虑输入约束是有必要的。在所设计的控制方法的作用下，可以获得较好的跟踪性能以及满意的系统响应。

6.4　小　结

反步法是一种处理高阶非线性控制问题的有效手段，且可以将非匹配不确定转化为匹配不确定。本章首先对反步法进行相关概述，介绍了反步法的基本原理，并对其优缺点进行分析。重点考虑到高超声速飞行器的强不确定特性，开展了基于自适应反步法的高超声速飞行器稳定跟踪控制，利用自适应方法估计系统不确定，基于近似反步法设计控制器，避免了虚拟控制量的导数求取，实现了高超声速飞行器的稳定跟踪；另外，深入研究了带有输入约束的高超声速飞行器稳定跟踪控制，利用动态面方法，解决了“计算爆炸”问题，并基于 RBFNN 对系统的未知非线性函数进行逼近；同时，通过构造附加系统不断调整控制输入，解决输入约束问题，最终保证了高超声速飞行器速度与高度的跟踪控制。

参 考 文 献

[1] Kanellakopoulos I, Kokotović P V, Morse A S. Systematic design of adaptive controllers for feedback linearizable systems. IEEE Transactions on Automatic Control, 1991, 36(11): 1241-1253.

[2] Kokotović P, Arcak M. Constructive nonlinear control: A historical perspective. Automatica, 2001, 37(5): 637-662.

[3] 董文瀚，孙秀霞，林岩. 反推自适应控制的发展及应用. 控制与决策，2006，21(10)：1081-1086.

[4] 郑剑飞，冯勇，郑雪梅，等. 不确定非线性系统的自适应反演终端滑模控制. 控制理论与应用，2009，26(4)：410-414.

[5] Wang F, Zong Q, Tian B L. Adaptive backstepping finite time attitude control of reentry RLV with input constraint. Mathematical Problems in Engineering, 2014, 2014(1): 1-19.

[6] Zong Q, Wang F, Tian B L. Nonlinear adaptive filter backstepping flight control for reentry vehicle with input constraint and external disturbances. Proceedings of the Institution of Mechanical Engineers, Part G: Journal of Aerospace Engineering, 2014, 228(6): 889-907.

[7] Zong Q, Wang F, Tian B L, et al. Robust adaptive dynamic surface control design for a flexible air-breathing hypersonic vehicle with input constraints and uncertainty. Nonlinear Dynamics, 2014, 78(1): 289-315.

[8] Zong Q, Wang F, Tian B L. Robust adaptive approximate backstepping control of a flexible air-breathing hypersonic vehicle with input constraint and uncertainty. Proceedings of the Institution of Mechanical Engineers, Part I: Journal of Systems and Control Engineering, 2014, 228(7): 521-539.

[9] Sun L G, Visser C C D, Chu Q P, et al. Hybrid sensor-based backstepping control approach with its application to fault-tolerant flight control. Journal of Guidance Control and Dynamics, 2015, 37(1): 59-71.

[10] Zong Q, Wang F, Tian B L, et al. Robust adaptive approximate backstepping control design for a flexible air-breathing hypersonic vehicle. Journal of Aerospace Engineering, 2015, 28(4): 04014107.

[11] Swaroop D, Hedrick J K, Yip P P, et al. Dynamic surface control for a class of nonlinear systems. IEEE Transactions on Automatic Control, 2002, 45(10): 1893-1899.

[12] Wang D. Neural network-based adaptive dynamic surface control of uncertain nonlinear pure-feedback systems. International Journal of Robust and Nonlinear Control, 2015, 21(5): 527-541.

[13] Bolender M, Doman D. A non-linear model for the longitudinal dynamics of a hypersonic air-breathing vehicle. AIAA Guidance, Navigation, and Control Conference and Exhibit, San Francisco, 2005.

[14] Chen M, Ge S S, Ren B B. Adaptive tracking control of uncertain MIMO nonlinear systems with input constraints. Automatica, 2011, 47(3): 452-465.

第7章　具有非最小相位特性的高超声速飞行器稳定跟踪控制

高超声速飞行器采用机体/发动机一体化设计的特殊结构，升降舵-升力耦合导致系统中存在不稳定零动态，从而使整个飞行器系统呈现出非最小相位特性。非最小相位特性作为影响高超声速飞行器安全飞行的潜在风险，若控制器设计不当将会导致零动态发散，破坏系统的稳定性。对于非最小相位系统，不仅要考虑输出跟踪，还要考虑零动态的镇定。而传统非线性控制方法只关注输出的精确跟踪。针对非最小相位系统的零动态镇定问题，传统非线性控制方法存在缺陷。研究具有非最小相位特性的高超声速飞行器稳定跟踪控制，对保证飞行安全具有重要意义。本章针对高超声速飞行器模型中的非最小相位问题，提出了能够克服模型中存在的不稳定零动态的途径。

本章主要内容安排如下：7.1节介绍非最小相位的基本概念；7.2节分析高超声速飞行器的非最小相位特性；7.3节解决弱非最小相位特性影响下高超声速飞行器稳定跟踪控制问题；7.4节解决强非最小相位特性影响下刚体高超声速飞行器稳定跟踪控制问题；7.5节对本章进行总结。

7.1　非最小相位的基本概念

非最小相位特性是系统的一种本质属性。1988年，Byrnes和Isidori提出零动态[1]的概念，将非最小相位的定义扩展到非线性系统，并将微分几何理论引入非线性系统，为非最小相位系统的跟踪控制提供了有力的研究工具。非最小相位系统是指包含不稳定零动态的系统[2]。零动态是指输出恒为零时系统的内动态，是对线性系统零点的推广。根据微分几何理论，动态系统的状态可以划分为外部状态和内部状态。对n阶SISO系统，进行输出求导直到出现控制输入，求导的最高次数r称为系统的相对阶，输出及其各阶导数(一直到$r-1$阶导数)称为外部状态，其余不能用输出及其导数表示的状态称为内部状态。

Isidori通过微分同胚映射理论提出了B-I标准型[2]。对于仿射非线性系统：

$$\begin{aligned} \dot{x}&=f(x)+g(x)u \\ y&=h(x) \end{aligned} \tag{7.1}$$

式中，$x=[x_1,x_2,\cdots,x_n]^{\mathrm{T}}\in\mathbb{R}^n$为系统状态；$u\in\mathbb{R}$为系统输入；$y\in\mathbb{R}$为系统输出；$f(x)=[f_1(x),f_2(x),\cdots,f_n(x)]^{\mathrm{T}}\in\mathbb{R}^n$；$g(x)=[g_1(x),g_2(x),\cdots,g_n(x)]^{\mathrm{T}}\in\mathbb{R}^n$，

$h(x)\in\mathbb{R}$ 。其 B-I 标准型可表示为

$$\begin{aligned}\xi_1^{(r)}&=b(\xi,\eta)+a(\xi,\eta)u\\ \dot{\eta}&=q(\xi,\eta)\end{aligned}\tag{7.2}$$

式中，$\xi=[\xi_1,\xi_2,\cdots,\xi_r]^{\mathrm{T}}=[y,\dot{y},\cdots,y^{(r-1)}]^{\mathrm{T}}\in\mathbb{R}^r$ 表示输出及其各阶导数，为系统的外部状态；$\eta\in\mathbb{R}^{n-r}$ 不能用输出及其各阶导数表示，为系统的内部状态，内部状态构成的动力系统 $\dot{\eta}=q(\xi,\eta)$ 称为内动态。采用反馈控制律：

$$u=\frac{-b(\xi,\eta)+v}{a(\xi,\eta)}\tag{7.3}$$

得到系统：

$$\begin{aligned}\xi_1^{(r)}&=v\\ \dot{\eta}&=q(\xi,\eta)\end{aligned}\tag{7.4}$$

这个过程称为反馈线性化，其中 v 为新输入。可见，系统被分解成了一个 r 维的线性积分链子系统和一个 $n-r$ 维的非线性内动态子系统，如图 7.1 所示。

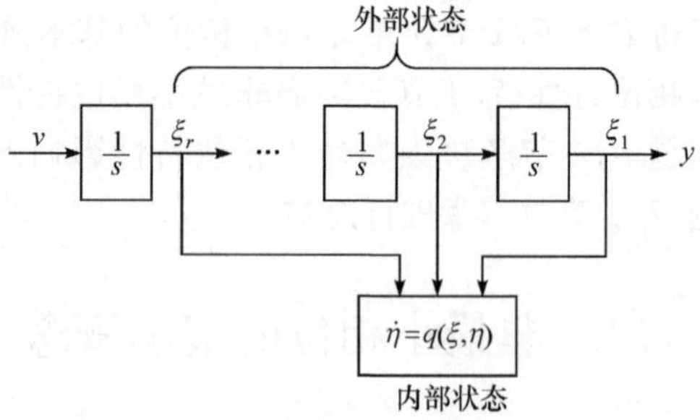

图 7.1　系统的 B-I 标准型

最小相位系统与非最小相位系统的根本区别在于零动态的稳定性。零动态刻画的是输出恒为零时系统的内动态，即 $\dot{\eta}=q(0,\eta)$，因此零动态的稳定性反映了内动态本身的结构是否稳定。对于最小相位系统，内动态具备自稳定性，因此只需要针对外部状态设计跟踪控制器。只要跟踪控制器能保证外部状态稳定，则整个系统的稳定性也就保证了。而对于非最小相位系统，内动态不具备自稳定性，必须同时考虑输出的跟踪和内动态的稳定。因此，非最小相位系统的跟踪控制要比最小相位系统困难得多。经典的非线性跟踪控制理论基本上都是在最小相位系统的基础上发展起来的，将它们直接用于非最小相位系统会导致内动态发散，无法保证系统稳定性[3]。因此，具有非最小相位特性的高超声速飞行器控制器设计是一个难点问题，必须引入非最小相位系统控制理论来设计稳定可靠的控制器。

7.2　高超声速飞行器的非最小相位特性

本节以俄亥俄州立大学 Lisa 弹性高超声速飞行器模型为研究对象，对模型进行处理，并在该基础上对高超声速飞行器的非最小相位特性进行分析。

7.2.1　具有非最小相位特性的高超声速飞行器模型

高超声速飞行器模型中的非最小相位特性表现在刚体的升降舵-俯仰角动态中，为了研究方便，在分析过程中将忽略弹性，保留升降舵-升力耦合，得到具有非最小相位特性的高超声速飞行器仿射非线性模型：

$$\begin{aligned}&\dot{V}=f_V(V,h,\gamma,\theta)+g_V(V,h,\gamma,\theta)\phi\\&\dot{h}=V\sin\gamma\\&\dot{\gamma}=f_\gamma(V,h,\gamma,\theta)+g_\gamma(V,h,\gamma,\theta)\delta_e\\&\dot{\theta}=Q\\&\dot{Q}=f_q(V,h,\gamma,\theta)+g_{q1}(V,h,\gamma,\theta)\phi+g_{q2}(V,h,\gamma,\theta)\delta_e\end{aligned}\tag{7.5}$$

式中

$$\begin{aligned}&f_V(V,h,\gamma,\theta)=(\bar{q}SC_T(\alpha)\cos\alpha-\bar{q}SC_D(\alpha)-mg\sin\gamma)/m\\&g_V(V,h,\gamma,\theta)=\bar{q}SC_{T\phi}(\alpha)/m\\&f_\gamma(V,h,\gamma,\theta)=(\bar{q}SC_L(\alpha)+\bar{q}SC_T(\alpha)\sin\alpha-mg\cos\gamma)/(mV)\\&g_\gamma(V,h,\gamma,\theta)=\bar{q}SC_L^{\delta_e}/(mV)\\&f_q(V,h,\gamma,\theta)=(z_T\bar{q}SC_T(\alpha)+\bar{q}\bar{c}SC_M(\alpha))/I_{yy}\\&g_{q1}(V,h,\gamma,\theta)=z_T\bar{q}SC_{T\phi}(\alpha)/I_{yy}\\&g_{q2}(V,h,\gamma,\theta)=\bar{q}\bar{c}SC_M^{\delta_e}/I_{yy}\end{aligned}\tag{7.6}$$

其中

$$\begin{aligned}&C_T(\alpha)=C_T^3\alpha^3+C_T^2\alpha^2+C_T^1\alpha+C_T^0\\&C_{T\phi}(\alpha)=C_T^{\phi\alpha^3}\alpha^3+C_T^{\phi\alpha^2}\alpha^2+C_T^{\phi\alpha}\alpha+C_T^{\phi}\\&C_L(\alpha)=C_L^\alpha\alpha+C_L^0\\&C_D(\alpha)=C_D^{\alpha^2}\alpha^2+C_D^\alpha\alpha+C_D^0\\&C_M(\alpha)=C_M^{\alpha^2}\alpha^2+C_M^\alpha\alpha+C_M^0\end{aligned}\tag{7.7}$$

系统输出为$[V,h]$，输入为$[\phi,\delta_e]$，根据模型式(7.5)中变量的作用关系，将模型分为高度子系统和速度子系统，模型的结构图如图 7.2 所示。

根据模型式(7.5)可知，输出 V 的一阶导数中即出现控制量 ϕ，因此输出 V 的相对阶为 1。另外，对高度 h 求二阶导数可得

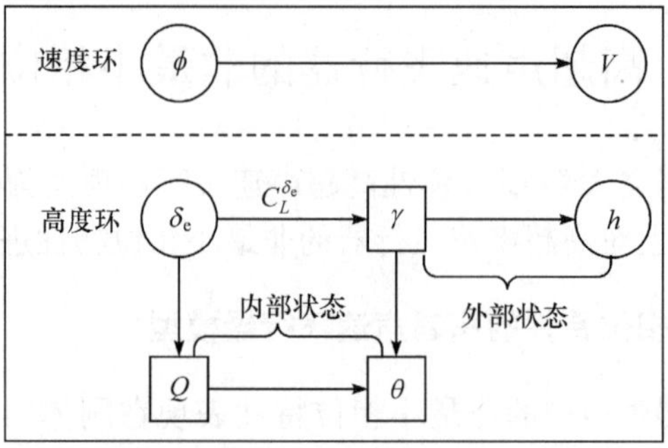

图 7.2 高超声速飞行器模型结构

$$
\begin{aligned}
\ddot{h} &= \dot{V}\sin\gamma + V\cos\gamma\dot{\gamma} \\
&= \dot{V}\sin\gamma + f_{\gamma}(V,h,\gamma,\theta)V\cos\gamma + g_{\gamma}(V,h,\gamma,\theta)V\cos\gamma\delta_e
\end{aligned} \tag{7.8}
$$

可见,输出 h 的二阶导数中出现了控制量 δ_e,因此输出 h 的相对阶为 2。而且 $\gamma=\arcsin(\dot{h}/V)$ 完全由输出及其导数决定,因此 γ 也是外部状态,故模型中 V、h、γ 为外部状态,从而得到系统的外部状态方程为

$$
\begin{aligned}
\dot{V} &= f_V(V,h,\gamma,\theta) + g_V(V,h,\gamma,\theta)\phi \\
\dot{h} &= V\sin\gamma \\
\dot{\gamma} &= f_{\gamma}(V,h,\gamma,\theta) + g_{\gamma}(V,h,\gamma,\theta)\delta_e
\end{aligned} \tag{7.9}
$$

它反映了系统输入-输出之间的映射关系,代表系统的输入-输出动态。此外,系统中还剩余两个状态 θ、Q,不能用输出及其各阶导数表示,称为内部状态,其是在系统输入-输出动态之外的剩余动态。系统的内动态方程为

$$
\begin{aligned}
\dot{\theta} &= Q \\
\dot{Q} &= f_q(V,h,\gamma,\theta) + g_{q1}(V,h,\gamma,\theta)\phi + g_{q2}(V,h,\gamma,\theta)\delta_e
\end{aligned} \tag{7.10}
$$

下面分析系统的零动态。首先定义速度及高度的跟踪误差分别为 $e_V=V-V_d$ 和 $e_h=h-h_d$,根据零动态的定义,e_V、e_h 恒为零时的内动态即为系统的零动态。

因此令 $e_V=0$,$e_h=0$,即 $V=V_d$,$h=h_d$,其中,V_d 和 h_d 分别为速度和高度的期望跟踪指令。将 $V=V_d$,$h=h_d$ 代入外部状态方程式(7.9),可得

$$
\begin{aligned}
\dot{V}_d &= f_V(V_d,h_d,\gamma,\theta) + g_V(V_d,h_d,\gamma,\theta)\phi \\
\dot{h}_d &= V_d\sin\gamma \\
\dot{\gamma} &= f_{\gamma}(V_d,h_d,\gamma,\theta) + g_{\gamma}(V_d,h_d,\gamma,\theta)\delta_e
\end{aligned} \tag{7.11}
$$

由式(7.11)可以求出外部状态 γ 和系统控制量:

$$
\begin{aligned}
\gamma &= \arcsin(\dot{h}_d/V_d) \\
\phi &= \frac{\dot{V}_d - f_V(V_d,h_d,\gamma,\theta)}{g_V(V_d,h_d,\gamma,\theta)} \\
\delta_e &= \frac{\dot{\gamma} - f_{\gamma}(V_d,h_d,\gamma,\theta)}{g_{\gamma}(V_d,h_d,\gamma,\theta)}
\end{aligned} \tag{7.12}
$$

式(7.12)可表达成关于(V_d, h_d, θ)的函数形式,记为

$$\begin{aligned}\gamma&=\gamma_d(V_d, h_d, \theta)\\ \phi&=\phi_d(V_d, h_d, \theta)\\ \delta_e&=\delta_{ed}(V_d, h_d, \theta)\end{aligned} \tag{7.13}$$

将式(7.13)代入内动态方程式(7.10),即可得到系统的零动态如下:

$$\begin{aligned}\dot{\theta}&=Q\\ \dot{Q}&=f_q(V_d, h_d, \theta)\end{aligned} \tag{7.14}$$

即为输出 e_V、e_h 恒为零时系统的零动态。其中

$$\begin{aligned}f_q(V_d, h_d, \theta)=&f_q[V_d, h_d, \gamma_d(V_d, h_d, \theta), \theta]+g_{q1}(V_d, h_d, \gamma_d, \theta)\phi_d(V_d, h_d, \theta)\\ &+g_{q2}[V_d, h_d, \gamma_d(V_d, h_d, \theta), \theta]\delta_{ed}(V_d, h_d, \theta)\end{aligned} \tag{7.15}$$

7.2.2　非最小相位特性分析

传统的非线性控制方法以实现精确跟踪为目的,即采用精确反馈线性化方法实现对速度 V 和高度 h 的精确跟踪以后,俯仰角 θ 和俯仰角速率 Q 的运动情况将由式(7.14)决定,因而零动态的稳定性会影响整个系统的稳定性。所以,在设计控制器之前,应首先对零动态稳定性进行判定。若零动态是稳定的,则只需采取传统控制方法,针对外部状态设计跟踪控制器,而内部状态能自然保持稳定。若零动态是不稳定的,说明系统是非最小相位系统,则传统控制方法无法保证稳定性,必须引入非最小相位系统控制方法。另外,升降舵-升力耦合系数的大小直接影响系统非最小相位特性的强弱。根据系统非最小相位特性的强弱不同,可以采取不同的控制方法。下面将分析升降舵-升力耦合系数对零动态的影响,得出系统非最小相位特性强弱与升降舵-升力耦合系数之间的关系,以便针对不同的升降舵-升力耦合程度,确定控制方法。

1. 高超声速飞行器零动态稳定性分析

由于零动态是非线性的,本节通过数值仿真来进行分析。只要零动态在某一个平衡点上不稳定,就能说明系统的零动态是不稳定的。为了简便,但是不失一般性,取常值参考指令 $V_d=8000\text{ft/s}$,$h_d=80000\text{ft}$,另外内部状态的初值取它们对应于 V_d、h_d 的平衡点处的值。零动态的仿真结果如图 7.3 所示。

由图 7.3 可以看出零动态在 1s 内迅速发散。因此,系统关于输出 e_V、e_h 的零动态是不稳定的,说明该高超声速飞行器模型是非最小相位系统,必须采用非最小相位系统控制方法对不稳定零动态加以控制,保证整个系统的稳定。

2. 高超声速飞行器强弱非最小相位特性分析

由于系统的非最小相位特性是由升降舵-升力耦合导致的,下面通过 MAT-

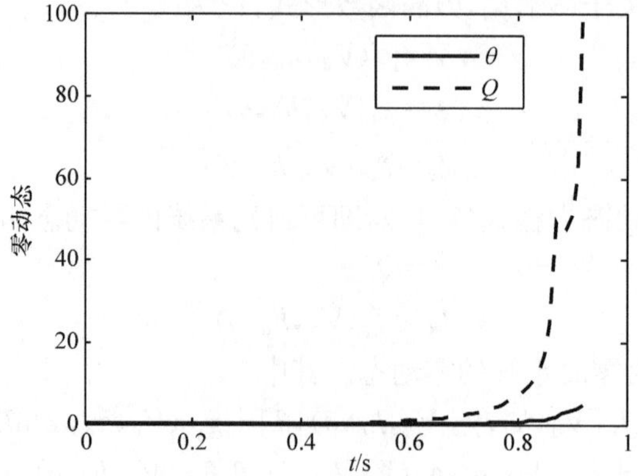

图 7.3　零动态仿真结果

LAB 分析线性化零动态特征根的分布情况与升降舵-升力耦合系数 $C_L^{\delta_e}$ 的关系，从而给出升降舵-升力耦合对高超声速飞行器非最小相位特性影响的结论。

取平衡点 $V=8000\text{ft/s}$，$h=80000\text{ft}$，对零动态进行线性化，求出线性化零动态的特征根，通过改变升降舵-升力耦合系数 $C_L^{\delta_e}$ 画出零动态根轨迹，如图 7.4 所示。

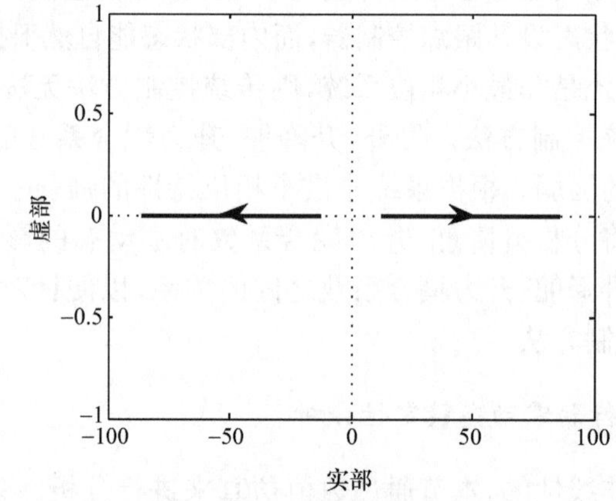

图 7.4　$C_L^{\delta_e}$ 减小时零动态根轨迹

图 7.4 显示了 $C_L^{\delta_e}$ 从标称值 0.07348 减小到 0.01 时零动态特征根（即系统零点）的变化情况。可以看出，零动态包含一正一负两个实根。而且随着升降舵-升力耦合系数的减小，系统零点向远离虚轴的方向运动。可见，当 $C_L^{\delta_e}\to 0$ 时，系统零点将趋于无穷远处而消失。说明当不存在升降舵-升力耦合时，系统零点将消失，从而系统成为最小相位系统，这验证了高超声速飞行器的非最小相位特性是由升降舵-升力耦合导致的。

虽然升降舵-升力耦合带来非最小相位特性，但是由于 $C_L^{\delta_e}$ 的标称值较小，系统非最小相位特性较弱。下面接着分析升降舵-升力耦合系数从标称值增大时零动态特征根的变化情况。

图 7.5 显示了 $C_L^{\delta_e}$ 从标称值 0.07348 增大到 5 时零动态特征根的变化情况。可以看出，随着升降舵-升力耦合系数的增大，系统零点向靠近虚轴的方向运动。这说明升降舵-升力耦合系数越大，系统的非最小相位特性越强。

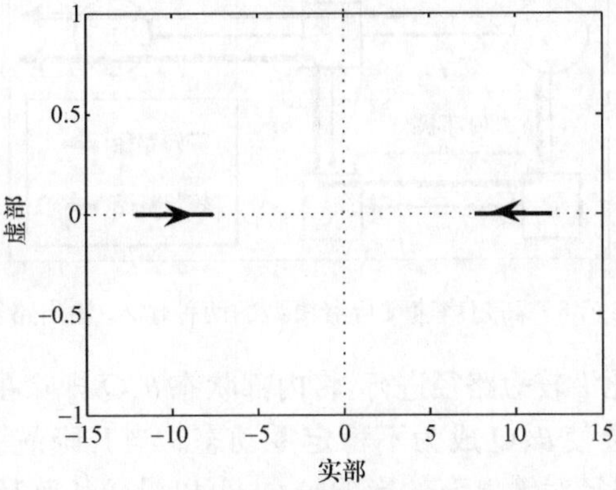

图 7.5 $C_L^{\delta_e}$ 增大时零动态根轨迹

通过上面的分析，得出了高超声速飞行器存在不稳定零动态的结论，因而必须引入非最小相位系统控制理论，在实现跟踪控制目标的同时兼顾系统内部状态的稳定，以确保实际飞行的安全稳定。另外，通过分析零动态随升降舵-升力耦合系数变化的根轨迹发现，升降舵-升力耦合系数越大，系统的非最小相位特性越强。当升降舵-升力耦合系数的实际值较小时，可以采取适用于弱非最小相位系统的控制方法，设计起来比较简单；当升降舵-升力耦合系数的实际值较大时，所设计的控制器必须能抵抗强非最小相位特性的影响，采取适用于强非最小相位系统的控制方法，确保系统的稳定性。后面将根据这两种情况分别采取不同方法进行控制器设计。

7.3 弱非最小相位特性的高超声速飞行器稳定跟踪控制

7.3.1 弱非最小相位系统跟踪控制方法

由之前的分析可知，当升降舵-升力耦合系数较小时，高超声速飞行器可以看成弱非最小相位系统。根据文献[4]，对于弱非最小相位系统，若忽略弱耦合所得近似系统的零动态是稳定的，则针对近似系统设计的跟踪控制器用于原系统时能保证系统稳定且跟踪误差有界。由式(7.8)可以看出，升降舵-升力耦合的存在导

致输入 δ_e 出现在输出 h 的较低阶导数中，使系统相对阶降低，从而使得 (θ,Q) 成为内部状态。此时系统中存在两条从输入 δ_e 到输出 h 的输入-输出路径，其中较短路径只穿过外部状态，较长路径同时穿过外部状态和内部状态，如图 7.6 所示。

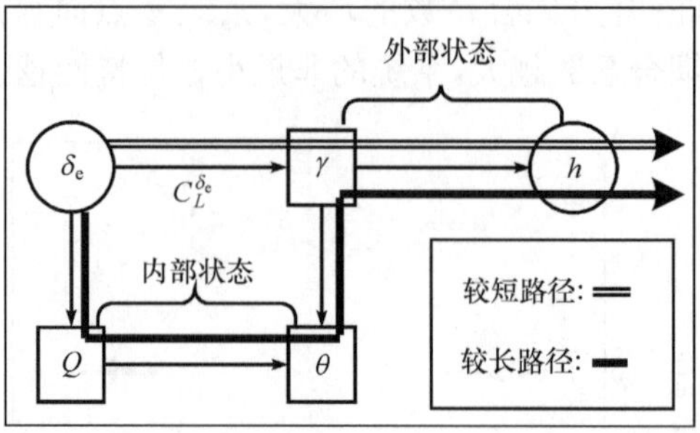

图 7.6　高超声速飞行器模型的两种输入-输出路径

精确反馈线性化沿较短路径进行，将内部状态 θ、Q 排除在外，实现精确输入-输出线性化的同时会使 θ、Q 成为不稳定零动态。当升降舵-升力耦合系数较弱时，输入 δ_e 通过短路径对输出 h 的影响较小，可以沿较长路径进行近似反馈线性化。由于长路径包含内部状态，在实现近似输入-输出线性化的同时零动态也得到控制。因此，为了保证内部状态稳定，需要采用扩展控制回路 $\delta_e \to Q \to \theta \to \gamma \to h$，即利用升降舵偏转角 δ_e 控制俯仰角速率 Q，俯仰角速率 Q 控制俯仰角 θ，俯仰角 θ 控制航迹角 γ，航迹角 γ 控制高度 h。基于这种思想，将把航迹角 γ 动态中的 δ_e 作为不确定处理，提高系统的相对阶，在 7.3.2 节建立高超声速飞行器面向控制模型。

7.3.2　高超声速飞行器面向控制建模

高超声速飞行器原始模型是一个复杂系统，直接用于控制器设计会带来很多不便。为了使模型适合于控制器设计，需要对模型进行简化，即面向控制建模。面向控制建模分为两个步骤，第一步是对原始模型进行简化，第二步在第一步的基础上进行变换。如图 7.7 所示。

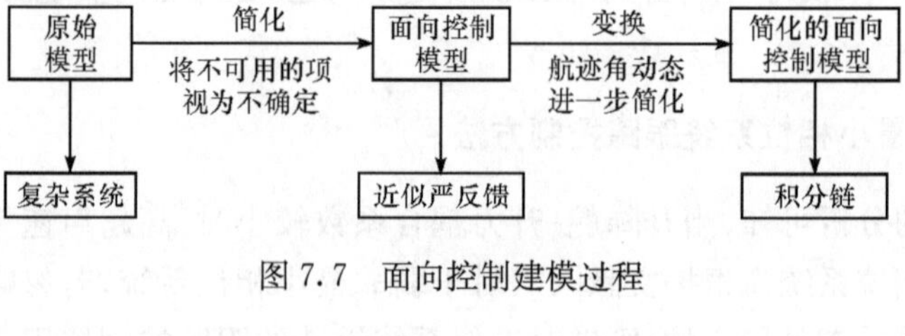

图 7.7　面向控制建模过程

第一步简化遵循传统的面向控制建模过程[5]，将原始模型中一些不可用的项视为不确定，包括：①弹性模态：它们不可测量因而无法用于控制器设计。②输入-输出耦合：高度环中的 ϕ 是不期望的耦合量，可视为不确定以便使系统解耦。③升降舵-升力耦合：升降舵-升力耦合引起非最小相位特性，应该将其当作不确定以便提高系统的相对阶。

根据以上分析，将简化的项记作不确定，从而得到面向控制模型：

$$\begin{aligned}&\dot{V}=f_V+g_V\phi+d_V\\&\dot{h}=V\sin\gamma\\&\dot{\gamma}=f_{\gamma0}+d_\gamma\\&\dot{\theta}=Q\\&\dot{Q}=f_q+g_q\delta_{\mathrm{e}}+d_q\end{aligned}\tag{7.16}$$

式中

$$\begin{aligned}&f_V=(\bar{q}SC_T(\alpha)\cos\alpha-\bar{q}SC_D(\alpha)-mg\sin\gamma)/m,g_V=\bar{q}SC_{T\phi}(\alpha)\cos\alpha/m\\&d_V=[\bar{q}SC_T^{\eta}\eta\cos\alpha+\bar{q}S(C_D^{\delta_{\mathrm{e}}^2}\delta_{\mathrm{e}}^2+C_D^{\delta_{\mathrm{e}}}\delta_{\mathrm{e}}+C_D^{\eta}\eta)]/m\\&f_{\gamma0}=(\bar{q}SC_L(\alpha)+\bar{q}SC_T(\alpha)\sin\alpha-mg\cos\gamma)/(mV)\\&d_\gamma=[\bar{q}S(C_L^{\delta_{\mathrm{e}}}\delta_{\mathrm{e}}+C_L^{\eta}\eta)+\bar{q}S(C_{T\phi}(\alpha)\phi+C_T^{\eta}\eta)\sin\alpha]/(mV)\\&f_q=(z_T\bar{q}SC_T(\alpha)+\bar{q}\bar{c}SC_M(\alpha))/I_{yy}\\&g_q=\bar{q}\bar{c}SC_M^{\delta_{\mathrm{e}}}/I_{yy}\\&d_q=[z_T\bar{q}S(C_{T\phi}(\alpha)\phi+C_T^{\eta}\eta)+\bar{q}\bar{c}SC_M^{\eta}\eta]/I_{yy}\end{aligned}\tag{7.17}$$

式(7.16)中，第一个方程对应速度输出 V 和输入 ϕ，构成速度子系统，后四个方程对应高度输出 h 和输入 δ_{e}，构成高度子系统。如前所述，为了处理非最小相位问题，需要将俯仰角 θ 作为航迹角 γ 的虚拟输入。因此，将 $f_{\gamma0}$ 分解为如下两部分：

$$f_{\gamma0}=f_{\gamma1}+g_{\gamma1}\theta\tag{7.18}$$

式中

$$\begin{aligned}&f_{\gamma1}=(\bar{q}SC_L^0-\bar{q}SC_L^{\alpha}\gamma+\bar{q}SC_T(\alpha)\sin\alpha-mg\cos\gamma)/(mV)\\&g_{\gamma1}=\bar{q}SC_L^{\alpha}/(mV)\end{aligned}\tag{7.19}$$

另外，由于航迹角 γ 在整个飞行包线上都很小，可以使用式(7.20)近似：

$$\dot{h}=V\sin\gamma\approx V\gamma\tag{7.20}$$

从而高度环变成式(7.21)所示的近似严反馈形式：

$$\begin{aligned}&\dot{h}=V\gamma\\&\dot{\gamma}=f_{\gamma1}+g_{\gamma1}\theta+d_\gamma\\&\dot{\theta}=Q\\&\dot{Q}=f_q+g_q\delta_{\mathrm{e}}+d_q\end{aligned}\tag{7.21}$$

式(7.21)为简化得到的模型，称为面向控制模型(control-oriented model, COM)。该模型中，由于γ、θ出现在了$f_{\gamma 1}$中，并不是真正的严反馈系统[6]，阻碍了自适应反步法的直接应用。由于自适应反步法适用于严反馈系统，尤其适合积分链系统，因此可以对航迹角γ子系统进一步变换以便于使用自适应反步法。针对航迹角方程：

$$\dot{\gamma}=f_{\gamma 1}+g_{\gamma 1}\theta+d_{\gamma} \tag{7.22}$$

式中，俯仰角θ是虚拟控制量，其系数g_{γ}恒为正。为了方便，将系数$g_{\gamma 1}$放缩到1，并将其他所有项一并视为不确定，则式(7.22)变为

$$\dot{\gamma}=\theta+d_{\gamma 0} \tag{7.23}$$

式中，$d_{\gamma 0}$为综合不确定，即

$$d_{\gamma 0}=f_{\gamma 1}+g_{\gamma 1}\theta+d_{\gamma}-\theta \tag{7.24}$$

二次简化后，高度环的后三个方程变为式(7.25)的形式：

$$\begin{aligned}&\dot{\gamma}=\theta+d_{\gamma 0}\\&\dot{\theta}=Q\\&\dot{Q}=f_{q}+g_{q}\delta_{\mathrm{e}}+d_{q}\end{aligned} \tag{7.25}$$

式(7.25)为第二步变换得到的模型，称为简化的面向控制模型(simplified control-oriented model, SCOM)，该模型符合积分链形式，且模型中带有不确定。相比于近似严反馈形式的COM式(7.21)，积分链形式的SCOM式(7.25)具有两方面的优点：第一，转化为积分链形式便于使用自适应反步法；第二，自适应反步法可以很好地处理不确定问题，通过自适应律可以对不确定进行补偿，实现良好的控制效果。

7.3.3 弱非最小相位的高超声速飞行器控制器设计

在设计控制器之前，首先介绍两个引理。

引理7.1(拉萨尔定理[7]) 设$\Omega\subset D$是系统$\dot{x}=f(x)$的一个正不变紧集。设$V:D\to\mathbb{R}$是连续可微函数，在Ω内满足$\dot{V}(x)\leqslant 0$。设E是Ω内所有点的集合，满足$\dot{V}(x)=0$，M是E内的最大不变集。那么当$t\to\infty$时，始于Ω内的每个解都趋于M。

引理7.2(输入状态稳定性定理[7]) 对于线性时不变系统：

$$\dot{x}=Ax+Bu$$

式中，A是Hurwitz矩阵。则该系统是输入状态稳定的，且存在正常数λ、k使得

$$\|x(t)\|\leqslant k\mathrm{e}^{-\lambda t}\|x(0)\|+\frac{k\|B\|}{\lambda}\sup_{0\leqslant\tau\leqslant t}\|u(\tau)\|$$

为了方便控制器设计和稳定性分析，借鉴文献[8]～[10]，对面向控制模型式(7.21)中的不确定作如下假设。

假设 7.1　当输出参考指令为常数时，不确定 d_V、d_γ、d_q 可视为未知常数；当输出参考指令为时变指令时，不确定 d_V、d_γ、d_q 可视为变化率有界的干扰，即 $\dot{d}_V$、$\dot{d}_\gamma$、$\dot{d}_q$ 是有界的。

同理，对简化的面向控制模型式(7.25)中的不确定进行如下假设。

假设 7.2　当输出参考指令为常数时，不确定 $d_{\gamma 0}$ 可视为未知常数；当输出参考指令为时变指令时，不确定 $d_{\gamma 0}$ 可视为变化率有界的干扰，即 $\dot{d}_{\gamma 0}$ 是有界的。

1. 速度环控制器设计

考虑速度跟踪误差动态方程：

$$\dot{e}_V = f_V + g_V\phi + d_V - \dot{V}_{\mathrm{d}} \tag{7.26}$$

这是一个带有匹配不确定的一阶系统。由于 d_V 未知，将在控制器中由估计值 $\hat{d}_V$ 代替。控制输入设计为

$$\phi = (-k_V e_V - f_V - \hat{d}_V + \dot{V}_{\mathrm{d}})/g_V \tag{7.27}$$

式中，k_V 为正常数。将估计误差记为 $e_{d_V} = d_V - \hat{d}_V$，则闭环系统为

$$\dot{e}_V = -k_V e_V + e_{d_V} \tag{7.28}$$

为了保证速度环的稳定性，定义如下候选 Lyapunov 函数：

$$V_V = \frac{1}{2}e_V^2 + \frac{1}{2b_V}e_{d_V}^2 \tag{7.29}$$

式中，b_V 是一个正常数。下面将从常值输出参考指令出发来设计控制器，根据假设 7.1，d_V 是一个常数，因而得到

$$\dot{e}_{d_V} = \dot{d}_V - \dot{\hat{d}}_V = -\dot{\hat{d}}_V \tag{7.30}$$

从而 V_V 的导数为

$$\begin{aligned}\dot{V}_V &= e_V\dot{e}_V + \frac{1}{b_V}e_{d_V}\dot{e}_{d_V}\\ &= e_V(-k_V e_V + e_{d_V}) - \frac{1}{b_V}e_{d_V}\dot{\hat{d}}_V\\ &= -k_V e_V^2 + e_{d_V}\left(e_V - \frac{1}{b_V}\dot{\hat{d}}_V\right)\end{aligned} \tag{7.31}$$

根据式(7.31)，通过 Lyapunov 方法来设计 $\hat{d}_V$ 的自适应律为

$$\dot{\hat{d}}_V = b_V e_V \tag{7.32}$$

可得 $\dot{V}_V = -k_V e_V^2 \leqslant 0$。即 $\dot{V}_V$ 是半负定而不是负定的，因而需要用拉萨尔定理来分

析稳定性。解 $\dot{V}_V=0$，可得 $e_V=0$。若 $e_V\equiv 0$，则 $\dot{e}_V=0$。根据式(7.28)，可得 $e_{d_V}=0$。因此最大不变集为 $\{(e_V,e_{d_V})\mid e_V=0,e_{d_V}=0\}$。根据引理 7.1，有 $\lim\limits_{t\to\infty}e_V=0$，$\lim\limits_{t\to\infty}e_{d_V}=0$，表明速度环是渐近稳定的。

当跟踪时变输出参考指令时，d_V 不是常数，渐近稳定性不再成立，但是可以通过引理 7.2 证明有界稳定性。根据式(7.28)和式(7.32)，可以得到速度环闭环系统：

$$\dot{e}_1=A_1e_1+B_1u_1 \tag{7.33}$$

式中

$$e_1=\begin{bmatrix}e_V\\ e_{d_V}\end{bmatrix},\quad u_1=\begin{bmatrix}0\\ \dot{d}_V\end{bmatrix},\quad A_1=\begin{bmatrix}-k_V & 1\\ -b_V & 0\end{bmatrix},\quad B_1=\begin{bmatrix}1 & 0\\ 0 & 1\end{bmatrix} \tag{7.34}$$

不难验证 A_1 是 Hurwitz 的，根据引理 7.2，得

$$\|e_V(t)\|\leqslant\|e_1(t)\|\leqslant a_1\|e_1(0)\|+b_1 \tag{7.35}$$

式中

$$a_1=k_1\mathrm{e}^{-\lambda_1 t},\quad b_1=\frac{k_1\|B_1\|}{\lambda_1}\sup_{0\leqslant\tau\leqslant t}\|u_1(\tau)\| \tag{7.36}$$

λ_1、k_1 是正常数。根据假设 7.1，$|\dot{d}_V|$ 有界，表明 $\|u_1\|$ 是有界的。因此，$\|e_V\|$ 也是有界的。注意到当 $\dot{d}_V=0$ 时，$\|e_V(t)\|\leqslant k_1\mathrm{e}^{-\lambda_1(t-t_0)}\|e_1(0)\|$ 成立，因而同样可以得到 $\lim\limits_{t\to\infty}e_V=0$ 的结论，与之前用拉萨尔定理证明所得结论一样。

2. 高度环控制器设计

如前所述，高度环的控制回路为 $\delta_e\to Q\to\theta\to\gamma\to h$，其中 γ、θ、Q 是虚拟控制量，需要对它们的期望值 γ_d、θ_d、Q_d 进行设计。高度 h、航迹角 γ、俯仰角 θ 以及俯仰角速率 Q 的跟踪误差分别定义如下：

$$e_h=h-h_d,\quad e_\gamma=\gamma-\gamma_d,\quad e_\theta=\theta-\theta_d,\quad e_q=Q-Q_d \tag{7.37}$$

在简化的面向控制模型式(7.25)基础上，采用自适应反步法设计高度环控制器，其设计框图如图 7.8 所示。

步骤 1 高度误差 e_h 子系统表达式为

$$\dot{e}_h=Ve_\gamma+V\gamma_d-\dot{h}_d \tag{7.38}$$

虚拟控制 γ_d 设计为

$$\gamma_d=(-k_he_h+\dot{h}_d)/V \tag{7.39}$$

将式(7.39)代入式(7.38)得到

$$\dot{e}_h=-k_he_h+Ve_\gamma \tag{7.40}$$

针对简化面向控制模型式(7.25)，按照自适应反步法[6]的一般步骤来设计控

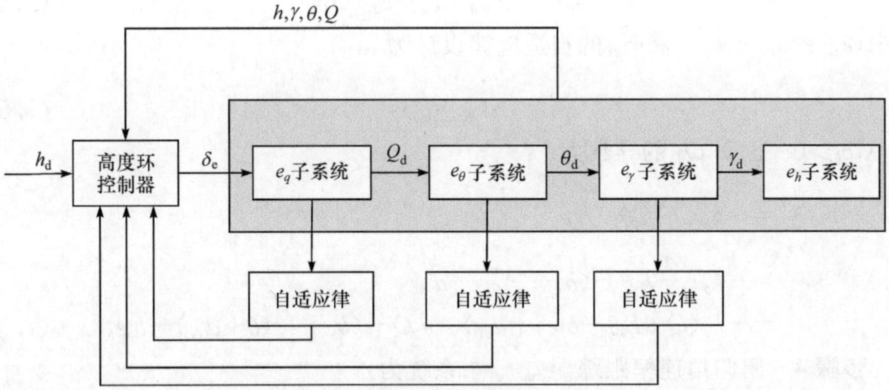

图 7.8　高度环控制器设计框图

制器。在每一步需要设计自适应律和虚拟控制量，利用自适应律对不确定进行估计，并将估计值用于虚拟控制量中对不确定进行补偿。

步骤 2　航迹角跟踪误差 e_γ 子系统为

$$\dot{e}_\gamma = e_\theta + \theta_d + d_{\gamma 1} \tag{7.41}$$

式中，$d_{\gamma 1} = d_{\gamma 0} - \dot{\gamma}_d$。下面对不确定 $d_{\gamma 1}$ 进行如下假设。

假设 7.3　当输出参考指令为常数时，不确定 $d_{\gamma 1}$ 可视为未知常数；当输出参考指令为时变指令时，不确定 $d_{\gamma 1}$ 可视为变化率有界的干扰，即 $\dot{d}_{\gamma 1}$ 是有界的。

将虚拟控制量 θ_d 设计为

$$\theta_d = -k_\gamma e_\gamma - \hat{d}_{\gamma 1} \tag{7.42}$$

式中，$k_\gamma > 0$。将式(7.42)代入式(7.41)得

$$\dot{e}_\gamma = -k_\gamma e_\gamma + e_\theta + e_{d_{\gamma 1}} \tag{7.43}$$

式中，$e_{d_{\gamma 1}} = d_{\gamma 1} - \hat{d}_{\gamma 1}$。将 $\hat{d}_{\gamma 1}$ 的自适应律设计为

$$\dot{\hat{d}}_{\gamma 1} = b_\gamma e_\gamma \tag{7.44}$$

式中，$b_\gamma > 0$。因而 θ_d 的导数为

$$\dot{\theta}_d = -k_\gamma \dot{e}_\gamma - \dot{\hat{d}}_{\gamma 1} = -k_\gamma(\theta + d_{\gamma 1}) - b_\gamma e_\gamma \tag{7.45}$$

步骤 3　俯仰角跟踪误差 e_θ 子系统为

$$\dot{e}_\theta = \dot{\theta} - \dot{\theta}_d = e_q + Q_d + k_\gamma \theta + b_\gamma e_\gamma + d_{\theta 1} \tag{7.46}$$

式中

$$d_{\theta 1} = k_\gamma d_{\gamma 1} \tag{7.47}$$

是 $\dot{e}_\theta$ 中的综合不确定。将虚拟控制量 Q_d 设计为

$$Q_d = -k_\theta e_\theta - k_\gamma \theta - b_\gamma e_\gamma - \hat{d}_{\theta 1} - e_\gamma \tag{7.48}$$

式中，$k_\theta > 0$。将式(7.48)代入式(7.46)得

$$\dot{e}_\theta = -k_\theta e_\theta + e_q + e_{d_{\theta1}} - e_\gamma \tag{7.49}$$

式中，$e_{d_{\theta1}} = d_{\theta1} - \hat{d}_{\theta1}$。将 $\hat{d}_{\theta1}$ 的自适应律设计为

$$\dot{\hat{d}}_{\theta1} = b_\theta e_\theta \tag{7.50}$$

式中，$b_\theta > 0$。因而 Q_d 的导数为

$$\begin{aligned}\dot{Q}_\mathrm{d} &= -k_\theta \dot{e}_\theta - k_\gamma \dot{\theta} - b_\gamma \dot{e}_\gamma - \dot{\hat{d}}_{\theta1} - \dot{e}_\gamma \\ &= -k_\theta \dot{e}_\theta - k_\gamma \dot{\theta} - (b_\gamma + 1)\dot{e}_\gamma - \dot{\hat{d}}_{\theta1} \\ &= -k_\theta (Q + k_\gamma \theta + b_\gamma e_\gamma + d_{\theta1}) - k_\gamma Q - (b_\gamma + 1)(\theta + d_{\gamma1}) - b_\theta e_\theta \end{aligned} \tag{7.51}$$

步骤4　俯仰角速率跟踪误差 e_q 子系统为

$$\begin{aligned}\dot{e}_q &= \dot{Q} - \dot{Q}_\mathrm{d} \\ &= f_q + g_q \delta_\mathrm{e} + k_\theta (Q + k_\gamma \theta + b_\gamma e_\gamma) + k_\gamma Q + (b_\gamma + 1)\theta + b_\theta e_\theta + d_{q1}\end{aligned} \tag{7.52}$$

式中

$$d_{q1} = d_q + k_\theta d_{\theta1} + (b_\gamma + 1) d_{\gamma1} \tag{7.53}$$

是综合不确定。$\hat{d}_{q1}$ 的自适应律设计为

$$\dot{\hat{d}}_{q1} = b_q e_q \tag{7.54}$$

式中，$b_q > 0$。

现在实际控制量 δ_e 出现在 $\dot{e}_q$ 中，最终的控制器设计为

$$\delta_\mathrm{e} = [-k_q e_q - f_q - k_\theta (Q + k_\gamma \theta + b_\gamma e_\gamma) - k_\gamma Q - (b_\gamma + 1)\theta - b_\theta e_\theta - \hat{d}_{q1} - e_\theta]/g_q \tag{7.55}$$

式中，$k_q > 0$。

将式(7.55)代入式(7.52)得

$$\dot{e}_q = -k_q e_q + e_{d_{q1}} - e_\theta \tag{7.56}$$

式中，$e_{d_{q1}} = d_{q1} - \hat{d}_{q1}$。记 $e = [e_\gamma, e_\theta, e_q, e_{d_{\gamma1}}, e_{d_{\theta1}}, e_{d_{q1}}]^\mathrm{T}$，$d = [0, 0, 0, \dot{d}_{\gamma1}, \dot{d}_{\theta1}, \dot{d}_{q1}]^\mathrm{T}$。则根据式(7.43)、式(7.44)、式(7.49)、式(7.50)、式(7.54)和式(7.56)，可以将高度误差动态写为

$$\dot{e} = Ae + Bd \tag{7.57}$$

式中

$$A = \begin{bmatrix} -k_\gamma & 1 & 0 & 1 & 0 & 0 \\ -1 & -k_\theta & 1 & 0 & 1 & 0 \\ 0 & -1 & -k_q & 0 & 0 & 1 \\ -b_\gamma & 0 & 0 & 0 & 0 & 0 \\ 0 & -b_\theta & 0 & 0 & 0 & 0 \\ 0 & 0 & -b_q & 0 & 0 & 0 \end{bmatrix} \tag{7.58}$$

且 $B\in\mathbb{R}^{6\times 6}$ 是单位矩阵。

根据假设 7.1～7.3，跟踪常值输出参考指令时 $d=0$，可以定义标称闭环系统：

$$\dot{e}=Ae \tag{7.59}$$

选择如下 Lyapunov 函数：

$$V_h=\frac{1}{2}e_\gamma^2+\frac{1}{2}e_\theta^2+\frac{1}{2}e_q^2+\frac{1}{2b_\gamma}e_{d_{\gamma1}}^2+\frac{1}{2b_\theta}e_{d_{\theta1}}^2+\frac{1}{2b_q}e_{d_{q1}}^2 \tag{7.60}$$

将式(7.60)沿式(7.59)求导得

$$\dot{V}_h=-k_\gamma e_\gamma^2-k_\theta e_\theta^2-k_q e_q^2\leqslant 0 \tag{7.61}$$

由于 $\dot{V}_h$ 是半负定的，使用拉萨尔定理来分析稳定性。求解 $\dot{V}_h=0$，得 $e_\gamma=0$，$e_\theta=0$，$e_q=0$。若 $e_\gamma\equiv 0$，$e_\theta\equiv 0$，$e_q\equiv 0$，则 $\dot{e}_\gamma=0$，$\dot{e}_\theta=0$，$\dot{e}_q=0$。根据式(7.59)，可得 $e_{d_{\gamma1}}=0$，$e_{d_{\theta1}}=0$，$e_{d_{q1}}=0$。因此最大不变集为 $\{e\,|\,e=0\}$。根据引理 7.1，有 $\lim\limits_{t\to\infty}e=0$。结合式(7.40)，可得 $\lim\limits_{t\to\infty}e_h=0$。因此，高度环标称闭环系统是渐近稳定的。根据 Lyapunov 方法可知 A 是 Hurwitz 的，因此系统式(7.57)从 d 到 e 是输入状态稳定的。

当跟踪时变输出参考指令时，根据假设 7.1 和假设 7.3 知 $\dot{d}_{\gamma1}$、$\dot{d}_q$ 是有界的，则根据式(7.47)和式(7.53)可知 $\dot{d}_{\theta1}$、$\dot{d}_{q1}$ 也是有界的。则 d 有界，表明 e 有界，进而得到 e_γ 有界。再由式(7.40)可知 e_h 是有界的，因此高度环闭环系统是有界稳定的。

7.3.4 仿真分析

1. 仿真条件

参考指令设计为：在前 50s，飞行器以常值参考指令 $V_\mathrm{d}=8000\mathrm{ft/s}$，$h_\mathrm{d}=80000\mathrm{ft}$ 飞行。50s 后，速度上升到 10000ft/s，上升的轨迹通过一个三阶滤波器 $1/(8s+1)^3$ 得到。相应的高度轨迹根据恒动压关系式 $\dot{h}_\mathrm{d}=2h_\mathrm{s}\dot{V}_\mathrm{d}/V_\mathrm{d}$ 得到。仿真时间为 200s，仿真步长为 0.01s。控制器参数如表 7.1 所示。

表 7.1　控制器参数

参数	k_V	k_h	k_γ	k_θ	k_q
取值	5	5	10	5	20
参数	b_V	b_γ	b_θ	b_q	
取值	1	1	100	2500	

2. 仿真结果

图 7.9 和图 7.10 显示了速度、高度跟踪曲线，从图 7.9 和图 7.10 可以看出

V、h 的实际指令与参考指令 V_d、h_d 重合。图 7.11 和图 7.12 展示了速度、高度跟踪误差。在时间段 0～50s 和 120～200s，输出参考指令 V_d、h_d 是常数，可以看到速度、高度跟踪误差均收敛到零。另外，在时间段 50～120s，输出参考指令 V_d、h_d 是变化的，跟踪误差保持在小范围内。因此，前面提出的控制目标得到了很好的实现，且仿真结果与之前分析的结论一致，模型简化和自适应反步法的有效性得到了验证。

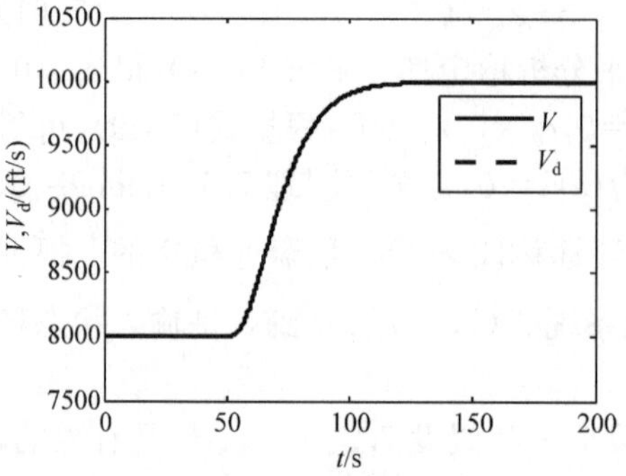

图 7.9　速度跟踪曲线

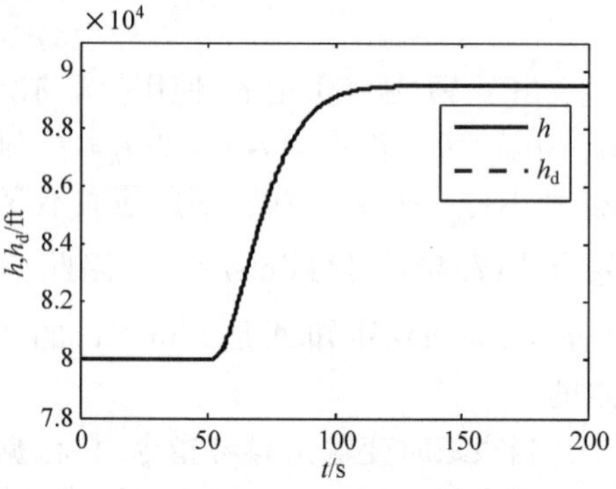

图 7.10　高度跟踪曲线

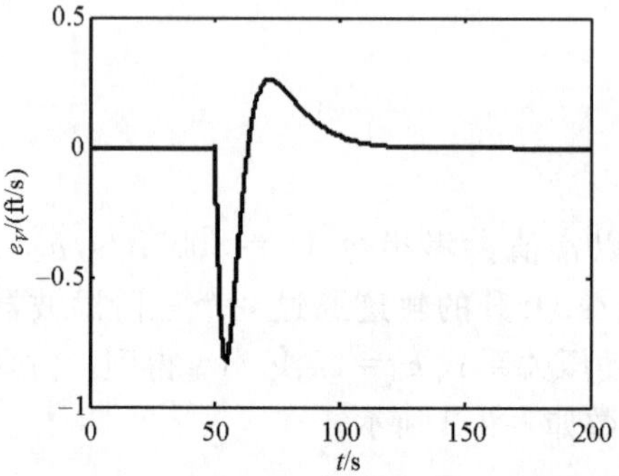

图 7.11　速度跟踪误差

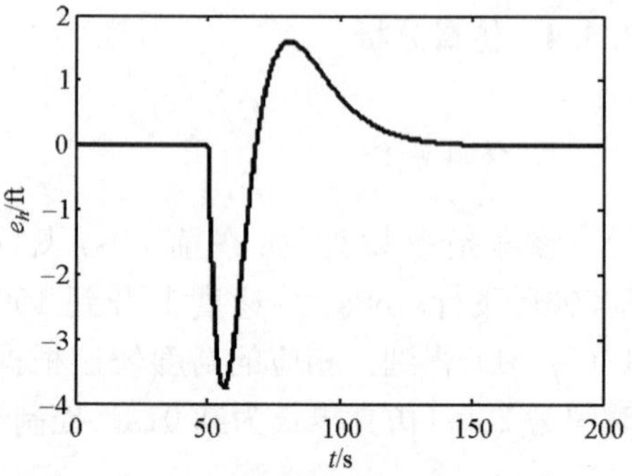

图 7.12　高度跟踪误差

图 7.13 显示了飞行过程中动压的变化，可以看出动压的变化非常小，始终维持在[2726,2728]psf(1psf=4.78486×10^{-5}MPa)范围内，因此实现了保持恒动压的目标。

图 7.14 和图 7.15 显示了内部状态 θ、Q 的变化曲线，可以看到它们都保持有界。这表明非最小相位问题通过扩展的控制回路得到了很好的解决，既保证了输出跟踪，又保证了内部状态的稳定。

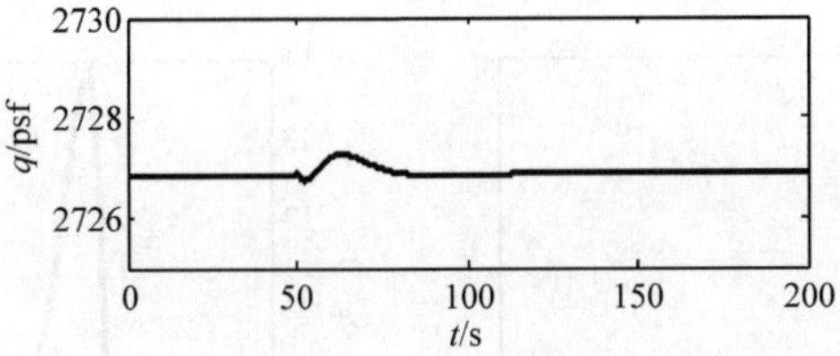

图 7.13　动压曲线

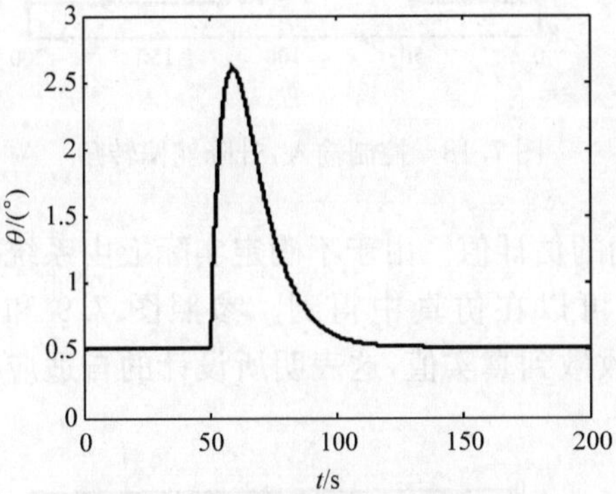

图 7.14　俯仰角变化曲线

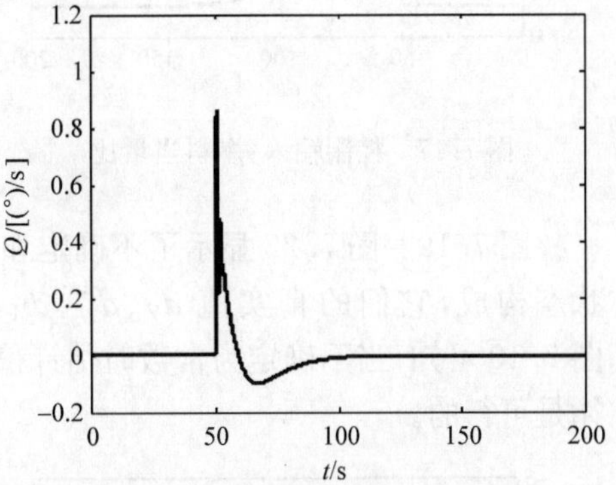

图 7.15　俯仰角速率变化曲线

图 7.16 显示了弹性模态变化曲线，可以看到弹性模态始终保持有界。当飞行器在 50s 时开始爬升，弹性模态被激发，但是迅速趋于稳定。

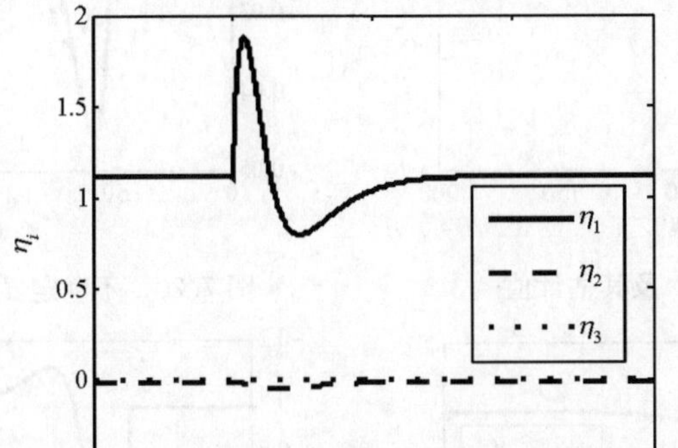

图 7.16　弹性模态变化曲线

图 7.17 和图 7.18 显示了两个控制输入的变化曲线，可以看到燃料当量比和升降舵偏转角的变化都很平滑。

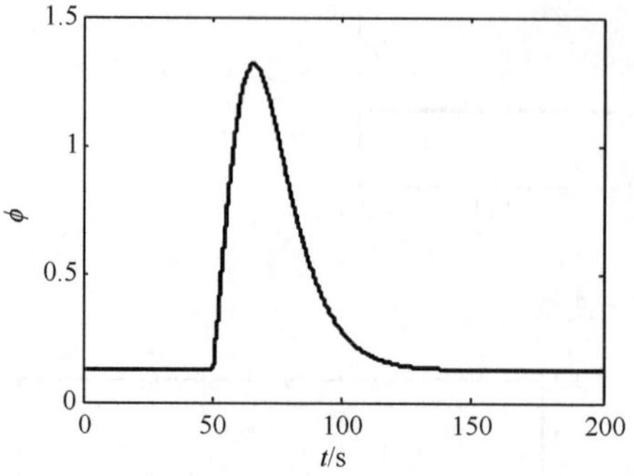

图 7.17　控制输入:燃料当量比

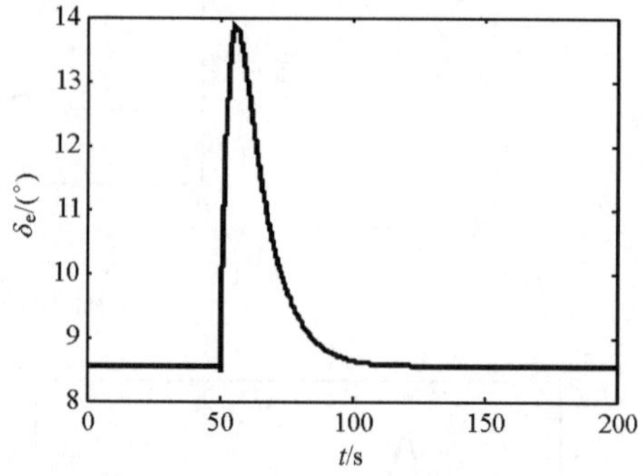

图 7.18　控制输入:升降舵偏转角

图 7.19～图 7.22 显示了不确定和它们的估计值。由于不确定实际上由系统状态构成,它们的真实值 d_V、$d_{\gamma 1}$、$d_{\theta 1}$、d_{q1} 可以在仿真中得到。参照图 7.9 和图 7.10 可知,当不确定为常数时估计值能收敛到真实值,这表明所设计的自适应律是可行的。

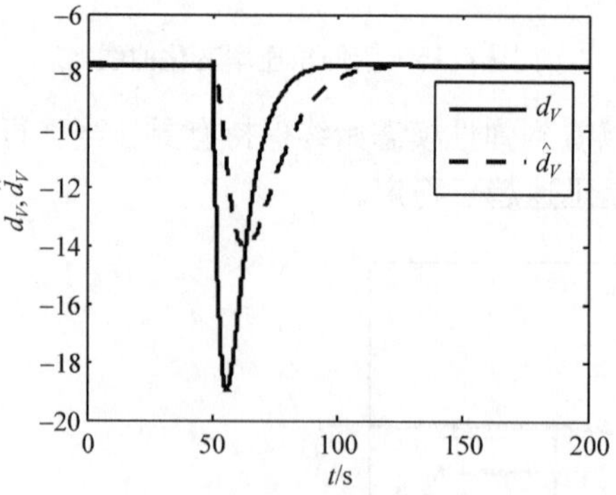

图 7.19　不确定 d_V 及其估计值

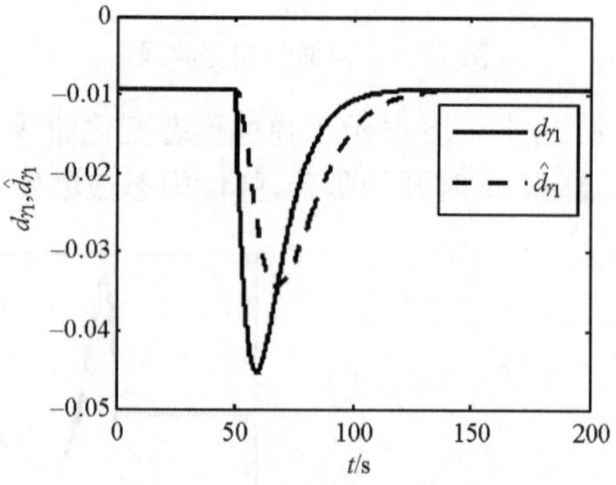

图 7.20　不确定 $d_{\gamma 1}$ 及其估计值

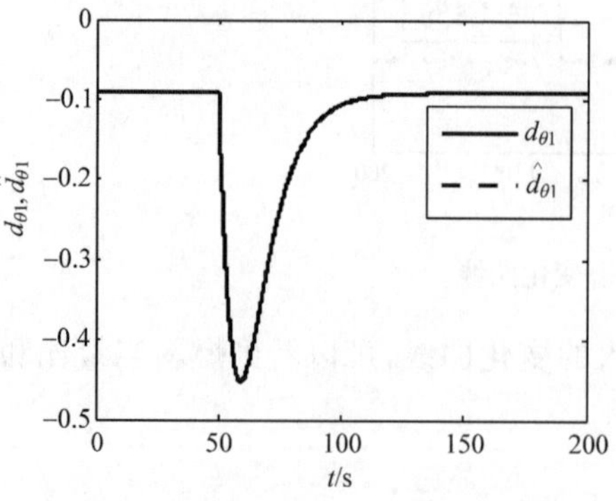

图 7.21　不确定 $d_{\theta 1}$ 及其估计值

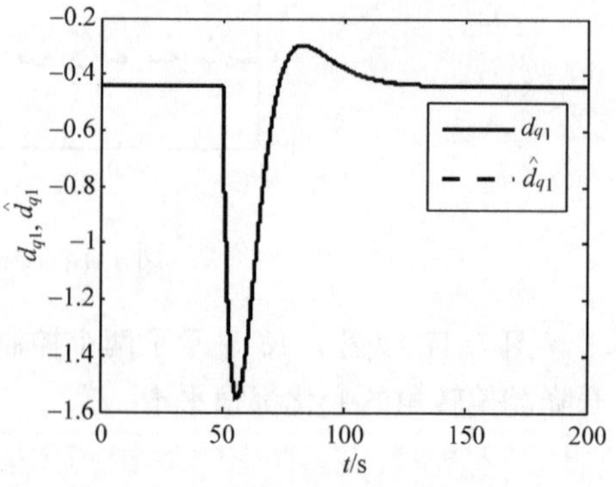

图 7.22　不确定 d_{q1} 及其估计值

7.4　强非最小相位特性的高超声速飞行器稳定跟踪控制

7.3 节研究了通过近似最小相位方法解决高超声速飞行器的弱非最小相位问题。近似方法之所以适用，是因为非最小相位特性较弱。文献[5]研究了一种非最小相位特性较强的高超声速飞行器模型，指出针对该模型，仍然采用忽略升降舵-升力耦合将系统近似为最小相位系统设计的控制器已无法保证系统的稳定性。对于这种情况，文中提出了采用鸭翼的解决办法。鸭翼也是一种控制飞行器俯仰的执行机构，但是与升降舵不同的是，鸭翼位于飞行器重心前面。因而在产生同方向俯仰力矩时，鸭翼的偏转方向与升降舵刚好相反，可以抵消升降舵对升力的影响。通过一个固定增益使鸭翼和升降舵联动，刚好可以完全抵消升降舵对升力的影响，从而消除飞行器的非最小相位特性的影响。鸭翼的引入使得面向控制模型仍然适用，可以继续采用近似反馈线性化方法。但是由于鸭翼位于机体前缘，在高超声速流的作用下将面临严重的气动热，需要采取极其苛刻的热防护，在实际工程上难以实现。因此，考虑强非最小相位特性影响下且不采取鸭翼补偿的非最小相位控制方法具有重要的意义。如在 7.2 节所分析的，随着升降舵-升力耦合系数的增大，高超声速飞行器的非最小相位特性会明显增强。仿真表明，当 $C_L^{\delta_e} > 2.5$ 时，采用近似反馈线性化方法设计的控制器很难稳定非最小相位系统。下面将选取 $C_L^{\delta_e} = 5$，通过输出重定义方法来解决强非最小相位高超声速飞行器的跟踪控制问题。

7.4.1　输出重定义方法的基本原理

系统零动态是由输出决定的，因此可以通过输出重定义将非最小相位系统转化为最小相位系统，再设计控制器。改变输出的目的是方便设计稳定的控制器，控制目标是不变的。文献[11]阐述了输出重定义方法的基本原理，如图 7.23 所示。

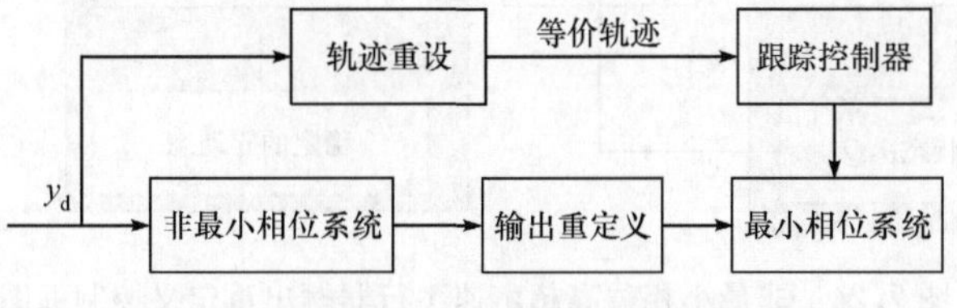

图 7.23　输出重定义方法的基本原理

根据图 7.23 可知，输出重定义具体分为两步：①通过输出重定义将非最小相位系统转化为最小相位系统；②针对所得到的最小相位系统设计新的参考指令。其中新输出的参考指令可以通过稳定逆方法来获得[12]。首先，获得能够使输出保持在参考指令上运动的系统状态量有界解。而后利用该有界解代替新输出中的相应状态，便可得到新输出的参考指令。文献[12]证明，这样设计的新轨迹与原轨迹具有等价性，即：新输出收敛到新轨迹时，原输出也能收敛到原轨迹。因此，主要的问题变为如何找到一个最小相位的新输出。寻找最小相位新输出的一种常用方法是标准型方法[1,11]，但是实际中很多复杂系统的 B-I 标准型难以得到，给该方法的实现带来了困难。另一种方法是平坦输出法[13]，平坦输出具有完全相对阶，因而不存在零动态，但是迄今为止并没有系统的方法可以构建平坦输出。还有一种方法是静态等价输出[14]，通过求解一个偏微分方程得到具有期望零动态的新输出，但是偏微分方程仍然难以求解。

考虑到上述方法实现的困难，本书基于输出重定义的基本思想研究下面两种简单的构建最小相位输出的方法，对高超声速飞行器高度环控制器进行设计，速度环则采用与 7.3 节相同的控制方法。

(1) 内部状态作为输出。这种方法选取内部状态作为新输出，因此仅适用于某些内部状态对应稳定零动态的系统。对于高超声速飞行器，用俯仰角 θ 代替高度 h 作为输出时系统具有稳定的零动态。不过，这种方法得到的零动态是固定的，不可调整，将使高度跟踪性能受到限制。

(2) 合成输出。为了使零动态可调，可以将新输出选为俯仰角 θ 和高度 h 的线性组合。这样新输出中多了一个可调参数，给零动态的调整带来了更大的灵活性，可以改善高度跟踪性能。

通过输出重定义得到稳定的零动态以后，再对新的外部动态，即新输出及其各阶导数采用动态逆方法设计控制器，控制框图如图 7.24 所示，后面将按照这两种新输出进行高超声速飞行器控制器设计。

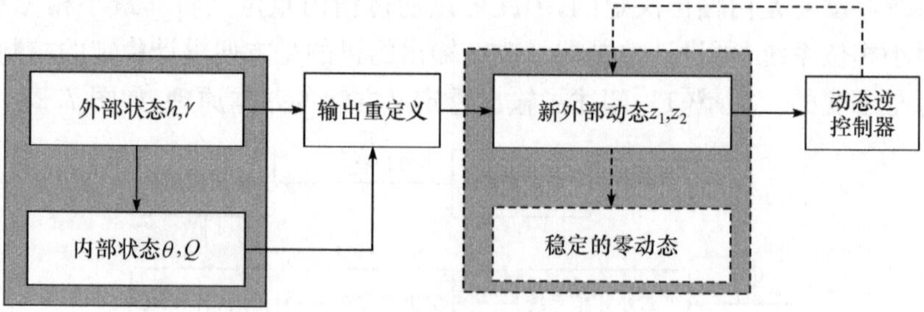

图 7.24　非最小相位高超声速飞行器输出重定义控制框图

本方法的优点在于：选取内部状态或内、外部状态组合作为新输出，通过调整组合系数使零动态稳定。因此，本方法相比于前面提到的标准型法、平坦输出法和静态等价输出法更加简单实用。

7.4.2 强非最小相位的高超声速飞行器控制器设计

1. 内部状态作输出的控制器设计

本节基于输出重定义方法设计高度环控制器，选取内部状态俯仰角θ代替高度h作为输出。首先，针对新输出对应的零动态，通过线性化零动态特征根分布图验证零动态的稳定性。

根据新输出e_θ，对其求二阶导可得新的外部动态为

$$\ddot{e}_\theta = f_\theta + g_\theta \delta_e \tag{7.62}$$

式中

$$f_\theta = (z_T \bar{q} S C_T(\alpha) + \bar{q}\bar{c} S C_M(\alpha))/I_{yy} - \ddot{\theta}_d, \quad g_\theta = \bar{q}\bar{c} S C_M^{\delta_e}/I_{yy} \tag{7.63}$$

下面分析新输出对应零动态的稳定性。由新输出e_θ恒为零，可得

$$\ddot{e}_\theta = f_\theta + g_\theta \delta_e = 0 \tag{7.64}$$

从而解出

$$\delta_e = -f_\theta / g_\theta \tag{7.65}$$

将式(7.65)代入h、γ动态子系统，可以得到新的零动态如下：

$$\begin{aligned} \dot{h} &= V\sin\gamma \\ \dot{\gamma} &= f_\gamma + g_\gamma(-f_\theta/g_\theta) \end{aligned} \tag{7.66}$$

在飞行范围$V\in[7500,11000]$ft/s，$h\in[70000,135000]$ft内对零动态进行平衡点线性化，画出零动态的特征根分布图如图7.25所示。可以看到所有特征根保持在左半平面，因此俯仰角θ是一个最小相位的新输出，可以利用俯仰角θ来设计控制器。当新的外部状态收敛到零时，高度跟踪误差完全由新的零动态决定，将在稳定零动态的作用下收敛到平衡点。但是，此时的零动态是无法调整的，因此高度跟踪性能将受限。

将俯仰角跟踪误差记为$e_\theta = \theta - \theta_d$，$\theta_d$与$V_d$、$h_d$一一对应，其中$\gamma_d$、$Q_d$、$\theta_d$可以通过稳定逆方法[12]离线求得。具体求解过程如下所示。

(1) 将$V=V_d$，$h=h_d$代入模型方程式(7.5)，得到一个关于V_d、h_d和其余状态量θ、γ、Q的微分方程组。

(2) 针对上述微分方程组，利用稳态逆方法得出其余状态量的一组有界解γ_d、θ_d、Q_d，从而获得新的参考指令，根据新输出进行控制器设计。

由新的外部动态式(7.62)，控制器设计如下：

$$\delta_e = \left(-k_{a1}\dot{e}_\theta - k_{a2}e_\theta - k_{a3}\int_0^t e_\theta(\tau)\mathrm{d}\tau - f_\theta\right)\Big/ g_\theta \tag{7.67}$$

式中，$k_{a1}>0$、$k_{a2}>0$、$k_{a3}>0$是待设计的控制器增益。

将式(7.67)代入式(7.62)，得到的闭环系统为

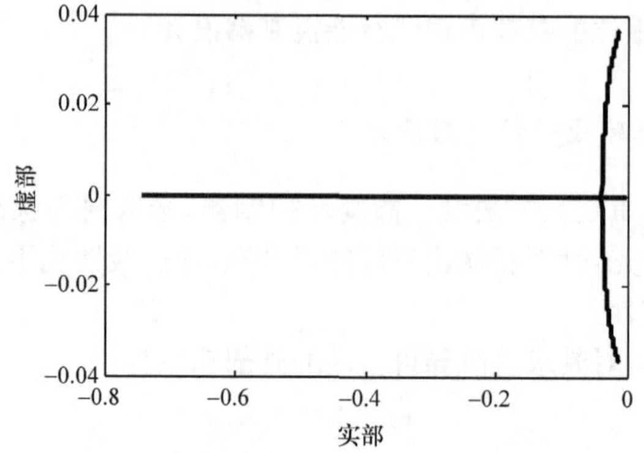

图 7.25　平衡点处线性化零动态特征根分布图

$$\ddot{e}_\theta = -k_{a1}\dot{e}_\theta - k_{a2}e_\theta - k_{a3}\int_0^t e_\theta(\tau)\mathrm{d}\tau \tag{7.68}$$

根据极点配置法，选择合适的 k_{a1}、k_{a2}、k_{a3}，使闭环特征方程 $s^3+k_{a1}s^2+k_{a2}s+k_{a3}=0$ 具有期望的位于左半平面的特征根，外部动态可以做到渐近稳定并具有期望的收敛速率。

2. 合成输出的控制器设计

之前通过选取俯仰角 θ 代替高度 h 作为输出，得到了稳定的零动态，并在此基础上设计了动态逆控制器。但是，零动态是不可调的，导致高度跟踪性能受限。下面将在之前基础上改进，利用俯仰角 θ 和高度 h 的线性组合构成合成输出，通过调整组合系数实现对系统零动态的调整，从而改善高度跟踪性能。

新输出选为俯仰角 θ 和输出 h 的线性组合，由于两个变量的平衡点非零，两个变量均用跟踪误差表示，从而新输出定义为

$$z_1 = e_h + \lambda e_\theta \tag{7.69}$$

式中，λ 为待定系数。定义状态变量：

$$z_2 = \dot{z}_1 = V\sin\gamma - \dot{h}_\mathrm{d} + \lambda(Q - \dot{\theta}_\mathrm{d}) \tag{7.70}$$

则在新坐标系下，系统外部动态变为

$$\begin{aligned} \dot{z}_1 &= z_2 \\ \dot{z}_2 &= f_z + g_z\delta_\mathrm{e} \end{aligned} \tag{7.71}$$

式中

$$\begin{aligned} f_z &= (f_V + g_V\phi)\sin\gamma + f_\gamma V\cos\gamma - \ddot{h}_\mathrm{d} + \lambda f_q - \lambda\ddot{\theta}_\mathrm{d} \\ g_z &= g_\gamma V\cos\gamma + \lambda g_q \end{aligned} \tag{7.72}$$

下面分析新输出 z_1 对应零动态的稳定性。由新输出 z_1 恒为零，可得

$$\ddot{z}_1 = f_z + g_z\delta_\mathrm{e} = 0 \tag{7.73}$$

由式(7.73)可得

$$\delta_e = -f_z/g_z \tag{7.74}$$

将式(7.74)代入内动态 θ、Q 方程，得到系统零动态：

$$\begin{aligned}\dot{\theta} &= Q \\ \dot{Q} &= f_q + g_q(-f_z/g_z)\end{aligned} \tag{7.75}$$

新输出 $z_1 = e_h + \lambda e_\theta$ 中的组合系数 λ 将通过 f_z、g_z 影响零动态式(7.75)。因此，通过 λ 的选取即可对零动态进行调整。为了确定使零动态稳定的 λ 的取值范围，选取 $V=8000\text{ft/s}$，$h=80000\text{ft}$ 对应的平衡点对零动态进行线性化，画出 λ 从 -1000 增加到 1000 时零动态的根轨迹，如图 7.26 所示。

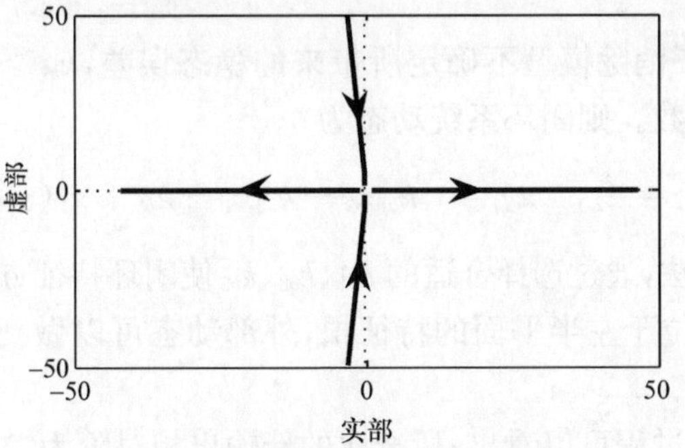

图 7.26 新输出对应零动态根轨迹

可以看到零动态分为两段：当 $\lambda<20$ 时，零动态具有一正一负两个实根，随着 λ 增大远离原点，零动态是不稳定的；当 $\lambda\geqslant 20$ 时，零动态具有两个左半平面复根，随着 λ 增大向复根原点靠近，零动态是稳定的。

为了保证零动态在整个飞行范围内是稳定的，分别取 $\lambda=100$ 和 $\lambda=1000$，在飞行范围 $V\in[7500,11000]\text{ft/s}$，$h\in[70000,135000]\text{ft}$ 对零动态进行平衡点线性化，画出线性化零动态的特征根，如图 7.27 和图 7.28 所示。

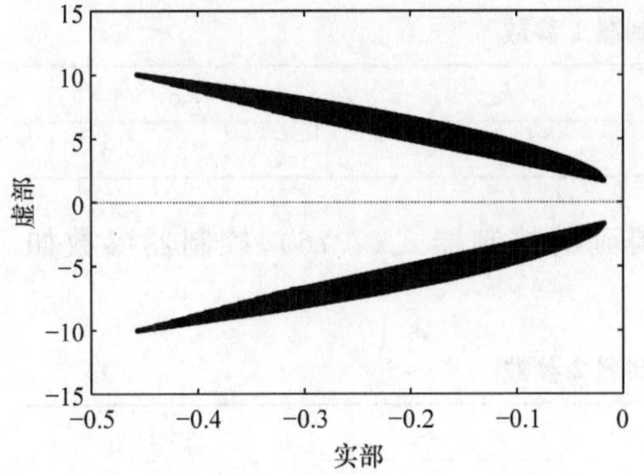

图 7.27 $\lambda=100$ 对应零动态的特征根

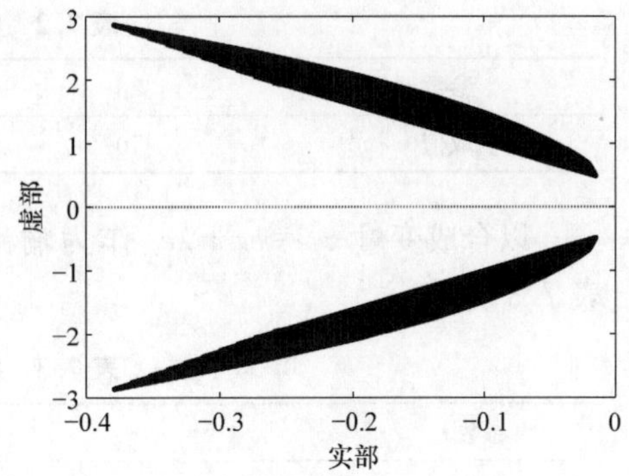

图 7.28 $\lambda=1000$ 对应零动态的特征根

可以看到在这两个 λ 取值下，新输出对应的零动态有一对共轭复根，始终位于左半平面。因而新输出对应的零动态是稳定的，这表明所设计的新输出是最小相位的。而且，不同的 λ 取值对应的零动态特性也不同，这将影响高度跟踪误差。至此，通过输出重定义成功地稳定了零动态。由于新输出是最小相位的，从而只需为外部状态设计控制器，则内部状态 θ、Q 能自然保持稳定。因而下一步将为外部状态设计控制器。

考虑新外部动态式(7.71)是一个简单的二阶积分链系统，采用动态逆方法设计控制器，控制目标是使新输出 z_1 收敛到零。控制器设计为

$$\delta_e = \left[-f_z - k_{b1} z_2 - k_{b2} z_1 - k_{b3} \int_0^t z_1(\tau) \mathrm{d}\tau \right] \Big/ g_z \tag{7.76}$$

式中，积分项是为了消除模型不确定所带来的稳态误差，$k_{b1}>0$、$k_{b2}>0$、$k_{b3}>0$ 是待设计的控制器参数。则闭环系统动态为

$$\dot{z}_1 = z_2, \quad \dot{z}_2 = -k_{b1} z_2 - k_{b2} z_1 - k_{b3} \int_0^t z_1(\tau) \mathrm{d}\tau \tag{7.77}$$

根据极点配置法，通过选择合适的 k_{b1}、k_{b2}、k_{b3} 使闭环特征方程 $s^3+k_{b1}s^2+k_{b2}s+k_{b3}=0$ 具有期望的位于左半平面的特征根，外部动态可以做到渐近稳定并具有期望的收敛速率。

从上面的设计过程可以看出，所选取的新输出相对阶为二，从而将原来的高度环四阶系统转化为二阶系统的控制问题，使控制器设计过程大大简化。

7.4.3 仿真分析

1. 仿真条件

上面根据选取不同的输出设计了两个控制器，下面将分别进行仿真。以俯仰角 θ 作为输出得到的控制器式(7.67)，控制器参数如表 7.2 所示。

表 7.2 控制器 1 参数

参数	k_{a1}	k_{a2}	k_{a3}
取值	10	25	2

以合成变量 $z_1=e_h+\lambda e_\theta$ 作为输出得到的控制器式(7.76)，控制器参数如表 7.3 所示。

表 7.3 控制器 2 参数

参数	λ	k_{b1}	k_{b2}	k_{b3}
取值	1000	10	25	2

参考指令设计为：在前 50s，飞行器以常值参考指令 $V_\mathrm{d}=8000\mathrm{ft/s}$，$h_\mathrm{d}=80000\mathrm{ft}$ 飞行。50s 后，速度上升到 10000ft/s，上升的轨迹通过一个三阶滤波器 $1/(8s+1)^3$ 得到。相应的高度轨迹根据恒动压关系式 $\dot{h}_\mathrm{d}=2h_s\dot{V}_\mathrm{d}/V_\mathrm{d}$ 得到。

2. 仿真结果

图 7.29～图 7.32 为采用俯仰角 θ 作为输出的仿真结果。图 7.29 显示了速度、高度跟踪曲线，图 7.30 显示了速度、高度跟踪误差曲线。从图 7.29 可以看到速度、高度跟踪都不存在静差，其中速度跟踪误差收敛很快，但是高度跟踪误差收敛较慢。这主要是由于选取了内部状态 θ 代替高度 h 作为输出，从而高度误差由零动态决定，该仿真结果表明零动态的收敛特性并不理想。

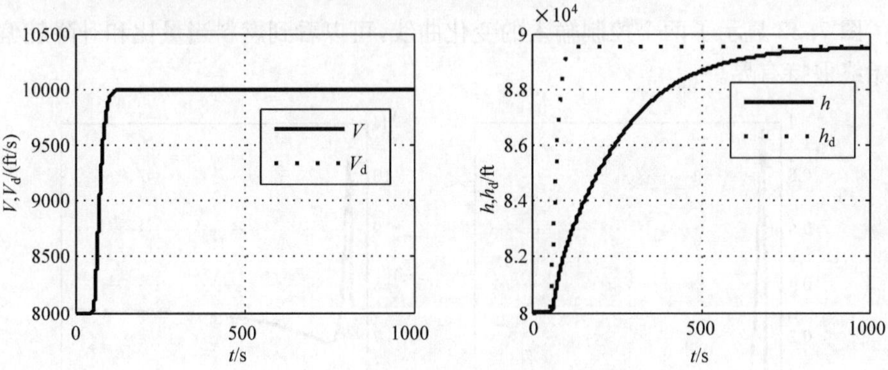

图 7.29　速度、高度跟踪曲线（θ 为输出）

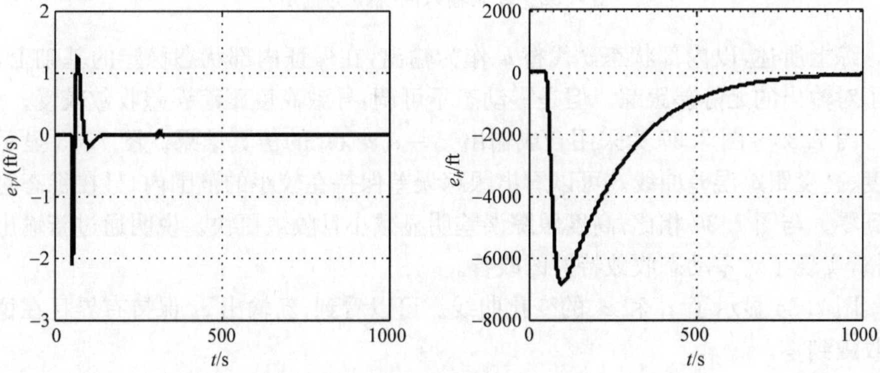

图 7.30　速度、高度跟踪误差曲线（θ 为输出）

图 7.31 显示了新外部状态$[e_\theta,Q]^\mathrm{T}$ 的变化曲线。可以看到，新输出 e_θ 保持有界且在稳态时收敛到零。

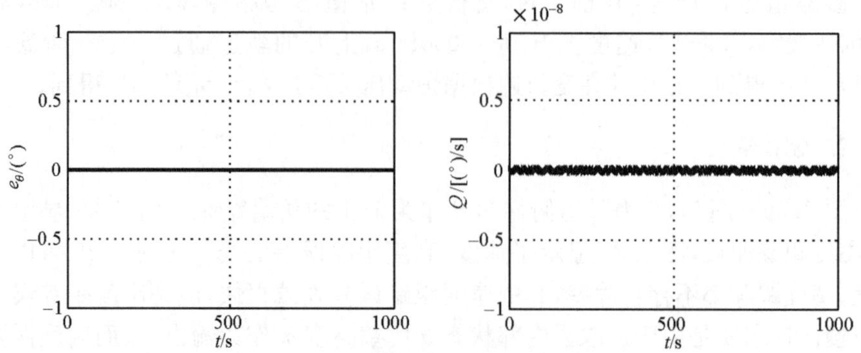

图 7.31　新外部状态控制效果(θ 为输出)

图 7.32 显示了两个控制输入的变化曲线,可以看到燃料当量比和升降舵偏转角始终保持有界。

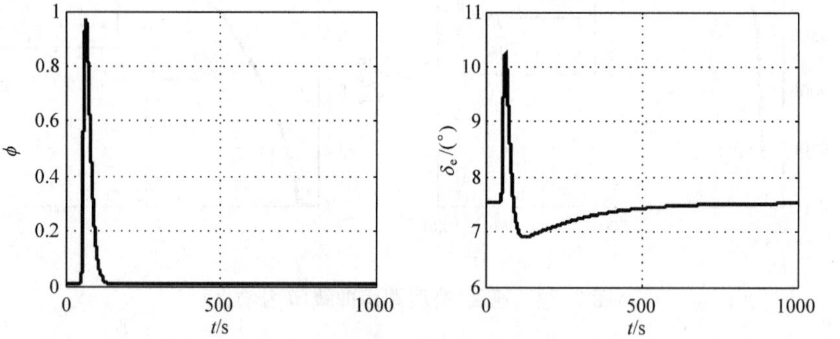

图 7.32　控制输入曲线(θ 为输出)

综上所述,以内部状态 θ 代替 h 作为输出,在保证内部状态稳定的基础上,实现了对输出的无静差跟踪。但是零动态不可调,导致高度跟踪误差收敛较慢。

图 7.33～图 7.37 为采用合成输出 $z_1=e_h+\lambda e_\theta$ 的仿真结果。图 7.33 显示了速度、高度跟踪误差曲线。可以看出跟踪误差保持在较小的范围内,且在稳态时收敛到零。与图 7.30 相比,高度跟踪误差明显减小且收敛更快。说明通过新输出的调整,实现了对零动态收敛特性的改善。

图 7.34 显示了 z_1 和 z_2 的变化曲线。可以看到,新输出 z_1 保持有界且在稳态时收敛到零。

图 7.35 显示了 e_θ 和 Q 的变化曲线,可以看出这两个内部状态始终保持有界且在稳态时收敛到零。

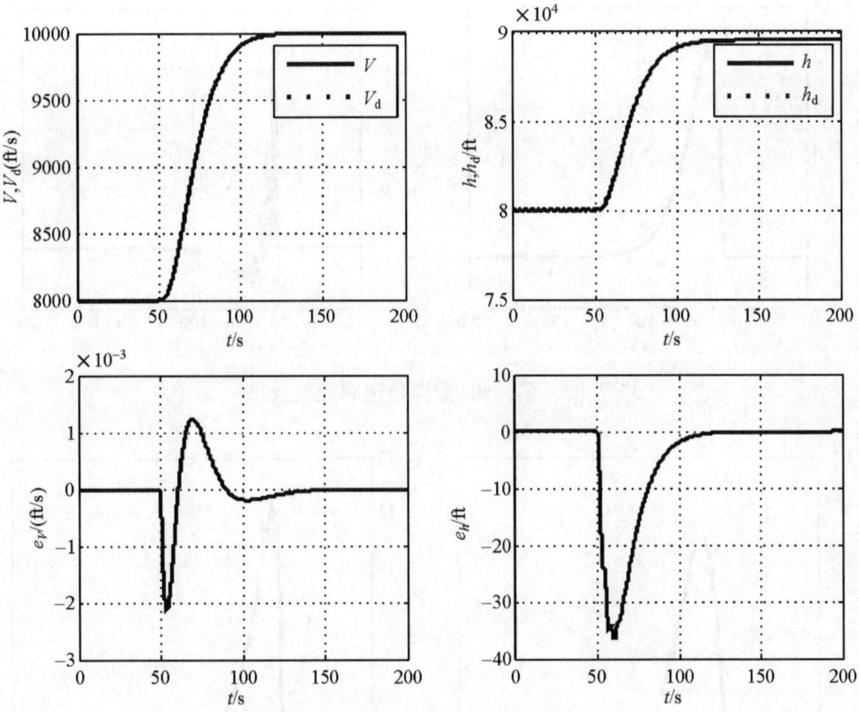

图 7.33 速度、高度、速度跟踪误差及高度跟踪误差曲线（z_1 为输出）

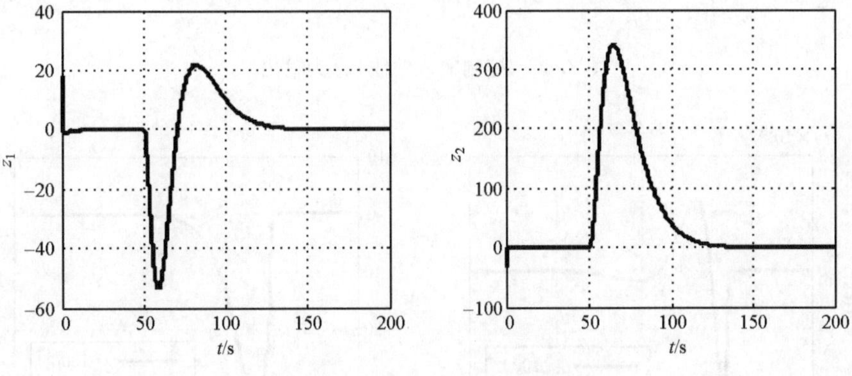

图 7.34 z_1、z_2 控制效果

图 7.36 显示了两个控制输入的变化曲线，可以看到燃料当量比和升降舵偏转角始终保持有界。

为了验证组合系数 λ 对高度跟踪误差的影响，选取另一取值 $\lambda=100$ 进行仿真，与 $\lambda=1000$ 的跟踪误差对比如图 7.37 所示。可以看到选取 $\lambda=100$ 时，高度跟踪误差大大减小。

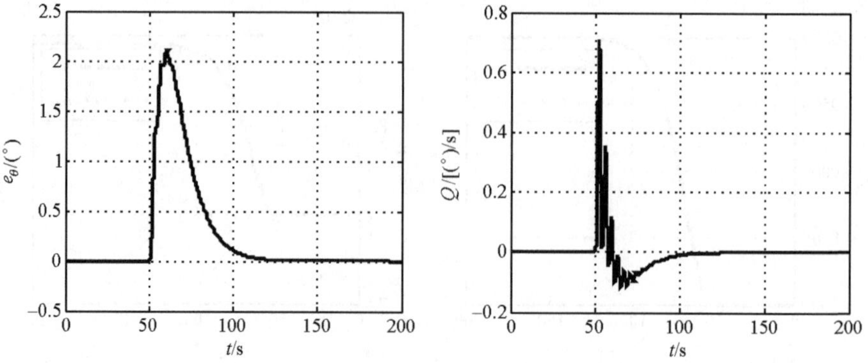

图 7.35　俯仰角、俯仰角速率控制效果

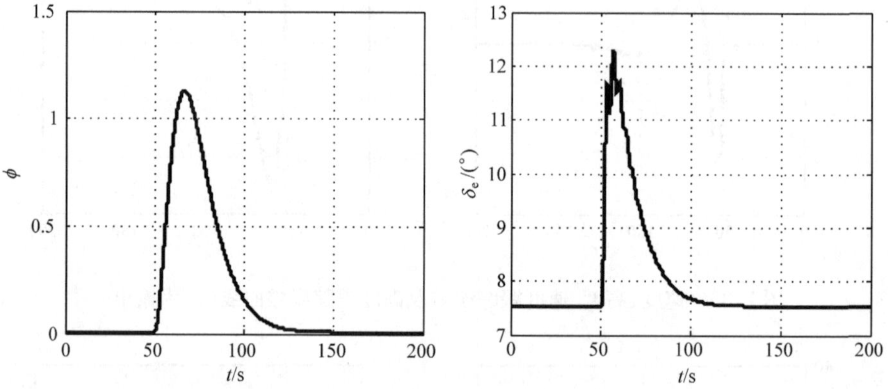

图 7.36　控制输入曲线(z_1 为输出)

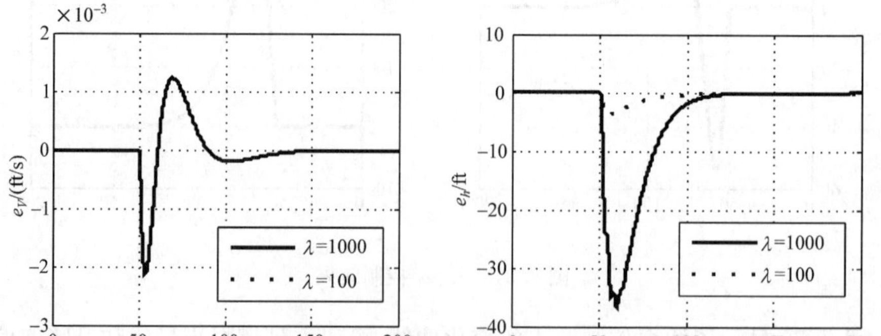

图 7.37　不同组合系数下跟踪误差对比曲线

综上所述,以俯仰角 θ 和高度 h 的线性组合作为合成输出,在保证内部状态稳定的基础上实现了对输出的无静差跟踪。相比选取内部状态 θ 作为输出,新输出

$z_1=e_h+\lambda e_\theta$ 中组合系数的存在给零动态调整带来了更大的弹性。通过选取合适的组合系数,实现了更好的高度跟踪性能。

7.5 小 结

本章研究了具有非最小相位特性的高超声速飞行器稳定跟踪控制问题。首先对零动态稳定性进行了分析,指出升降舵-升力耦合系数会影响高超声速飞行器非最小相位特性的强弱。然后分别提出了解决弱/强非最小相位问题的两种方法。第一种方法针对非最小相位特性较弱的情形,通过将升降舵-升力耦合视为不确定,将模型近似为最小相位系统,通过自适应反步法设计控制器。第二种方法针对非最小相位特性较强的情形,采用输出重定义方法结合动态逆设计控制器,实现了稳定跟踪控制。

参考文献

[1] Byrnes C I, Isidori A. Local stabilization of minimum-phase nonlinear systems. Systems & Control Letters, 1988, 11(11): 9-17.

[2] Isidori A. Nonlinear Control Systems II. London: Springer, 1999.

[3] Shkolnikov I A, Shtessel Y B. Tracking in a class of nonminimum-phase systems with nonlinear internal dynamics via sliding mode control using method of system center. Automatica, 2002, 38(5): 837-842.

[4] Hauser J, Sastry S, Meyer G. Nonlinear control design for slightly non-minimum phase systems: Application to V/STOL aircraft. Automatica, 1992, 28(4): 665-679.

[5] Parker J T, Serrani A, Yurkovich S. Control-oriented modeling of an air-breathing hypersonic vehicle. Journal of Guidance, Control, and Dynamics, 2007, 30(3): 856-869.

[6] Krstic M, Kanellakopoulos I, Kokotovic P V. Nonlinear and Adaptive Control Design. New York: Wiley, 1995.

[7] Khalil H K, Grizzle J W. Nonlinear Systems. New Jersey: Prentice-Hall, 1996.

[8] Zong Q, Wang F, Tian B L, et al. Robust adaptive approximate backstepping control design for a flexible air-breathing hypersonic vehicle. Journal of Aerospace Engineering, 2014, 28(4): 04014107.

[9] Zong Q, Wang J, Tao Y. Adaptive high-order dynamic sliding mode control for a flexible air-breathing hypersonic vehicle. International Journal of Robust & Nonlinear Control, 2013, 23(15): 1718-1736.

[10] Sun H, Li S, Yang J, et al. Non-linear disturbance observer-based back-stepping control for airbreathing hypersonic vehicles with mismatched disturbances. IET Control Theory & Applications, 2014, 8(17): 1852-1865.

[11] Gopalswamy S. Tracking nonlinear non-minimum phase systems using sliding control. In-

ternational Journal of Control,2010,57(5):1141-1158.

[12] Devasia S,Chen D,Paden B. Nonlinear inversion-based output tracking. IEEE Transactions on Automatic Control,1996,41(7):930-942.

[13] Fliess M,Sira-Ramirez H,Marquez R. Regulation of Non-minimum Phase Outputs:A Flatness Based Approach. London:Springer,1998.

[14] Niemiec,Michael P,Kravaris C. Nonlinear model-state feedback control for nonminimum-phase processes. Automatica,2003,39(7):1295-1302.

第 8 章　基于自适应多变量干扰补偿的再入姿态控制

高超声速飞行器再入过程中，由于其大空域、宽速域、高机动的飞行特性，轨迹与姿态变化剧烈，飞行器模型除受到非线性特性影响外，亦呈现出强烈的姿轨耦合、横纵交叉耦合及通道耦合特性；再入过程气动环境恶劣，飞行器受到大量外界干扰、气动参数不确定以及执行器效率损失等故障的影响，导致飞行器模型表现为强不确定的特性。上述诸多因素导致高超声速再入飞行器是一个集多变量、不确定、非线性、快时变、强耦合及多约束为一体的复杂被控对象[1-4]。目前，基于经典控制理论获得的再入姿态控制器，往往假设系统外界干扰的上界精确已知，然而再入飞行器实际飞行过程中，由于外界环境的复杂性，干扰上界事先很难精确获得。本章将重点考虑不确定、外界干扰以及执行器故障对再入姿态控制性能的影响，研究基于自适应多变量干扰补偿的再入姿态控制方法。首先，利用齐次性理论设计多变量再入姿态控制器，在此基础上设计自适应多变量干扰观测器，在实现对系统干扰在线估计的同时，完成对给定参考指令的高精度快速跟踪。其次，针对飞行器执行器效率损失故障，设计一种新型的自适应增益多变量观测器，在此基础上，结合终端滑模和超螺旋滑模理论，提出一种连续二阶滑模控制器设计方法，实现高超声速飞行器执行器故障情形下的快速稳定跟踪控制。

本章的主要内容安排如下：8.1 节考虑不确定及外界干扰边界未知对再入姿态控制性能的影响，完成基于自适应多变量干扰补偿的再入姿态控制器-观测器综合设计；8.2 节考虑高超声速再入飞行器执行器故障对姿态控制性能的影响，完成基于自适应多变量干扰补偿的再入姿态容错控制器- 观测器综合设计；8.3 节给出本章小结。

8.1　自适应多变量干扰补偿再入姿态控制器设计

8.1.1　面向控制建模

将高超声速飞行器视为理想刚体，考虑到再入过程中，地球的自转角速率远远小于飞行器自身的旋转角速率，因此在飞行器姿态控制器设计过程中，忽略地球自转的影响。此外，由于高超声速飞行器再入过程中轨道运动为长周期运动，而飞行器的姿态运动为短周期运动，轨道运动要比姿态运动慢得多，进一步，忽略飞行器再入姿态运动方程中描述飞行器的轨道运动项。此外，由于再入过程中要求侧滑角保持在零值附近,因此,假设 $\sin\beta=0,\tan\beta=0,\cos\beta=1$ 成立。基于上述分析,在再入模型式(3.15)和式(3.16)的基础上进行简化,可得到用于控制器设计的高超声速飞行器再入姿态模型如式(8.1)和式(8.2)所示[5-7]:

$$\dot{\Theta}=R\omega+\Delta_{F} \tag{8.1}$$

$$I\dot{\omega}=-\Omega I\omega+M+\Delta_{M} \tag{8.2}$$

式中,Δ_{F} 表示由于模型简化而引入的非匹配不确定;Δ_{M} 表示由于外界扰动和模型自身参数不确定而引入的匹配不确定;$\omega=[p,q,r]^{T}$ 表示高超声速再入飞行器的姿态角速率向量;$\Theta=[a,\beta,\sigma]^{T}$ 表示姿态角向量;$M=[M_{x},M_{y},M_{z}]^{T}$ 表示系统的控制力矩,$I\in\mathbb{R}^{3\times3}$ 表示系统的惯性矩阵;系统矩阵 $\Omega\in\mathbb{R}^{3\times3}$、$R\in\mathbb{R}^{3\times3}$ 及 $I\in\mathbb{R}^{3\times3}$ 定义为

$$I=\begin{bmatrix} I_{xx} & -I_{xy} & -I_{xz} \\ -I_{yx} & I_{yy} & -I_{yz} \\ -I_{zx} & -I_{zy} & I_{zz} \end{bmatrix}, \quad \Omega=\begin{bmatrix} 0 & -r & q \\ r & 0 & -p \\ -q & p & 0 \end{bmatrix}$$

$$R=\begin{bmatrix} -\cos\alpha\tan\beta & 1 & -\sin\alpha\tan\beta \\ \sin\alpha & 0 & -\cos\alpha \\ -\cos\alpha\cos\beta & -\sin\beta & -\sin\alpha\cos\beta \end{bmatrix} \tag{8.3}$$

经过上述分析,本章研究的再入姿态控制问题可描述为:设计控制输入(控制力矩),使模型在匹配和非匹配不确定影响的情况下,系统输出 $y=\Theta=[a,\beta,\sigma]^{T}$ 在有限时间内,实现对给定制导指令($\Theta^{*}=[a^{*},\beta^{*},\sigma^{*}]^{T}$)的稳定跟踪控制,即有

$$\lim_{t\mapsto T}\|\alpha-\alpha^{*}\|=0, \quad \lim_{t\mapsto T}\|\beta-\beta^{*}\|=0, \quad \lim_{t\mapsto T}\|\sigma-\sigma^{*}\|=0 \tag{8.4}$$

式中,T 表示有限时间。

8.1.2 再入姿态控制控制器设计过程

高超声速飞行器再入姿态控制的主要任务是通过设计控制器,确保系统模型在受到不确定和外界干扰影响的情况下,仍能够实现对再入制导指令的跟踪控制。为了实现该目的,提出的基于自适应多变量干扰补偿的再入姿态控制框图如图8.1所示。整个系统由三部分构成,其中多变量齐次姿态控制器用于实现对标称姿态模型的有限时间稳定,姿态角和姿态角速率的自适应多变量干扰观测器用于实现对再入姿态模型中的非匹配干扰 Δ_{F} 和匹配干扰 Δ_{M} 的实时在线估计,并将干扰估计值作为控制器输入,进而对模型中的干扰进行补偿,最终实现高超声速飞行器再入姿态干扰边界未知情形下的稳定跟踪控制。考虑到面向控制的再入姿态模型式(8.1)和式(8.2)的积分链结构,下面将再入姿态控制器的设计分两部分进行,首先针对标称的多变量积分链系统进行控制器和干扰观测器的设计,在此基础上,将设计的控制器和干扰观测器应用于高超声速飞行器的再入姿态控制。

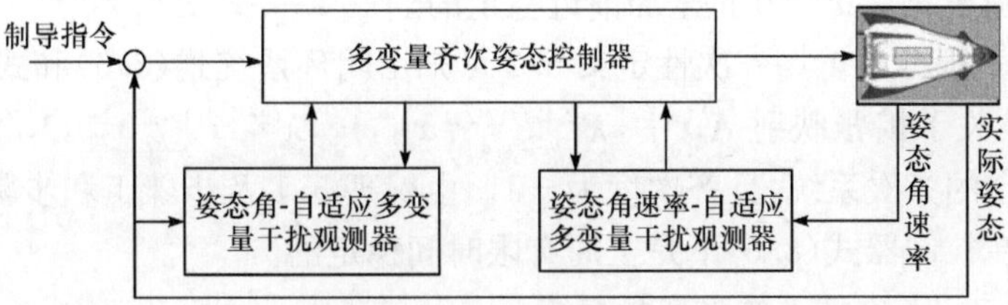

图 8.1　基于自适应多变量干扰补偿的再入姿态控制框图

1. 有限时间控制器-观测器设计

定理 8.1　考虑式(8.5)所示的多变量积分链系统：

$$\dot{x}_1 = x_2,\quad \dot{x}_2 = u \tag{8.5}$$

式中，$x_1=[x_{11},x_{12},\cdots,x_{1m}]^{\mathrm{T}}$，$x_2=[x_{21},x_{22},\cdots,x_{2m}]^{\mathrm{T}}$ 是系统的状态向量；u 是系统的控制向量，若控制器 u 设计为

$$u=-k_1\|x_1\|^{\rho_1}\frac{x_1}{\|x_1\|}-k_2\|x_2\|^{\rho_2}\frac{x_2}{\|x_2\|} \tag{8.6}$$

且控制参数满足 k_1、$k_2>0$，$\rho_1=\rho/(2-\rho)$，$\rho_2=\rho$，$\rho\in(0,1)$，则系统状态 x_1 和 x_2 在有限时间收敛到零。

证明　整个证明分两步进行，首先证明系统式(8.5)在控制器式(8.6)作用下是全局渐近稳定的，然后证明该系统是齐次系统且具有负的齐次度，则依据引理 5.1 该定理得证。

步骤 1　构造如下 Lyapunov 函数：

$$V=\|x_1\|^{\rho_1+1}+\frac{\rho_1+1}{2k_1}\|x_2\|^2 \tag{8.7}$$

显然，V 是一个连续正定的径向无界的函数，对式(8.7)求导，得

$$\dot{V}=(\rho_1+1)\|x_1\|^{\rho_1}\frac{x_1^{\mathrm{T}}\dot{x}_1}{\|x_1\|}+\frac{\rho_1+1}{k_1}\|x_2\|\frac{x_2^{\mathrm{T}}\dot{x}_2}{\|x_2\|} \tag{8.8}$$

将式(8.5)和式(8.6)代入式(8.8)，经整理可得

$$\dot{V}=\frac{(\rho_1+1)x_1^{\mathrm{T}}x_2}{\|x_1\|^{1-\rho_1}}-\frac{\rho_1+1}{k_1}\left(\frac{k_1x_2^{\mathrm{T}}x_1}{\|x_1\|^{1-\rho_1}}+\frac{k_2x_2^{\mathrm{T}}x_2}{\|x_2\|^{1-\rho_2}}\right) \tag{8.9}$$

考虑到等式 $x_1^{\mathrm{T}}x_2=x_2^{\mathrm{T}}x_1$ 和 $x_2^{\mathrm{T}}x_2=\|x_2\|^2$ 对任意的 x_1、$x_2\in\mathbb{R}^m$ 成立，式(8.9)可进一步化简为

$$\dot{V}=-\frac{k_2(\rho_1+1)}{k_1}\|x_2\|^{\rho_2+1} \tag{8.10}$$

从式(8.10)可知 $\dot{V}\leqslant 0$ 恒成立，且等号只有在 $x_2=0$ 时成立，根据闭环系统式(8.5)和式(8.6)可知，$x_1=x_2=0$ 是该系统的唯一不变集，依据拉萨尔定理[8]容

易验证，平衡点 $x_1=x_2=0$ 是全局渐近稳定的。

步骤 2　根据向量场齐次性定义 5.2 可知由闭环系统式(8.5)和式(8.6)构成的向量场是关于扩张映射 $\Lambda_r^\lambda x=[\lambda^{(2-\rho)/(1-\rho)}x_{11},\cdots,\lambda^{(2-\rho)/(1-\rho)}x_{1m},\lambda^{1/(1-\rho)}x_{21},\cdots,\lambda^{1/(1-\rho)}x_{2m}]^{\mathrm{T}}$ 的齐次系统，且齐次度为 -1。由引理 5.1 及步骤 1 和步骤 2，可知系统式(8.5)在控制器式(8.6)下是全局有限时间稳定的。

定理 8.2　考虑如下的多变量系统：

$$\dot{x}=u+\Delta \tag{8.11}$$

式中，$x=[x_1,x_2,\cdots,x_m]^{\mathrm{T}}$ 是系统的状态向量；u 是系统的控制向量；干扰 Δ 满足 $\|\Delta\|\leqslant\delta$，$\delta$ 存在但未知。那么，干扰 Δ 可以在有限时间内通过式(8.12)和式(8.13)所示观测器中的 z_2 进行重构：

$$\dot{z}_1=-k_1(t)\frac{e_1}{\|e_1\|^{\frac{1}{2}}}-k_2(t)e_1+z_2+u \tag{8.12}$$

$$\dot{z}_2=-k_3(t)\frac{e_1}{\|e_1\|}-k_4(t)e_1 \tag{8.13}$$

式中，$e_1=z_1-x$，自适应增益 $k_i(t)(i=1,2,3,4)$ 设计为

$$k_1(t)=c_1\sqrt{L(t)},\quad k_2(t)=c_2L(t),\quad k_3(t)=c_3L(t) \tag{8.14}$$

$$k_4(t)=c_4L^2(t),\quad \dot{L}(t)=\begin{cases}k, & \|e_1\|\neq 0\\ 0, & \|e_1\|=0\end{cases} \tag{8.15}$$

式中，k 是正常数且自适应增益参数 $c_i(t)(i=1,2,3,4)$ 满足条件：

$$9c_1^2c_2^2+8c_2^2c_3<4c_3c_4 \tag{8.16}$$

证明　用式(8.12)和式(8.13)减式(8.11)得到误差动态系统：

$$\begin{aligned}\dot{e}_1&=-k_1(t)\frac{e_1}{\|e_1\|^{\frac{1}{2}}}-k_2(t)e_1+z_2-\Delta\\ \dot{e}_2&=-k_3(t)\frac{e_1}{\|e_1\|}-k_4(t)e_1\end{aligned} \tag{8.17}$$

定义误差 $e_2=z_2-\Delta$，式(8.17)可重写为

$$\begin{aligned}\dot{e}_1&=-k_1(t)\frac{e_1}{\|e_1\|^{\frac{1}{2}}}-k_2(t)e_1+e_2\\ \dot{e}_2&=-k_3(t)\frac{e_1}{\|e_1\|}-k_4(t)e_1-\dot{\Delta}\end{aligned} \tag{8.18}$$

为分析方便，定义变量 ξ_1、ξ_2 和 ξ_3 为

$$\xi_1=\left(\frac{L}{\|e_1\|}\right)^{\frac{1}{2}}e_1,\quad \xi_2=Le_1,\quad \xi_3=e_2 \tag{8.19}$$

式中，$\xi_i=[\xi_{i1},\xi_{i2},\cdots,\xi_{im}]\in\mathbb{R}^m(i=1,2,3)$。从式(8.19)可以看出，若 $\xi_i\rightarrow 0$，则 e_j

$\to 0(j=1,2)$，对式(8.19)求导可得

$$\begin{aligned}\dot{\xi}_1&=\frac{0.5Le_1}{(L\|e_1\|)^{\frac{1}{2}}}+\left(\frac{L}{\|e_1\|}\right)^{\frac{1}{2}}\left(I_{mm}-\frac{e_1e_1^{\mathrm{T}}}{2\|e_1\|^2}\right)\dot{e}_1\\\dot{\xi}_2&=\dot{L}e_1+L\dot{e}_1\\\dot{\xi}_3&=-c_3L\frac{e_1}{\|e_1\|}-c_4L^2e_1-\dot{\Delta}_1\end{aligned}\tag{8.20}$$

根据定义式(8.19)，可得到关系式：

$$\frac{e_1}{\|e_1\|^{\frac{1}{2}}}=\frac{\xi_1}{L^{\frac{1}{2}}}\Rightarrow\|e_1\|^{\frac{1}{2}}=\frac{\|\xi_1\|}{L^{\frac{1}{2}}}\Rightarrow\left(\frac{L}{\|e_1\|}\right)^{\frac{1}{2}}=\frac{L}{\|\xi_1\|}\tag{8.21}$$

将式(8.19)代入式(8.18)整理得到

$$\dot{e}_1=-c_1\xi_1-c_2\xi_2+\xi_3\tag{8.22}$$

此外，根据关系式(8.19)可知

$$\frac{e_1}{\|e_1\|}=\frac{\xi_1}{\|\xi_1\|}=\frac{\xi_2}{\|\xi_2\|}\tag{8.23}$$

成立，考虑到关系式(8.22)和式(8.23)，式(8.20)中的$\left(I_{mm}-\frac{e_1e_1^{\mathrm{T}}}{2\|e_1\|^2}\right)\dot{e}_1$（表示为$\Gamma$）可通过式(8.24)计算：

$$\Gamma=\left(\xi_3-\frac{\xi_1\xi_1^{\mathrm{T}}\xi_3}{2\|\xi_3\|^2}\right)-\sum_{i=1}^{2}c_i\left(I_{mm}-\frac{\xi_i\xi_i^{\mathrm{T}}}{2\|\xi_i\|^2}\right)\xi_i=\left(\xi_3-\frac{\xi_1\xi_1^{\mathrm{T}}\xi_3}{2\|\xi_3\|^2}\right)-\frac{c_1\xi_1+c_2\xi_2}{2}\tag{8.24}$$

考虑到关系式(8.21)～式(8.24)，式(8.20)可写成如式(8.25)所示的向量形式：

$$\dot{\xi}=-\frac{L}{2\|\xi_1\|^2}A_1\xi-LA_2\xi+A_3\tag{8.25}$$

式中，$\xi=[\xi_1,\xi_2,\xi_3]^{\mathrm{T}}$；矩阵 A_1 和 A_2 和向量 A_3 定义如下：

$$\begin{gathered}A_1=\begin{bmatrix}c_1I_{mm}&c_2I_{mm}&-2I_{mm}\\0_{mm}&0_{mm}&0_{mm}\\2c_3I_{mm}&0_{mm}&0_{mm}\end{bmatrix},\quad A_2=\begin{bmatrix}0_{mm}&0_{mm}&0_{mm}\\c_1I_{mm}&c_2I_{mm}&-I_{mm}\\0_{mm}&c_4I_{mm}&0_{mm}\end{bmatrix}\\A_3=\frac{\dot{L}}{2L}\begin{bmatrix}\xi_1\\2\xi_2\\0_m\end{bmatrix}-\begin{bmatrix}0_m\\0_m\\\dot{\Delta}\end{bmatrix}-\begin{bmatrix}\frac{L\xi_1\xi_1^{\mathrm{T}}\xi_3}{2\|\xi_1\|^3}\\0_m\\0_m\end{bmatrix}\end{gathered}\tag{8.26}$$

接下来，证明式(8.25)中的状态 ξ 在有限时间内收敛到零。构造如式(8.27)所示的 Lyapunov 函数：

$$V=2c_3\|\xi_1\|^2+c_4\|\xi_2\|^2+\frac{1}{2}\|\xi_3\|^2+\frac{1}{2}\|c_1\xi_1+c_2\xi_2-\xi_3\|^2\tag{8.27}$$

进一步将式(8.27)写成矩阵形式：

$$V=\frac{1}{2}\xi^{\mathrm{T}}P\xi \tag{8.28}$$

式中，矩阵 P 计算公式为：

$$P=\begin{bmatrix}(4c_2+c_1^2)I_{mm} & c_1c_2I_{mm} & -c_1I_{mm}\\ c_1c_2I_{mm} & (2c_4+c_2^2)I_{mm} & -c_2I_{mm}\\ -c_1I_{mm} & -c_2I_{mm} & 2I_{mm}\end{bmatrix} \tag{8.29}$$

对式(8.28)进行求导，可得

$$\dot{V}=-\frac{L}{2\|\xi_1\|}\xi^{\mathrm{T}}\Pi_1\xi-L\xi^{\mathrm{T}}\Pi_2\xi+\widetilde{V} \tag{8.30}$$

式中，$\Pi_1=0.5(A_1^{\mathrm{T}}P+PA_1)$，$\Pi_2=0.5(A_2^{\mathrm{T}}P+PA_2)$，$\widetilde{V}=\xi^{\mathrm{T}}PA_3$，定义 $A_{31}=\dfrac{\dot{L}}{2L[\xi_1,2\xi_2,0_m]^{\mathrm{T}}}$，$A_{32}=[0_m,0_m,\dot{\Delta}]^{\mathrm{T}}$，$A_{33}=\left[\dfrac{L\xi_1^{\mathrm{T}}\xi_1}{2\|\xi_1\|^2},0_m,0_m\right]^{\mathrm{T}}$，容易验证关系式 $A_3=A_{31}+A_{32}+A_{33}$ 成立。定义 $\widetilde{V}_i=\xi^{\mathrm{T}}PA_{3i}(i=1,2,3)$，则 $\widetilde{V}$ 可表示为

$$\widetilde{V}=\widetilde{V}_1+\widetilde{V}_2+\widetilde{V}_3 \tag{8.31}$$

式中

$$\widetilde{V}_1=\frac{\dot{L}}{2L}[(4c_3+c_1^2)\|\xi_1\|^2+3c_1c_2\xi_1^{\mathrm{T}}\xi_2-c_1\xi_1^{\mathrm{T}}\xi_3+(2c_4+c_2^2)\|\xi_2\|^2-2c_2\xi_2^{\mathrm{T}}\xi_3] \tag{8.32}$$

$$\widetilde{V}_2=\dot{\Delta}^{\mathrm{T}}[c_1\xi_1+c_2\xi_2-2\xi_3] \tag{8.33}$$

$$\widetilde{V}_3=-\frac{L}{2\|\xi_1\|}\left[(4c_3+c_1^2)\xi_1^{\mathrm{T}}\xi_3+\frac{c_1c_2\xi_2^{\mathrm{T}}\xi_1\xi_1^{\mathrm{T}}\xi_3}{\|\xi_1\|^2}-\frac{c_1\xi_3^{\mathrm{T}}\xi_1\xi_1^{\mathrm{T}}\xi_3}{\|\xi_1\|^2}\right] \tag{8.34}$$

考虑到式(8.32)中的 $\widetilde{V}_1$ 和式(8.33)中的 $\widetilde{V}_2$ 满足不等式：

$$\widetilde{V}_1\leqslant\frac{\dot{L}}{2L}\xi^{\mathrm{T}}\Pi\kappa_1\xi,\quad \widetilde{V}_2\leqslant\sqrt{4+c_1^2+c_2^2}\|\dot{\Delta}\|\|\xi\| \tag{8.35}$$

式中，$\widetilde{\Pi}_1=\mathrm{diag}(\lambda_{\widetilde{\Pi}_1}^1,\lambda_{\widetilde{\Pi}_1}^2,\lambda_{\widetilde{\Pi}_1}^3)\otimes I_{mm}$ 且 $\lambda_{\widetilde{\Pi}_1}^1=(4c_3+c_1^2+1.5c_1c_2+0.5c_1)$，$\lambda_{\widetilde{\Pi}_1}^2=(4c_4+2c_2^2+1.5c_1c_2+c_2)$，$\lambda_{\widetilde{\Pi}_1}^3=(0.5c_1+c_2)$，根据关系式(8.19)可知，关系式 $\xi_2=\|\xi_1\|\xi_1$ 成立。此外，考虑到不等式 $\dfrac{\xi_3^{\mathrm{T}}\xi_1\xi_1^{\mathrm{T}}\xi_3}{\|\xi_1\|^2}\leqslant\|\xi_3\|^2$，式(8.34)满足不等式：

$$\widetilde{V}_3\leqslant-\frac{L}{2\|\xi_1\|}[(4c_3+c_1^2)\xi_1^{\mathrm{T}}\xi_3-c_1\|\xi_3\|^2]-\frac{Lc_1c_2}{2}\xi_1^{\mathrm{T}}\xi_3 \tag{8.36}$$

综合考虑不等式(8.35)和不等式(8.36)可知，式(8.31)中的 $\widetilde{V}$ 满足不等式：

$$\widetilde{V}\leqslant-\frac{\dot{L}}{2\|\xi_1\|}\xi^{\mathrm{T}}\widetilde{\Pi}_2\xi-L\xi^{\mathrm{T}}\widetilde{\Pi}_3\xi+\widetilde{V}_1+\widetilde{V}_2 \tag{8.37}$$

式中

$$\widetilde{\Pi}_2=\begin{bmatrix} c_1(c_1^2+2c_3) & 0 & -c_1^2 \\ 0 & c_1(5c_2^2+2c_4) & -3c_1c_2 \\ -c_1^2 & -3c_1c_2 & c_1 \end{bmatrix}\otimes I_{mm} \tag{8.38}$$

$$\widetilde{\Pi}_3=\begin{bmatrix} c_2(2c_1^2+c_3) & 0 & 0 \\ 0 & c_2(c_2^2+c_4) & -c_2^2 \\ 0 & -c_2^2 & c_2 \end{bmatrix}\otimes I_{mm} \tag{8.39}$$

容易验证,矩阵 $\widetilde{\Pi}_1$、$\widetilde{\Pi}_2$ 和 $\widetilde{\Pi}_3$ 在满足条件式(8.16)时为正定矩阵,对于任意的正定矩阵 $\widetilde{\Pi}_i(i=1,2,3)$满足不等式:

$$\lambda_{\min}(\widetilde{\Pi}_i)\|\xi\|^2\leqslant\xi^{\mathrm{T}}\widetilde{\Pi}_i\xi\leqslant\lambda_{\max}(\widetilde{\Pi}_i)\|\xi\|^2 \tag{8.40}$$

同理,对正定矩阵 P,不等式 $\lambda_{\min}(P)\|\xi\|^2\leqslant 2V\leqslant\lambda_{\max}(P)\|\xi\|^2$ 成立,基于该不等式,式(8.40)可等价为

$$\frac{\lambda_{\min}(\widetilde{\Pi}_i)2V}{\lambda_{\max}(P)}\leqslant\xi^{\mathrm{T}}\widetilde{\Pi}_i\xi\leqslant\frac{\lambda_{\max}(\widetilde{\Pi}_i)2V}{\lambda_{\min}(P)} \tag{8.41}$$

将不等式(8.35)和不等式(8.41)代入式(8.37)可得

$$\dot{V}\leqslant\left[\frac{\dot{L}\lambda_{\max}(\widetilde{\Pi}_1)}{L\lambda_{\min}(P)}-\frac{L\lambda_{\min}(\widetilde{\Pi}_3)}{\lambda_{\max}(P)}\right]V-\frac{L\lambda_{\min}(\widetilde{\Pi}_2)}{\|\xi_1\|\lambda_{\max}(P)}V+\sqrt{4+c_1^2+c_2^2}\,\|\dot{\Delta}\|\,\|\xi\| \tag{8.42}$$

考虑到不等式 $\|\dot{\Delta}\|\leqslant\delta$, $\|\xi_1\|\leqslant\|\xi\|$ 和 $\sqrt{2V/\lambda_{\max}(P)}\leqslant\|\xi\|\leqslant\sqrt{2V/\lambda_{\min}(P)}$,式(8.42)中的 $\dot{V}$ 满足

$$\dot{V}\leqslant-\left(L\vartheta_2-\frac{\dot{L}}{L}\vartheta_1\right)V-(L\vartheta_3-\vartheta_4\delta)V^{\frac{1}{2}} \tag{8.43}$$

式中,$\vartheta_1=\lambda_{\max}(\widetilde{\Pi}_1)/\lambda_{\min}(P)$,$\vartheta_2=2\lambda_{\min}(\widetilde{\Pi}_3)/\lambda_{\max}(P)$,$\vartheta_3=\lambda_{\min}(\widetilde{\Pi}_2)\sqrt{\lambda_{\min}(P)}/(\sqrt{2}\lambda_{\max}(P))$ 和 $\vartheta_4=\sqrt{2(4+c_1^2+c_2^2)\lambda_{\min}(P)}$ 为正常值。因为 $\dot{L}=K>0$,所以参数 $\kappa_1=L\vartheta_2-\dot{L}\vartheta_1/L$ 和 $\kappa_2=L\vartheta_3-\vartheta_4\delta$ 将在有限时间内大于零。此后,系统满足不等式 $\dot{V}+\kappa_1V+\kappa_2V^{0.5}\leqslant 0$,根据引理 5.2 可知,$\xi$ 在有限时间内收敛到零,定理得证。

2. 再入姿态控制器-观测器综合设计

接下来将根据定理 8.1 和定理 8.2 的结果,针对再入姿态模型式(8.1)和式(8.2)进行再入姿态控制器-观测器的综合设计。首先,为了应用定理 8.1 和定理 8.2,引入中间变量 $\bar{\omega}=R\omega$ 和 $\overline{M}=RI^{-1}M$,此时再入姿态模型式(8.1)和式(8.2)可转化为

$$\dot{\Theta}=\bar{\omega}+\Delta_{\mathrm{F}} \tag{8.44}$$

$$\dot{\bar{\omega}}=-RI^{-1}\Omega I\omega+\overline{M}+\dot{R}R^{-1}\bar{\omega}+RI^{-1}\Delta_{\mathrm{M}} \tag{8.45}$$

进一步定义变量 $y_1=\Theta-\Theta^*$ 和 $\dot{y}_2=\Theta-\dot{\Theta}^*+\hat{\Delta}_F$，其中 $\hat{\Delta}_F$ 为 Δ_F 的估计，可通过上述构造的观测器获得。基于该定义，式(8.44)和式(8.45)进一步转化为

$$\dot{y}_1=y_2+(\Delta_F-\hat{\Delta}_F) \tag{8.46}$$

$$\dot{y}_2=-\ddot{\Theta}^*-RI^{-1}\Omega I\omega+\overline{M}+\Delta_{\overline{M}} \tag{8.47}$$

式中，$\Delta_{\overline{M}}=\dot{R}R^{-1}\bar{\omega}+RI^{-1}\Delta_M+\hat{\dot{\Delta}}_F$，进一步考虑如下假设。

假设 8.1 假设式(8.46)中的 Δ_F 和式(8.47)中的 $\Delta_{\overline{M}}$ 分别满足 $\|\dot{\Delta}_F\|\leqslant\delta_1$ 和 $\|\dot{\Delta}_{\overline{M}}\|\leqslant\delta_2$，其中 δ_1 和 δ_2 存在但未知。

定理 8.3 考虑系统式(8.46)和式(8.47)满足假设 8.1，若控制器设计为

$$\overline{M}=\ddot{\Theta}^*+RI^{-1}\Omega I\omega-k_1\|y_1\|^{\rho_1}\frac{y_1}{\|y_1\|}-k_2\|y_2\|^{\rho_2}\frac{y_2}{\|y_2\|}-\hat{\Delta}_{\overline{M}} \tag{8.48}$$

式中，参数 k_1、k_2、ρ_1 和 ρ_2 由定理 8.1 设计的观测器获得，干扰估计 $\hat{\Delta}_{\overline{M}}$ 由定理 8.2 设计的观测器获得，则 y_1 和 y_2 在有限时间收敛到零。

证明 将控制器式(8.48)代入系统式(8.46)和式(8.47)得到

$$\dot{y}_1=y_2+e_F \tag{8.49}$$

$$\dot{y}_2=-k_1\|y_1\|^{\rho_1}\frac{y_1}{\|y_1\|}-k_2\|y_2\|^{\rho_2}\frac{y_2}{\|y_2\|}+e_{\overline{M}} \tag{8.50}$$

式中，$e_F=\Delta_F-\hat{\Delta}_F$，$e_{\overline{M}}=\Delta_{\overline{M}}-\hat{\Delta}_{\overline{M}}$。根据定理 8.2 可知，观测误差 e_F 和 $e_{\overline{M}}$ 有界且在有限时间收敛到零。针对系统式(8.49)和式(8.50)，构造 Lyapunov 函数 $V=\|y_1\|^{\rho_1+1}+\dfrac{\rho_1+1}{2k_1\|y_2\|^2}$，并对其求导可得

$$\dot{V}=(\rho_1+1)\left(\|y_1\|^{\rho_1-1}y_1^{\mathrm{T}}e_F+\frac{1}{k_1}y_2^{\mathrm{T}}e_{\overline{M}}-\frac{k_2\|y_2\|^{\rho_2+1}}{k_2}\right) \tag{8.51}$$

基于 Cauchy-Schwarz 不等式，式(8.51)满足

$$\dot{V}\leqslant(\rho_1+1)\left(\|y_1\|^{\rho_1}\|e_F\|+\frac{\|y_2\|\|e_{\overline{M}}\|}{k_1}-\frac{k_2\|y_2\|^{\rho_2+1}}{k_1}\right) \tag{8.52}$$

考虑到不等式 $ab\leqslant0.5(a^2+b^2)$ 对任意的实数 a、b 成立，不等式(8.52)满足

$$\dot{V}\leqslant(\rho_1+1)\left(\frac{\|y_1\|^{2\rho_1}+\|e_F\|^2}{2}+\frac{\|y_2\|^2+\|e_{\overline{M}}\|^2}{2k_1}\right) \tag{8.53}$$

为证明方便，分以下两种情况讨论。

情况 1 假设 $\|y_1\|\geqslant1$，因为 $\rho_1\in(0,1)$，所以不等式 $2\rho_1\leqslant\rho_1+1$ 和 $\rho_1+1\leqslant2$ 成立。进一步，式(8.53)中的 $\dot{V}$ 满足不等式：

$$\begin{aligned}\dot{V}&\leqslant\|y_1\|^{\rho_1+1}+\frac{\rho_1+1}{2k_1}\|y_2\|^2+\frac{(\rho_1+1)(k_1\|e_F\|^2+\|e_{\overline{M}}\|^2)}{2k_1}\\&=V+\frac{(\rho_1+1)(k_1\|e_F\|^2+\|e_{\overline{M}}\|^2)}{2k_1}\end{aligned} \tag{8.54}$$

由估计误差 e_{F} 和 e_{M} 有界，可知式(8.54)中的 $(\rho_1+1)(k_1\|e_{\mathrm{F}}\|^2+\|e_{\mathrm{M}}\|^2)/(2k_1)$ 有界。

情况 2　假设 $\|y_1\|<1$，该种情况不等式 $\|y_1\|^{2\rho_1}<1$ 成立。因此，式(8.53)满足

$$\dot{V}\leqslant\frac{\rho_1+1}{2k_1}\|y_2\|^2+\frac{(\rho_1+1)[k_1(\|e_{\mathrm{F}}\|^2+1)+\|e_{\mathrm{M}}\|^2]}{2k_1}\tag{8.55}$$

进一步，根据 Lyapunov 函数的定义可知不等式 $(\rho_1+1)/(2k_1)\|y_2\|^2\leqslant V$ 恒成立。因此，式(8.55)进一步可表述为

$$\dot{V}\leqslant V+\frac{(\rho_1+1)[k_1(\|e_{\mathrm{F}}\|^2+1)+\|e_{\mathrm{M}}\|^2]}{2k_1}\tag{8.56}$$

基于上述分析，可知存在一个有限值 $k_{\max}=(\rho_1+1)(k_1\|e_{\mathrm{F}}\|^2+\|e_{\mathrm{M}}\|^2)/(2k_1)$ 使得 Lyapunov 函数 V 满足不等式 $\dot{V}\leqslant V+k_{\max}$，对其两边积分可得 $V\leqslant(V_0+k_{\max})\mathrm{e}^{t-t_0}-k_{\max}$。其中 V_0 表示函数 V 的初值。因此，对任意给定的有限时间 t，V 有界，即系统状态 y_1 和 y_2 在任意的有限时间内有界。进一步，根据定理 8.2 可知，存在有限时间 T_1 使得 $e_{\mathrm{F}}=e_{\mathrm{M}}=0$ 在 $t\geqslant T_1$ 时成立。考虑区间 $t\geqslant T_1$，系统式(8.49)和式(8.50)退化为

$$\dot{y}_1=y_2,\quad \dot{y}_2=-k_1\|y_1\|^{\rho_1}\frac{y_1}{\|y_1\|}-k_2\|y_2\|^{\rho_2}\frac{y_2}{\|y_2\|}\tag{8.57}$$

根据定理 8.1 可知，系统式(8.57)在有限时间收敛到零，因此，定理得证。

8.1.3　仿真分析

1. 仿真条件

仿真过程中，以 X-33 再入段模型为例，飞行器物理参数为：$I_{yy}=961220\mathrm{slug}\cdot\mathrm{ft}^2$，$I_{zz}=1131541\mathrm{slug}\cdot\mathrm{ft}^2$ 和 $I_{xy}=I_{xz}=0\mathrm{slug}\cdot\mathrm{ft}^2$。控制器参数：$k_1=0.2$，$k_2=0.4$，$\rho_1=\frac{3}{7}$，$\rho_2=\frac{3}{5}$，姿态角和姿态角速率的观测器参数设置一样，为 $c_1=c_2=0.3$，$c_3=c_4=0.5$，$k=0.02$，自适应增益 L 的初值 $L(0)=0.1$。实际中 $e_1\neq0$，导致自适应增益 L 无限制增加。为避免该问题，在仿真过程中自适应律修改为 $\dot{L}=k$，$\|e_1\|\geqslant0.001$，$\dot{L}=0$，$\|e_1\|<0.001$。再入飞行过程中姿态角初值设置为 $\alpha(0)=12.62°$，$\beta(0)=-11.46°$，$\sigma(0)=-57.30°$，姿态角速率初值为 $p(0)=q(0)=r(0)=0.57°/\mathrm{s}$。为了验证算法的有效性，设置模型的非匹配干扰和匹配干扰如式(8.58)所示：

$$\Delta_F = 0.5\begin{bmatrix} 1+\sin\frac{\pi t}{50}+\sin\frac{\pi t}{100} \\ 1+\sin\frac{\pi t}{50}+\cos\frac{\pi t}{100} \\ 1+\cos\frac{\pi t}{50}+\cos\frac{\pi t}{100} \end{bmatrix}, \quad \Delta_M = 10^6\Delta_F \tag{8.58}$$

制导指令 Θ^* 从文献[9]中获得，为了对控制算法的有效性进行充分验证，非匹配干扰 Δ_F 和匹配干扰 Δ_M 在仿真过程中加入逻辑为：当 $t\in[0,60)$s 时，系统模型未加入任何干扰；当 $t=60$s 时，加入匹配干扰 Δ_M，且该干扰一直持续到 $t=180$s；当 $t=120$s 时，加入非匹配干扰 Δ_F，且该干扰一直持续到 $t=180$s；当 $t\in[180,300]$s 时，系统模型不受外部干扰影响，仿真步长设置为 2ms。

2. 仿真结果

仿真过程中的再入姿态跟踪曲线和自适应增益 L 的变化曲线如图 8.2 和图 8.3所示，从仿真结果可以看出，基于自适应多变量干扰补偿的再入姿态器，在系统模型不确定边界未知的情形下，仍能够实现对给定再入制导指令的高精度快速跟踪。图 8.3(b)中自适应增益的变化曲线表明，当模型受到干扰影响，系统运动状态偏离平衡位置时，干扰观测器增益 L 增加直到系统重新回到平衡状态。再

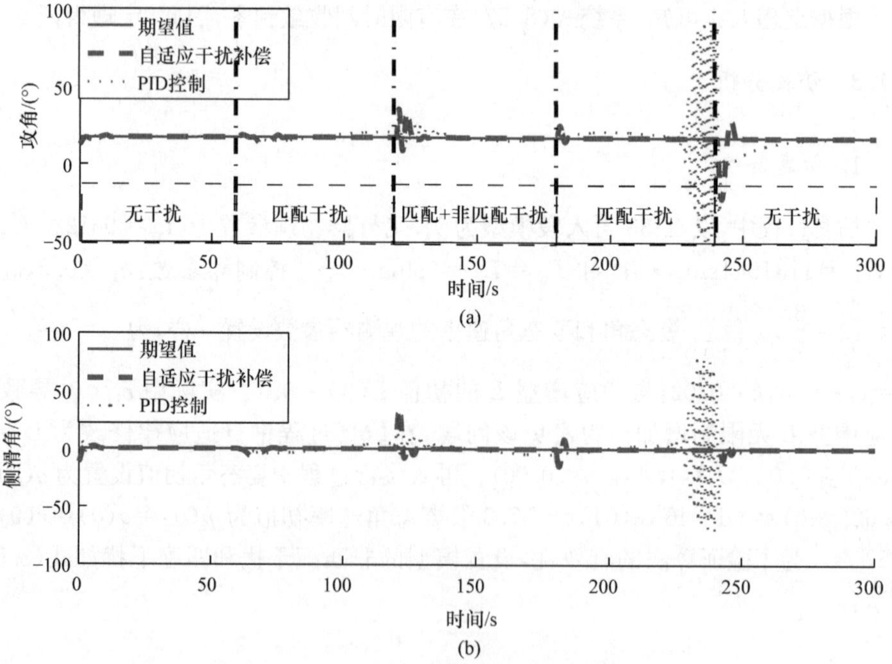

图 8.2 再入过程中攻角和侧滑角响应曲线

入过程中的姿态角速率曲线在图 8.4 中给出，从图 8.4 可以看出，当系统进入稳态后，姿态角速率维持在 0 值附近。图 8.5 分别表示再入过程中滚转力矩、俯仰力矩和偏航力矩的变化曲线，图 8.6 中表示基于自适应多变量观测器获得系统模型外界干扰的实时估计值，其中非匹配干扰 $i(i=1,2,3)$ 和匹配干扰估计 $i(i=1,2,3)$ 分别代表对非匹配干扰 Δ_F 和匹配干扰 Δ_M 第 i 个变量的估计值。

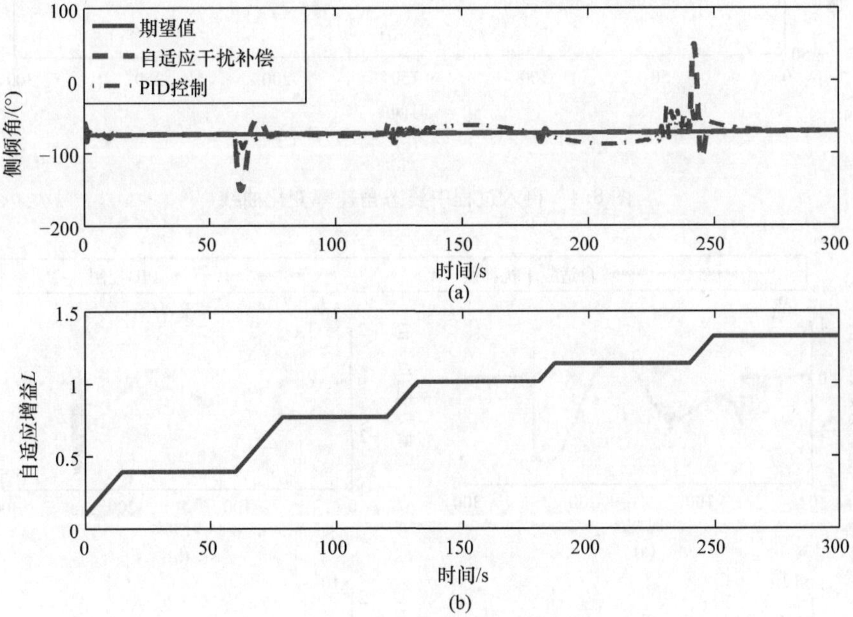

图 8.3　再入过程中侧倾角和自适应增益曲线

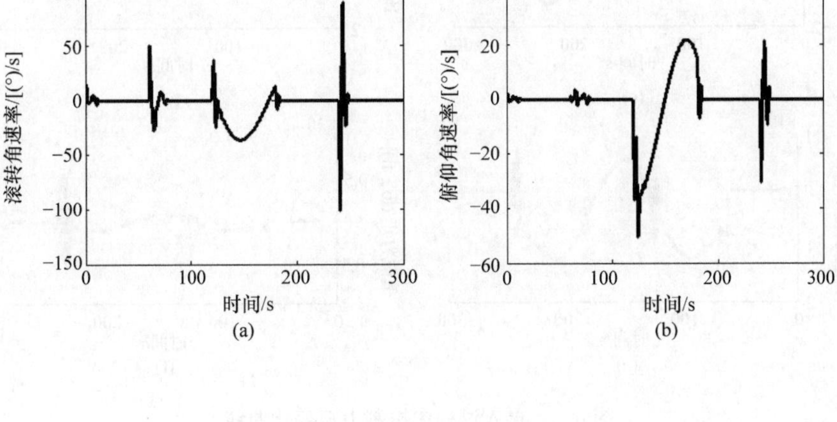

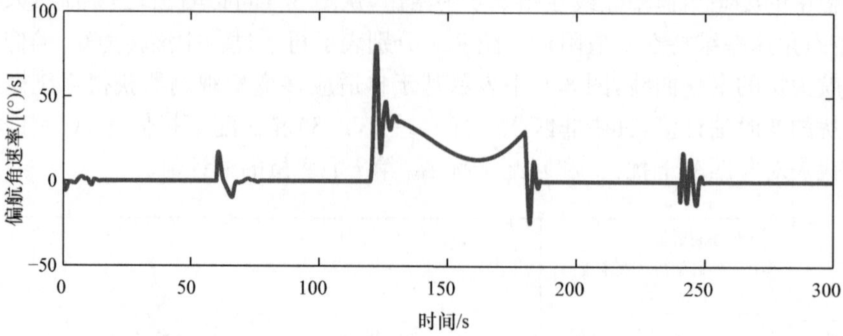

(c)

图 8.4 再入过程中姿态角速率变化曲线

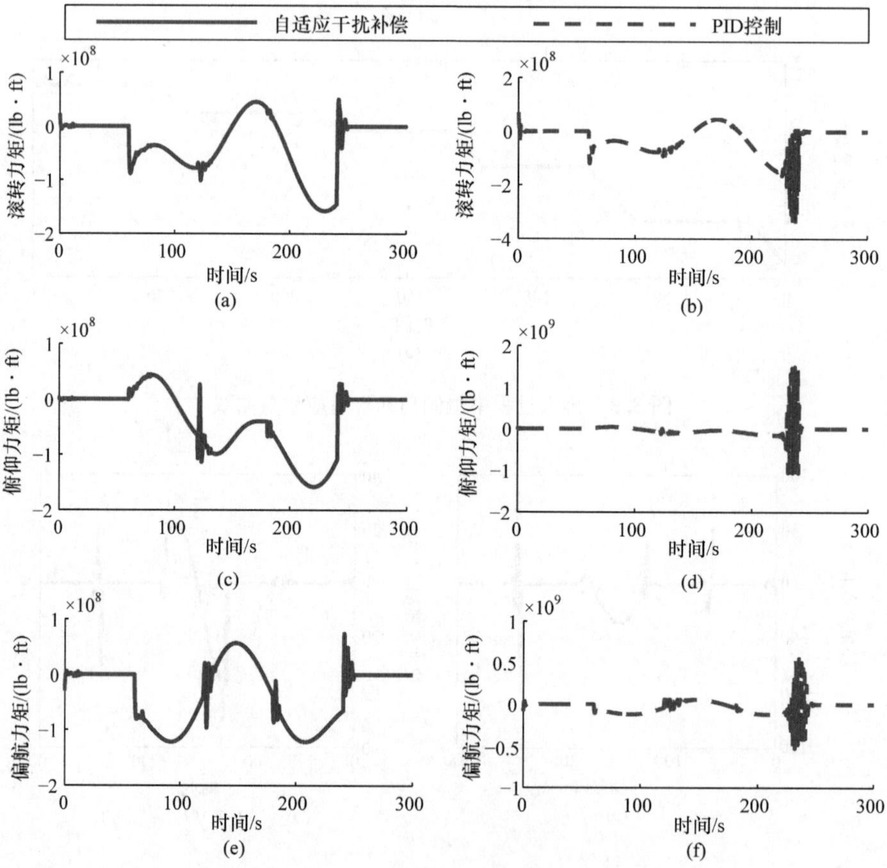

图 8.5 再入过程中控制力矩变化曲线

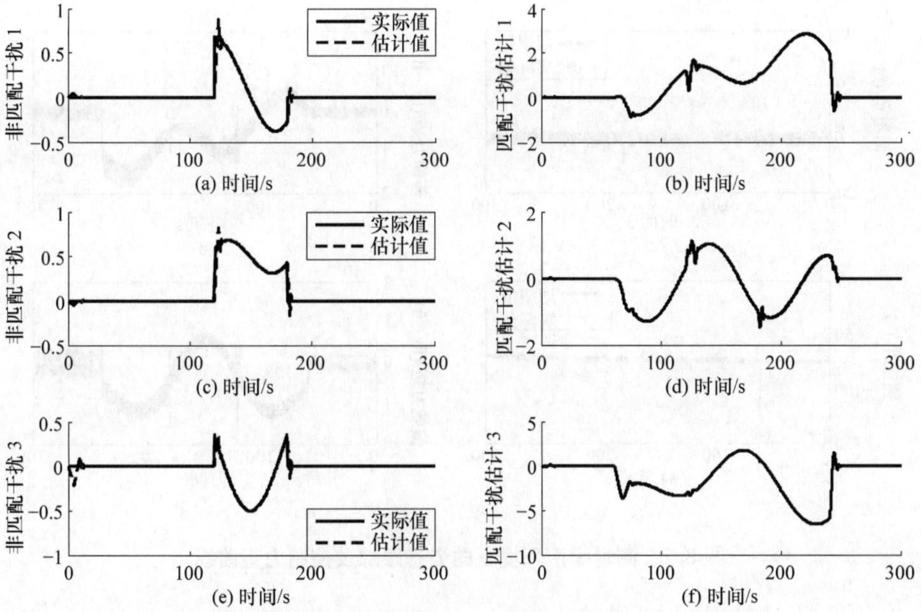

图 8.6　再入过程中干扰估计曲线

为了进一步验证算法的有效性，图 8.2 和图 8.3 中给出了基于传统控制 PID 获得的再入姿态控制效果，从中可以看出，基于自适应多变量干扰观测器的再入姿态控制器，相比于 PID 控制，将能获得更高的跟踪精度和更快的收敛速度。此外，与传统的 PID 控制相比，基于自适应多变量干扰补偿的控制器，另一个显著优势在于控制参数选取与模型不确定及外界干扰无关，大大简化了参数的选择，更易于工程实现。为了进一步验证算法对噪声的抑制能力，仿真过程中在再入姿态通道加入均值为 0，协方差为 0.01 的高斯白噪声，该种情况下的仿真结果如图 8.7 所示，从仿真结果可以看出，尽管有测量噪声的加入，再入姿态仍能实现对给定制导指令的良好跟踪。

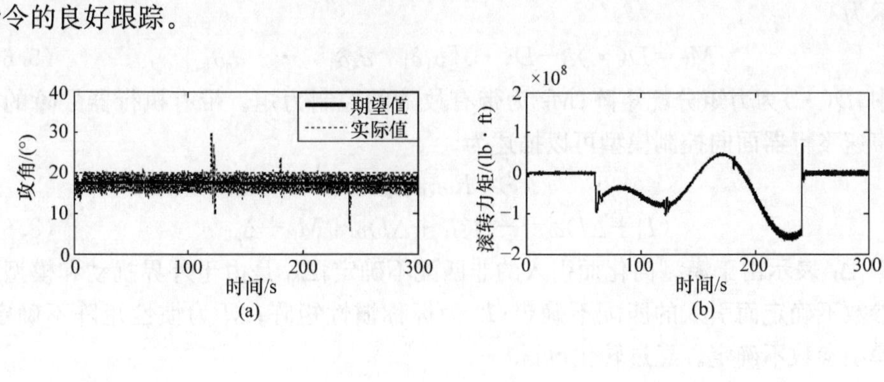

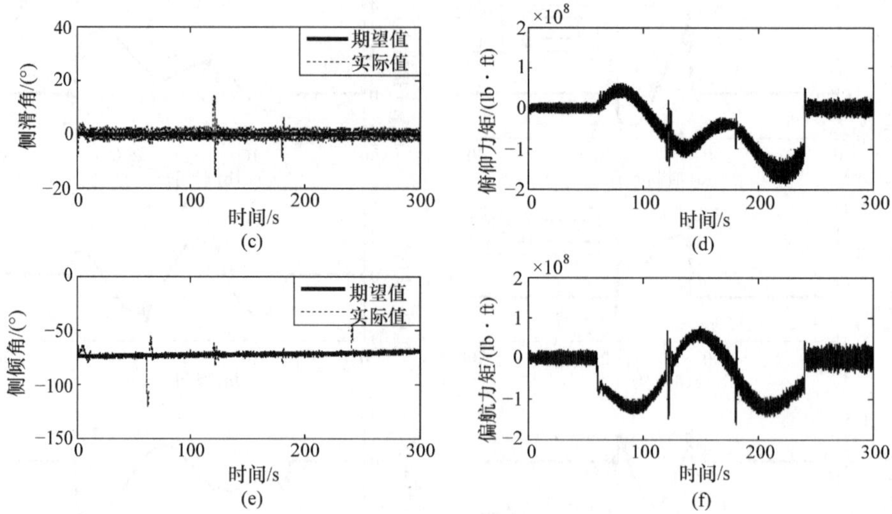

图 8.7　测量噪声环境下的姿态跟踪及控制力矩曲线

8.2　自适应多变量干扰补偿再入姿态容错控制器设计

8.2.1　高超声速飞行器再入故障建模

考虑高超声速飞行器执行器效率损失故障，具有效率损失的气动舵面偏转角可表示为

$$\delta_{F}=(I-\sigma_{F})\delta \tag{8.59}$$

式中，$\sigma_{F}=\mathrm{diag}(\sigma_1,\sigma_2,\cdots,\sigma_n)$表示执行器效率损失因子；$\delta_F$ 表示故障下的气动舵面偏转角。这里，$\sigma_i=0$ 表示第 i 个控制舵面处在无故障状态。有故障的控制力矩可表示为

$$M_{F}=D(\cdot)\delta-D(\cdot)\begin{bmatrix}\sigma_1\delta_1 & \sigma_2\delta_2 & \cdots & \sigma_n\delta_n\end{bmatrix} \tag{8.60}$$

式中，$D(\cdot)$为力矩分配矩阵；M_F 为带有故障的控制力矩。带有执行器故障的高超声速飞行器面向控制模型可以描述为

$$\begin{aligned}\dot{\Theta}&=R\omega+\Delta_{F}\\(I_0+\Delta I)\dot{\omega}&=-\Omega(I_0+\Delta I)\omega+M_{F}+\Delta_{M}\end{aligned} \tag{8.61}$$

式中，Δ_F 表示由于模型简化而引入的非匹配不确定；Δ_M 是由于外界扰动和模型自身参数不确定而引入的匹配不确定；I_0 为标称惯性矩阵；ΔI 为惯性矩阵不确定，即模型参数不确定。经过转化，可得

$$(I_0+\Delta I)\dot{\omega}=-\Omega(I_0+\Delta I)\omega+M+\Delta \tag{8.62}$$

式中，$\Delta=\Delta_{\mathrm{M}}-D(\cdot)[\sigma_1\delta_1 \quad \sigma_2\delta_2 \quad \cdots \quad \sigma_n\delta_n]$为外界干扰 Δ_{M} 及故障构成的综合扰动。

本节主要目标是在高超声速飞行器存在模型不确定性、外部干扰以及执行器效率损失故障的情况下，通过容错控制策略，设计飞行气动舵面的偏转角 δ，使高超声速飞行器气动角 $\Theta=[\alpha,\beta,\sigma]^{\mathrm{T}}$ 在有限时间内实现对制导指令 $\Theta^*=[\alpha^*,\beta^*,\sigma^*]^{\mathrm{T}}$ 的快速跟踪。

8.2.2　再入姿态容错控制器-观测器综合设计

本节基于改进的自适应算法，设计了一种增益自适应多变量有限时间干扰观测器，可以对高超声速飞行器再入故障模型中的综合干扰进行精确估计。与此同时，结合终端滑模和超螺旋滑模算法设计了一种有限时间连续二阶滑模容错控制器，实现了在综合考虑高超声速飞行器模型不确定性、外部扰动以及执行器效率损失故障的情况下，对制导指令的有限时间稳定跟踪控制。高超声速飞行器再入容错控制器-观测器综合设计框图，如图 8.8 所示。

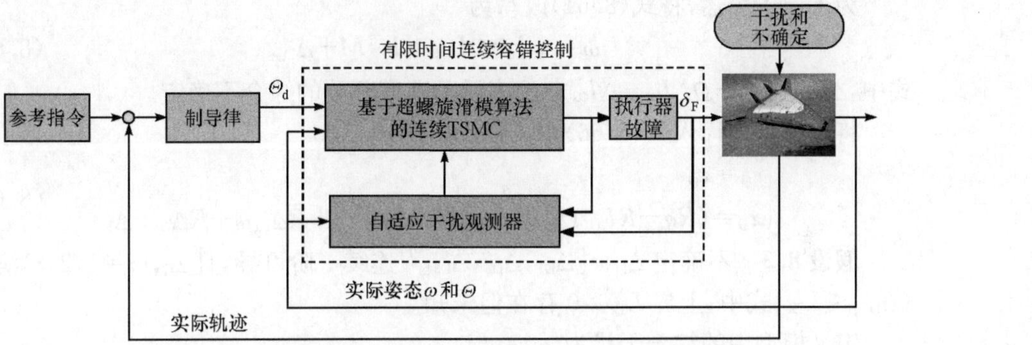

图 8.8　高超声速飞行器再入有限时间容错控制结构图

1. 自适应多变量有限时间观测器设计

定义跟踪误差向量：

$$e_\Theta=\Theta-\Theta^*=[e_{\Theta1},e_{\Theta2},e_{\Theta3}]^{\mathrm{T}} \tag{8.63}$$

式中，攻角、侧滑角以及侧倾角的跟踪误差分别表示为：$e_{\Theta1}=\alpha-\alpha^*$，$e_{\Theta2}=\beta-\beta^*$，$e_{\Theta3}=\sigma-\sigma^*$。

对跟踪误差进行求导，得到其跟踪误差动态 $\dot{e}_\Theta$ 为

$$\dot{e}_\Theta=R\omega-\dot{\Theta}^*+\Delta_{\mathrm{F}} \tag{8.64}$$

式中，Δ_{F} 为模型不确定。

假设 8.2　不确定 $\Delta_{\mathrm{F}}=[\Delta_{\mathrm{F1}},\Delta_{\mathrm{F2}},\Delta_{\mathrm{F3}}]^{\mathrm{T}}$ 连续二阶可导，且 $\Delta_{\mathrm{F}i}(i=1,2,3)$满足

$|\ddot{\Delta}_{Fi}|\leqslant L_{fi}$，式中上界 $L_{fi}>0$ 存在但未知。

令

$$z_\Theta=R\omega-\dot{\Theta}^*+\Delta_F \tag{8.65}$$

可以得到二阶姿态跟踪误差模型：

$$\begin{cases}\dot{e}_\Theta=z_\Theta\\ \dot{z}_\Theta=R\dot{\omega}+\widetilde{R}q\omega+\widetilde{R}\Delta_{F1}\omega-\ddot{\Theta}^*+\dot{\Delta}_F\end{cases} \tag{8.66}$$

式中，q 为俯仰角速率；由于高超声速飞行器在再入过程中的侧滑角 $\beta\approx0$，所以式(8.3)中的 R 可简化为 $\widetilde{R}$ 的形式：

$$\widetilde{R}=\begin{bmatrix}0 & 1 & 0\\ \sin\alpha & 0 & -\cos\alpha\\ -\cos\alpha & 0 & -\sin\alpha\end{bmatrix}$$

且

$$\dot{\alpha}=q+\Delta_{F1}$$
$$\dot{R}=\widetilde{R}\dot{\alpha}=\widetilde{R}q+\widetilde{R}\Delta_{F1}$$

为了便于表达，将式(8.61)改写为

$$\dot{\omega}=-I_0^{-1}\Omega I_0\omega+I_0^{-1}M+\Delta_D \tag{8.67}$$

式中，$\Delta_D=I_0^{-1}(-\Omega\Delta I\omega-\Delta I\dot{\omega}+\Delta)$ 表示角速度环节的综合不确定。

将式(8.67)代入式(8.66)中，可以推导出

$$\begin{cases}\dot{e}_\Theta=z_\Theta\\ \dot{z}_\Theta=(\widetilde{R}q-RI_0^{-1}\Omega I_0)\omega+RI_0^{-1}M-\ddot{\Theta}^*+\widetilde{R}\Delta_{F1}\omega+R\Delta_D+\dot{\Delta}_F\end{cases} \tag{8.68}$$

假设 8.3 不确定 $\Delta_D=[\Delta_{D1},\Delta_{D2},\Delta_{D3}]^T$ 连续一阶可导，且 $\Delta_{Di}(i=1,2,3)$ 满足 $|\dot{\Delta}_{Di}|\leqslant L_{Di}$，式中，上界 $L_{Di}>0$ 存在但未知。

定义模型中的综合干扰为

$$\Gamma=\widetilde{R}\Delta_{F1}\omega+R\Delta_D+\dot{\Delta}_F \tag{8.69}$$

由假设 8.2 和假设 8.3，可得

$$\dot{\Gamma}\leqslant\delta \tag{8.70}$$

式中，上界 $\delta>0$ 存在但未知。

设计自适应多变量有限时间干扰观测器如式(8.71)所示：

$$\begin{cases}\dot{\varpi}_1=(\widetilde{R}q-RI_0^{-1}\Omega I_0)\omega+RI_0^{-1}M-\ddot{\Theta}^*-k_{\Gamma1}\dfrac{s_\Gamma}{\|s_\Gamma\|^{1/2}}+\varpi_2\\ \dot{\varpi}_2=-k_{\Gamma2}\dfrac{s_\Gamma}{\|s_\Gamma\|}\end{cases} \tag{8.71}$$

式中，辅助滑模变量 s_Γ 表示为

$$s_\Gamma=\varpi_1-z_\Theta \tag{8.72}$$

自适应增益 $k_{\Gamma1}$ 和 $k_{\Gamma2}$ 分别为

$$\begin{cases} \dot{k}_{\Gamma 1}=\begin{cases} \omega_1\sqrt{\dfrac{\gamma_1}{2}}, & s_\Gamma>\sigma_{\mathrm{T}} \\ 0, & s_\Gamma\leqslant\sigma_{\mathrm{T}} \end{cases} \\ k_{\Gamma 2}=\varepsilon_1 k_{\Gamma 1} \end{cases} \tag{8.73}$$

式中，ω_1、γ_1 和 ε_1 分别为待设计的存在任意小的正常数；σ_{T} 是任意小的正阈值。

通过自适应多变量超螺旋控制变量 ϖ_2 可以估计出综合干扰，即

$$\hat{\Gamma}=\varpi_2 \tag{8.74}$$

定义干扰估计误差：

$$z_\Gamma=\varpi_2-\Gamma \tag{8.75}$$

s_Γ 的二阶动态系统可以表示为

$$\begin{cases} \dot{s}_\Gamma=-k_{\Gamma 1}\dfrac{s_\Gamma}{\| s_\Gamma \|^{1/2}}+z_\Gamma \\ \dot{z}_\Gamma=-k_{\Gamma 2}\dfrac{s_\Gamma}{\| s_\Gamma \|}-\dot{\Gamma} \end{cases} \tag{8.76}$$

定理 8.4　考虑系统式(8.76)，在假设 8.1 和假设 8.2 成立的情况下，若自适应多变量有限时间干扰观测器被设计为式(8.71)且自适应增益为式(8.73)，那么存在一系列的任意正常数 ω_1、γ_1 和 ε_1，使干扰的估计误差 z_Γ 在有限时间内收敛到零。

证明　为了分析系统式(8.76)的稳定性，选用如式(8.77)所示的 Lyapunov 函数：

$$V(s_\Gamma,z_\Gamma,k_{\Gamma 1},k_{\Gamma 2})=V_0+\frac{1}{2\gamma_1}(k_{\Gamma 1}-k_{\Gamma 1}^*)^2+\frac{1}{2\gamma_3}(k_{\Gamma 2}-k_{\Gamma 2}^*)^2 \tag{8.77}$$

式中

$$V_0=(\lambda+4\varepsilon_1^2)z_1^{\mathrm{T}}z_1+z_2^{\mathrm{T}}z_2-2\varepsilon_1(z_1^{\mathrm{T}}z_2+z_2^{\mathrm{T}}z_1)=z^{\mathrm{T}}Pz \tag{8.78}$$

式中，矢量 $z=[z_1 \quad z_2]^{\mathrm{T}}=\left[\dfrac{s_\Gamma}{\| s_\Gamma \|^{1/2}} \quad z_\Gamma\right]^{\mathrm{T}}$；$P=\begin{bmatrix} \lambda+4\varepsilon_1^2 & -\varepsilon_1 \\ -\varepsilon_1 & 1 \end{bmatrix}$；参数 $k_{\Gamma 1}^*$、$k_{\Gamma 2}^*$ 和 γ_3 为正常值。容易验证对于任意的 $\lambda>0$ 和实数 ε_1，P 是正定矩阵。

对 Lyapunov 函数式(8.77)求导可得

$$\dot{V}(z,k_{\Gamma 1},k_{\Gamma 2})=\dot{V}_0+\frac{1}{\gamma_1}(k_{\Gamma 1}-k_{\Gamma 1}^*)\dot{k}_{\Gamma 1}+\frac{1}{\gamma_3}(k_{\Gamma 2}-k_{\Gamma 2}^*)\dot{k}_{\Gamma 2} \tag{8.79}$$

式中

$$\dot{V}_0=\dot{z}^{\mathrm{T}}Pz+z^{\mathrm{T}}P\dot{z}\leqslant-\frac{1}{\| s_\Gamma \|^{1/2}}z^{\mathrm{T}}Qz \tag{8.80}$$

考虑式(8.78)和式(8.80)，对称矩阵 Q 计算得

$$Q=\begin{bmatrix} Q_{11} & Q_{12} \\ Q_{21} & 2\varepsilon_1 \end{bmatrix}$$

式中，Q 中的元素可表示为：$Q_{11}=\lambda k_{\Gamma 1}+\varepsilon_1(\varepsilon_1 k_{\Gamma 1}-k_{\Gamma 2})+2\varepsilon_1\delta$ 以及 $Q_{12}=Q_{21}=\frac{1}{2}(k_{\Gamma 2}-\varepsilon_1 k_{\Gamma 1}-\lambda-\varepsilon_1^2)-\delta$。

为了保证矩阵 Q 的正定，令

$$k_{\Gamma 2}=\varepsilon_1 k_{\Gamma 1} \tag{8.81}$$

那么最小特征值 $\lambda_{\min}(Q)\geqslant\varepsilon_1$，如果

$$k_{\Gamma 1}>-\frac{\varepsilon_1(4\delta+1)}{2\lambda}+\frac{(2\delta+\lambda+\varepsilon_1^2)^2}{6\varepsilon_1\lambda} \tag{8.82}$$

鉴于式(8.80)以及假设式(8.81)和假设式(8.82)成立，可得

$$\dot{V}_0\leqslant-\frac{\varepsilon_1\lambda_{\min}^{1/2}(P)}{2\lambda_{\max}(P)}V_0^{1/2} \tag{8.83}$$

定义参数误差项：

$$\varepsilon_\alpha=k_{\Gamma 1}-k_{\Gamma 1}^*,\quad \varepsilon_\beta=k_{\Gamma 2}-k_{\Gamma 2}^*$$

以及正常数 ω_3，式(8.79)可以写成：

$$\begin{aligned}\dot{V}(z,k_{\Gamma 1},k_{\Gamma 2})=&z^{\mathrm{T}}[A^{\mathrm{T}}(z)P+PA^{\mathrm{T}}(z)]z+\frac{1}{\gamma_1}\varepsilon_\alpha\dot{k}_{\Gamma 1}+\frac{1}{\gamma_3}\varepsilon_\beta\dot{k}_{\Gamma 2}\\ \leqslant&-\frac{\varepsilon_1\lambda_{\min}^{1/2}(P)}{2\lambda_{\max}(P)}V_0^{1/2}-\frac{\omega_1}{\sqrt{2\gamma_1}}|\varepsilon_\alpha|-\frac{\omega_3}{\sqrt{2\gamma_3}}|\varepsilon_\beta|\\ &+\frac{1}{\gamma_1}\varepsilon_\alpha\dot{k}_{\Gamma 1}+\frac{1}{\gamma_3}\varepsilon_\beta\dot{k}_{\Gamma 2}+\frac{\omega_1}{\sqrt{2\gamma_1}}|\varepsilon_\alpha|+\frac{\omega_3}{\sqrt{2\gamma_3}}|\varepsilon_\beta|\end{aligned} \tag{8.84}$$

考虑如下不等式：

$$(x^2+y^2+z^2)^{1/2}\leqslant|x|+|y|+|z|$$

可以得到

$$-\frac{\varepsilon_1\lambda_{\min}^{1/2}(P)}{2\lambda_{\max}(P)}V_0^{1/2}-\frac{\omega_1}{\sqrt{2\gamma_1}}|\varepsilon_\alpha|-\frac{\omega_3}{\sqrt{2\gamma_3}}|\varepsilon_\beta|\leqslant-\eta_0\sqrt{V(z,k_{\Gamma 1},k_{\Gamma 2})}$$

式中，$\eta_0=\min\left(\frac{\varepsilon_1\lambda_{\min}^{1/2}(P)}{2\lambda_{\max}(P)},\omega_1,\omega_3\right)$。

那么式(8.84)可以写成

$$\dot{V}(z,k_{\Gamma 1},k_{\Gamma 2})\leqslant-\eta_0\sqrt{V(z,k_{\Gamma 1},k_{\Gamma 2})}-|\varepsilon_\alpha|\left(\frac{1}{\gamma_1}\dot{k}_{\Gamma 1}-\frac{\omega_1}{\sqrt{2\gamma_1}}\right)-|\varepsilon_\beta|\left(\frac{1}{\gamma_3}\dot{k}_{\Gamma 2}-\frac{\omega_3}{\sqrt{2\gamma_3}}\right) \tag{8.85}$$

这里，由增益自适应律可得出自适应增益 $k_{\Gamma 1}$ 和 $k_{\Gamma 2}$ 是有界的，从而可假定 $k_{\Gamma 1}<k_{\Gamma 1}^*$ 和 $k_{\Gamma 2}<k_{\Gamma 2}^*$。

令

$$\xi=-|\varepsilon_\alpha|\left(\frac{1}{\gamma_1}\dot{k}_{\Gamma1}-\frac{\omega_1}{\sqrt{2\gamma_1}}\right)-|\varepsilon_\beta|\left(\frac{1}{\gamma_3}\dot{k}_{\Gamma2}-\frac{\omega_3}{\sqrt{2\gamma_3}}\right)$$

那么

$$\dot{V}(z,k_{\Gamma1},k_{\Gamma2})\leqslant-\eta_0\sqrt{V(z,k_{\Gamma1},k_{\Gamma2})}+\xi \tag{8.86}$$

为了实现有限时间收敛，需要使变量 $\xi=0$，可设计增益 $k_{\Gamma1}$ 和 $k_{\Gamma2}$ 的自适应律形式为

$$\begin{cases}\dot{k}_{\Gamma1}=\omega_1\sqrt{\dfrac{\gamma_1}{2}}\\ \dot{k}_{\Gamma2}=\varepsilon_1\dot{k}_{\Gamma1}=\omega_3\sqrt{\dfrac{\gamma_3}{2}}\end{cases} \tag{8.87}$$

式中，选择 ε_1 为

$$\varepsilon_1=\frac{\omega_3}{\omega_1}\sqrt{\frac{\gamma_3}{\gamma_1}} \tag{8.88}$$

值得注意的是，有限时间收敛 $k_{\Gamma1}$ 必须满足不等式(8.82)。这意味着根据式(8.87)，增益 $k_{\Gamma1}$ 的值会不断增大直到满足式(8.82)。之后，根据式(8.86)和式(8.87)可以看出，系统可以实现有限时间收敛，即滑模变量 s_Γ 和它的导数 $\dot{s}_\Gamma$ 在有限时间趋近于零，收敛时间可通过式(8.89)计算：

$$t_\Theta\leqslant\frac{2V^{1/2}(0)}{\eta_0} \tag{8.89}$$

只要实现了 $s_\Gamma\leqslant\sigma_{\mathrm{T}}$，通过式(8.73)的 $\dot{k}_{\Gamma1}$ 变化可得，$k_{\Gamma1}$ 和 $k_{\Gamma2}$ 不会再继续增加。然而，设定的阈值 σ_{T} 仅能改变增益变量而不会影响设计的自适应滑模算法，使得滑模变量 s_Γ 和它的导数在有限时间能趋于零的结论，证毕。

2. 有限时间连续容错控制器设计

考虑到二阶不确定系统式(8.68)，定义连续可微变量为

$$s_{Li}(e_{\Theta i},z_{\Theta i})=e_{\Theta i}+L^{-1/2}|z_{\Theta i}|^{3/2}\mathrm{sgn}(z_{\Theta i}) \tag{8.90}$$

式中，$i=1,2,3$，$z_\Theta=[z_{\Theta1},z_{\Theta2},z_{\Theta3}]^{\mathrm{T}}$。有限时间连续容错控制器可设计为

$$\begin{cases}M=I_0R^{-1}\left\{(RI_0^{-1}\Omega I_0-\tilde{R}q)\omega+\ddot{\Theta}^*-\hat{\Gamma}-L^{2/3}\begin{bmatrix}k_{11}|s_{L1}|^{1/3}\mathrm{sgn}(s_{L1})\\k_{12}|s_{L2}|^{1/3}\mathrm{sgn}(s_{L2})\\k_{13}|s_{L3}|^{1/3}\mathrm{sgn}(s_{L3})\end{bmatrix}+z_L\right\}\\ \dot{z}_L=-L\begin{bmatrix}k_{21}\mathrm{sgn}(s_{L1})\\k_{22}\mathrm{sgn}(s_{L2})\\k_{23}\mathrm{sgn}(s_{L3})\end{bmatrix}\end{cases} \tag{8.91}$$

式中，参数 k_{1i}、$k_{2i}(i=1,2,3)$ 和 L 是待设定的正常数增益。

定义扰动观测器估计误差为

$$z_{\Gamma}=[z_{\Gamma 1},z_{\Gamma 2},z_{\Gamma 3}]^{\mathrm{T}} \tag{8.92}$$

将式(8.90)～式(8.92)代入式(8.68)中，可以推导出

$$\begin{cases}\dot{e}_{\Theta i}=z_{\Theta i}\\ \dot{z}_{\Theta i}=-k_{1i}L^{2/3}s_{Li}^{1/3}\operatorname{sgn}(s_{Li})+z_{Li}\\ \dot{z}_{Li}=-k_{2i}L\operatorname{sgn}(s_{Li})+\dot{z}_{\Gamma i}\end{cases} \tag{8.93}$$

3. 有限时间高阶微分器设计

根据式(8.65)，考虑到 Δ_{F} 的影响，z_{Θ} 不能被直接计算。本章中，z_{Θ} 可以通过式(8.94)所示的三阶微分器在有限时间内估计出来：

$$\begin{aligned}&\dot{z}_0=v_0,\quad v_{0i}=-\lambda_0L_{\Theta}^{1/3}\ |z_{0i}-e_{\Theta i}|^{2/3}\operatorname{sgn}(z_{0i}-e_{\Theta i})+z_{1i}\\ &\dot{z}_1=v_1,\quad v_{1i}=-\lambda_1L_{\Theta}^{1/2}\ |z_{1i}-v_{0i}|^{1/2}\operatorname{sgn}(z_{1i}-v_{0i})+z_{2i}\\ &\dot{z}_2=-\lambda_2L_{\Theta}\operatorname{sgn}(z_2-v_1)\end{aligned} \tag{8.94}$$

式中，$i=1,2,3$，λ_0、λ_1、λ_2 是正参数。

引理 8.1[10] 若信号 e_{Θ} 是一个由具有未知特性的有界勒贝格可测噪声组成的函数。那么必然存在一个可知的利普希茨常数 L_{Θ}，使 $|e_{\Theta}^{(3)}|\leqslant L_{\Theta}$。如果适当地选择参数 λ_0、λ_1 和 λ_2，在一个短暂的有限时间之后，在无输出噪声的情况下，有

$$z_0=\hat{e}_{\Theta},\quad z_1=\hat{z}_{\Theta},\quad z_2=\hat{\dot{z}}_{\Theta} \tag{8.95}$$

定义估计误差为

$$e_0=z_0-e_{\Theta},\quad e_1=z_1-z_{\Theta},\quad e_2=z_2-\dot{z}_{\Theta} \tag{8.96}$$

可得估计误差的动态表达式 $\dot{z}_1=v_1$，$v_{1i}=-\lambda_1L_{\Theta}^{1/2}\ |z_{1i}-v_{0i}|^{1/2}\operatorname{sgn}(z_{1i}-v_{0i})+z_{2i}$ 及式(8.97)：

$$\begin{cases}\dot{e}_{0i}=-\lambda_0L_{\Theta}^{1/3}\ |e_{0i}|^{2/3}\operatorname{sgn}(e_{0i})+e_{1i}\\ \dot{e}_{1i}=-\lambda_1L_{\Theta}^{1/2}\ |e_{1i}-\dot{e}_{0i}|^{2/3}\operatorname{sgn}(e_{1i}-\dot{e}_{0i})+e_{2i}\\ \dot{e}_{2i}=-\lambda_2L_{\Theta}\operatorname{sgn}(e_{2i}-\dot{e}_{1i})-[L_{\Theta},L_{\Theta}]\end{cases} \tag{8.97}$$

引理 8.2 考虑上述三阶系统式(8.97)，存在一系列增益 λ_0、λ_1、λ_2 和 L_{Θ} 使得变量 e_0、e_1 和 e_2 可以在有限时间内趋近于 0，详细证明和增益选择可以参见文献[11]。

8.2.3 仿真分析

1. 仿真条件

再入阶段初始值同 8.1 节设置。模型参数不确定为 $\Delta I=10\%I_0$，转动惯量矩

阵 I_0 和外界干扰 Δ_M 表示如下：

$$I_0=\begin{bmatrix}434270 & 0 & 17880\\ 0 & 961200 & 0\\ 17880 & 0 & 1131541\end{bmatrix},\quad \Delta_M=\begin{bmatrix}1+\sin(\pi t/125)+\sin(\pi t/250)\\ 1+\sin(\pi t/125)+\sin(\pi t/250)\\ 1+\sin(\pi t/125)+\sin(\pi t/250)\end{bmatrix}\times\bar{\kappa}$$

仿真参数设置如下。自适应多变量有限时间观测器参数：$\varpi_1=5,\gamma_1=2,\varepsilon_1=0.5,\sigma_T=10^{-3}$；三阶微分器参数：$\lambda_0=3,\lambda_1=1.5,\lambda_2=1.1,L_\Theta=1$；容错控制参数：$k_{11}=k_{12}=k_{13}=2,k_{21}=k_{22}=k_{23}=0.5,L=1$。

2. 仿真结果

(1) 从 $t=0$ 开始，执行器出现效率损失，损失系数设置为：$\sigma_i=0$ ($i=1,2,3,5,7,8$)，$\sigma_4=40\%$，$\sigma_6=20\%$；外部扰动量级为 $\bar{\kappa}=100$。

图 8.9 中，为了清楚地显示再入段姿态角跟踪效果，分别给出了姿态跟踪曲线(2000s)和跟踪误差曲线(15s 之前)。由图 8.9 可知，本节所提出的基于自适应多变量干扰补偿的再入姿态容错控制方法可以有效地跟踪制导命令，在有限时间内实现快速收敛，且跟踪误差达到 10^{-4} 量级。图 8.10 分别给出了高超声速飞行器姿态角速率变化曲线(2000s)和局部曲线(15s 之前)。根据图 8.10 的仿真结果可以得到，姿态角速率能够快速收敛且具有非常小的抖振。角速度变化小于 10°/s，符合工程应用条件。

与此同时，为了证明所设计的二阶超螺旋滑模控制器的有效性和稳定性，图 8.11 给出了俯仰力矩、滚转力矩和偏航力矩(2000s)的变化曲线及局部放大图。从仿真图 8.11 中可以看到，再入段的力矩变化连续。

(2) 在 $t=20$s 时，执行器出现效率损失故障，效率损失系数设置为：$\sigma_1=\sigma_2=\sigma_4=40\%$，$\sigma_5=\sigma_6=\sigma_7=\sigma_8=20\%$，$\sigma_3=10\%$，而且外部扰动量级设计为 $\bar{\kappa}=10^3$。

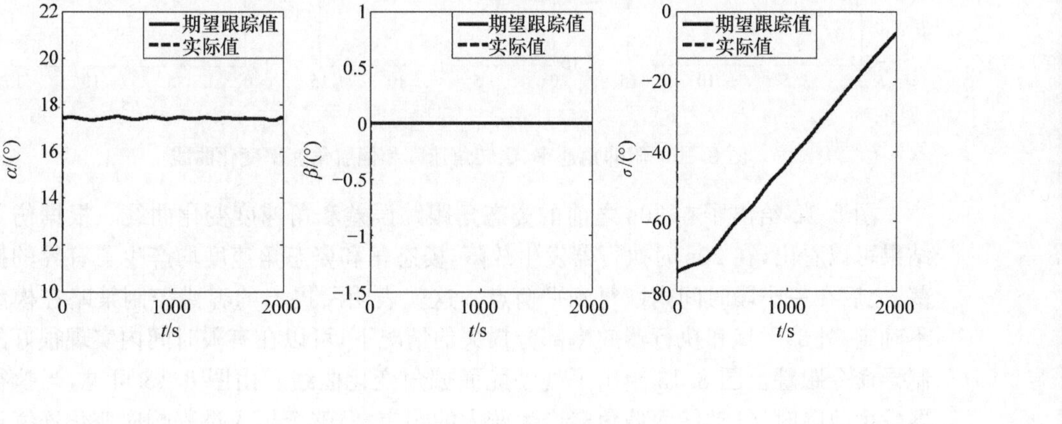

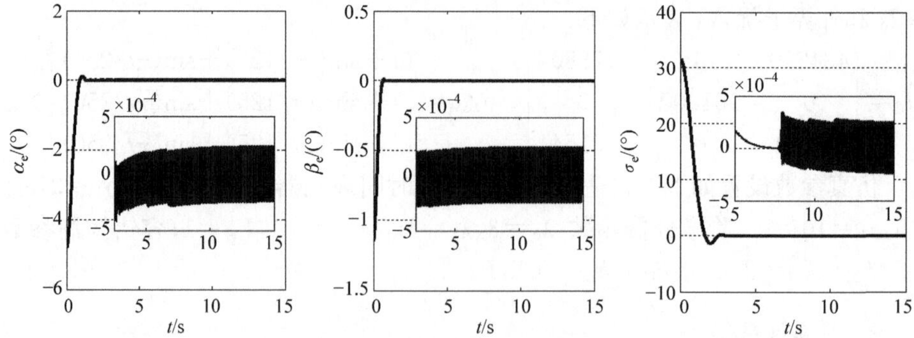

图 8.9　攻角、侧滑角和倾斜角跟踪曲线

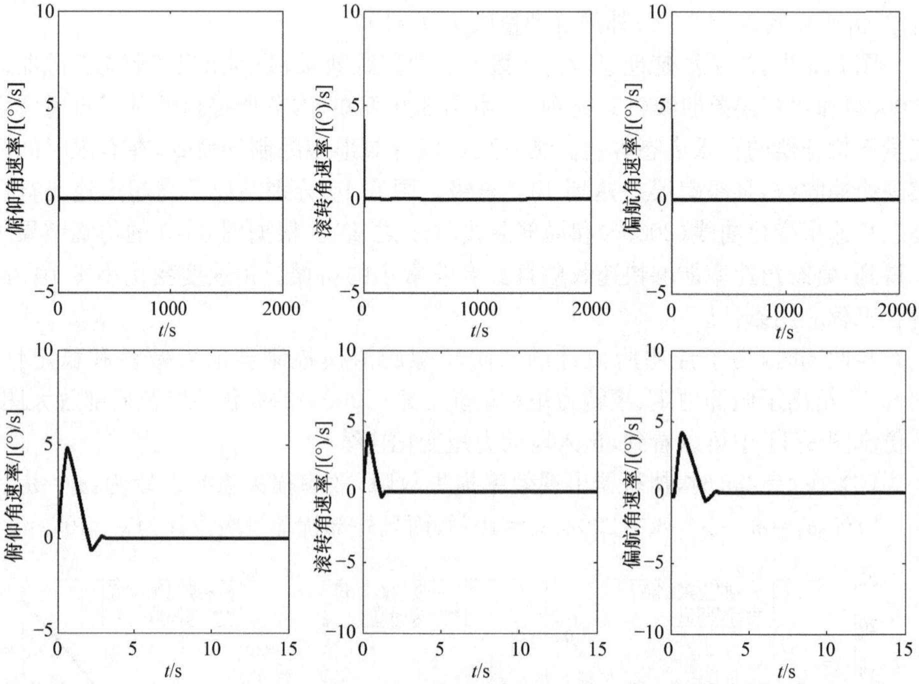

图 8.10　俯仰角速率、滚转角速率和偏航角速率变化曲线

图 8.12 给出了在 50s 之前的姿态角跟踪误差和角速度变化曲线。根据仿真结果可以看出，在 20s 时执行器发生故障，姿态角和姿态角速度均产生了有界的振荡，之后在一小段时间内恢复到平衡点。这就表明所提出的容错控制策略在模型不确定、外部干扰和执行器效率部分损失的情况下，可以在有限时间内实现很好的制导命令跟踪。图 8.13 给出了气动舵面偏角变化曲线。由图 8.13 可见，当执行器发生故障时，气动舵面偏角会产生较大的响应，但整个再入过程响应变化连续且保持稳定，且整个过程均满足给定的约束。

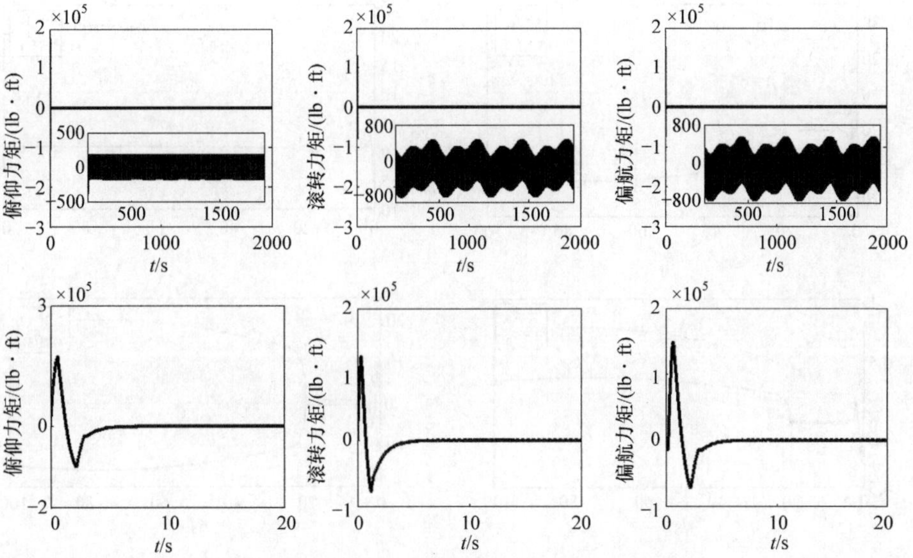

图 8.11　俯仰力矩、滚转力矩和偏航力矩变化曲线

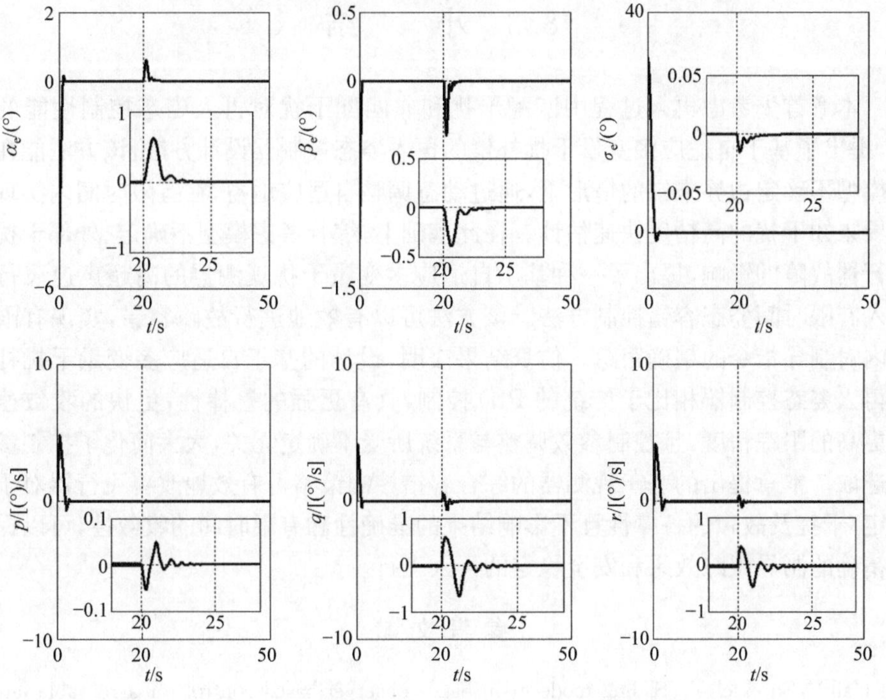

图 8.12　姿态角跟踪误差和姿态角角速度曲线

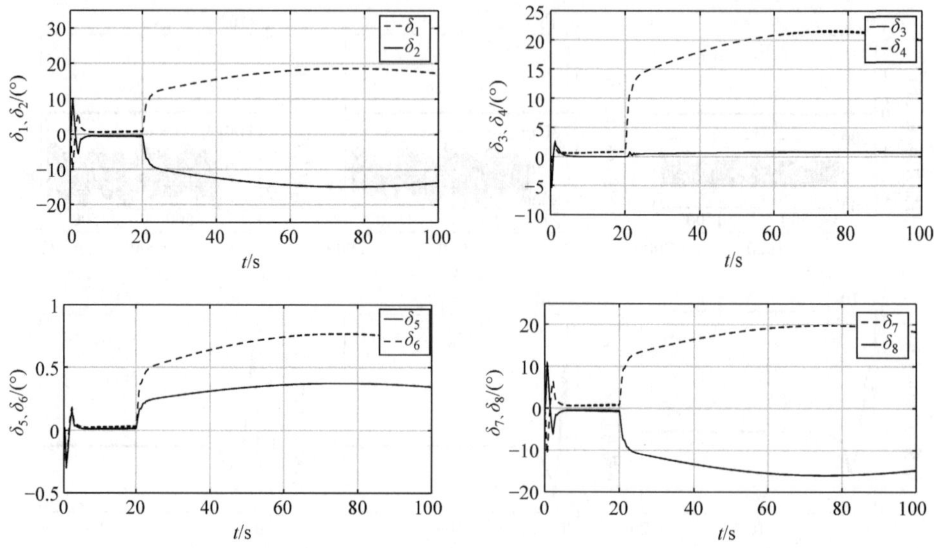

图 8.13　气动舵面偏角变化曲线

8.3 小　　结

本章首先考虑再入过程中匹配干扰和非匹配干扰对再入姿态控制性能的影响,提出了基于自适应多变量干扰补偿的再入姿态控制器设计方法,该方法能在系统模型不确定边界未知的情形下,通过动态调整自适应增益,在有限时间内实现对外界未知干扰的高精度快速估计。在此基础上,综合考虑模型不确定、外部干扰和执行器故障的影响,提出了一种基于自适应多变量干扰观测器的高超声速飞行器再入有限时间姿态容错控制方法。该方法可以有效地进行故障容错,实现有限时间内对制导指令的精确跟踪。仿真结果表明,设计的基于自适应多变量干扰补偿的再入姿态控制器相比于传统的 PID 控制,具有更强的鲁棒性,更快的收敛速度和更高的跟踪精度,且控制参数调整与系统所受不确定无关,大大简化了控制参数的选取。本章提出的基于观测器的综合容错控制策略可有效地改善飞行器对于不确定/干扰及故障的鲁棒性且不影响结果的准确性和有限时间的收敛性,可以提供更精确的制导跟踪效果和安全稳定的再入飞行。

参考文献

[1] Hall C, Shtessel Y. Sliding mode disturbance observer-based control for a reusable launch vehicle. Journal of Guidance, Control, and Dynamics, 2006, 26(6): 1315-1328.

[2] Zhu J J, Hodel A S, Funston K. X-33 entry flight controller design by trajectory lineariza-

tion: A singular perturbational approach. American Astronautical Society Guidance and Control Conference, Breckenridge, 2001.

[3] 张春雨, 姜长生, 朱亮. 基于模糊干扰观测器的空天飞行器轨迹线性化控制. 宇航学报, 2007, 28(1): 33-38.

[4] 朱亮, 姜长生, 张春雨. 基于径向基神经网络干扰观测器的空天飞行器自适应轨迹线性化控制. 航空学报, 2008, 28(3): 673-677.

[5] Recasens J J, Chu Q P, Mulder J A. Robust model predictive control of a feedback linearized system for a lifting-body reentry vehicle. AIAA Guidance, Navigation, and Control Conference and Exhibit, San Francisco, 2005.

[6] Tian B L, Fan W R, Zong Q, et al. Nonlinear robust control for reusable launch vehicles in reentry phase based on time-varying high order sliding mode. Journal of the Franklin Institute, 2013, 380(7): 1787-1807.

[7] Tian B L, Zong Q, Wang J, et al. Quasi-continuous high-order sliding mode controller design for reusable launch vehicles in reentry phase. Aerospace Science and Technology, 2013, 28(1): 198-207.

[8] Haddad W M, Chellaboina V S. Nonlinear Dynamical Systems and Control: A Lyapunov-Based Approach. Princeton: University Press, 2008.

[9] Tian B L, Zong Q. Optimal guidance for reentry vehicles based on indirect Legendre pseudospectral method. Acta Astronautica, 2011, 68(7-8): 1176-1184.

[10] Levant A. Higher-order sliding modes, differentiation and output-feedback control. International Journal of Control, 2003, 76(9-10): 924-941.

[11] Kamal S, Moreno J A, Chalanga A, et al. Continuous terminal sliding-mode controller. Automatica, 2016, 69(C): 308-314.

第9章　高超声速飞行器实时再入轨迹与姿态协同控制

高超声速飞行器再入返回过程中，利用大气层使飞行器在飞行中消耗能量、减速下降，再入返回过程是整个飞行过程中环境最恶劣，飞行特性最复杂的阶段。以RLV为例，其再入过程经历了超声速向亚声速的过渡，区别于传统飞行器，高超声速飞行器再入过程呈现出异常复杂的飞行特性，如耦合特性严重、不确定程度高、约束条件苛刻[1-4]等。传统的基于离线轨迹的制导控制方法往往难以适应飞行器复杂多变的飞行环境。本章将综合考虑地球自转、路径约束及模型不确定对再入轨迹与姿态协调控制的影响，重点研究基于自适应 Gauss 伪谱法的实时最优再入轨迹设计方法及基于齐次性理论的有限时间再入姿态控制方法。

本章的主要内容安排如下：9.1 节对再入轨迹与姿态协同控制问题进行描述，并对相关模型进行介绍；9.2 节重点阐述实时再入轨迹与姿态协同控制策略的实现过程；9.3 节给出本章小结。

9.1　高超声速飞行器实时再入轨迹与姿态协同控制问题描述

本节重点阐述多约束条件下实时再入轨迹与姿态协同控制问题，主要包括对六自由度高超声速飞行器再入模型描述、再入过程的约束分析及最终控制目标的建立。

9.1.1　再入轨迹与姿态模型

1. 再入轨迹模型

1) 动力学模型

由于高超声速再入飞行器的大空域飞行特点，在轨迹设计阶段地球自转影响不能忽略。因此，考虑球形地球自转对再入轨迹的影响，忽略再入过程中侧力的影响，并假设侧滑角为零，在第 3 章再入模型式(3.10)和式(3.11)的基础上进行化简，可得到式(9.1)～式(9.6)所示的三自由度再入运动模型

$$\dot{r}_{e}=v\sin\gamma \tag{9.1}$$

$$\dot{\phi}=\frac{v\cos\gamma\sin\chi}{r_{e}\cos\theta} \tag{9.2}$$

$$\dot{\theta}=\frac{v}{r_e}\cos\gamma\cos\chi \tag{9.3}$$

$$\dot{v}=-\frac{D}{m}-g\sin\gamma+\Omega^2 r_e\cos\theta(\sin\gamma\cos\theta-\cos\gamma\sin\theta\cos\chi) \tag{9.4}$$

$$\dot{\chi}=\frac{L\sin\sigma}{mv\cos\gamma}+\frac{v}{r_e}\cos\gamma\sin\chi\tan\theta-2\Omega(\tan\gamma\cos\theta\cos\chi-\sin\theta)+\frac{\Omega^2 r_e}{v\cos\gamma}\sin\theta\cos\theta\sin\chi \tag{9.5}$$

$$\dot{\gamma}=\frac{1}{v}\left[\frac{L\cos\sigma}{m}-\left(g-\frac{v^2}{r_e}\right)\cos\gamma\right]+2\Omega\cos\theta\sin\chi+\frac{\Omega^2 r_e}{v}\cos\theta(\cos\gamma\cos\theta+\sin\gamma\sin\theta\cos\chi) \tag{9.6}$$

式中，飞行器的质量 $m=7008\text{slug}$，地球引力常量 $\mu=1.4076539\times10^{17}\,\text{ft}^3/\text{s}^2$，地球自转角速度 $\Omega=7.2722\times10^{-5}\,\text{rad/s}$。其他参数定义已在前面章节给出，在此不再赘述。

2）气动力模型

再入过程中飞行器受到的升力 L 和阻力 D 的计算公式如下：

$$L=qSC_L(\alpha),\quad D=qSC_D(\alpha) \tag{9.7}$$

式中，高超声速飞行器气动参考面积 $S=2690\text{ft}^2$，动压 $q=0.5\rho v^2$，其中 $\rho=\rho_0 e^{-kh}$，$\rho_0=2.378\times10^{-3}\,\text{slug/ft}^2$，$k=4.20168\times10^{-5}/\text{ft}$。升力系数 $C_L(\alpha)$ 和阻力系数 $C_D(\alpha)$ 表示为攻角 α 的函数，其计算公式如下：

$$C_L(\alpha)=-0.207+1.676\alpha \tag{9.8}$$

$$C_D(\alpha)=0.07854-0.3529\alpha+2.04\alpha^2 \tag{9.9}$$

3）约束条件分析

高超声速飞行器再入过程中，由于其自身结构和材料的限制，为了保证安全稳定再入飞行，再入过程中要严格满足一些约束条件，主要包括路径约束及控制量和状态量约束。

(1) 路径约束。

高超声速飞行器再入过程中由于其高速飞行的特点，面临着严重的气动加热、动压及过载问题，这些路径约束是再入过程中必须要严格满足的“硬约束”。

① 热流密度约束。

高超声速飞行器再入大气层时，由于再入飞行速度往往高达 $20Ma$，且处在稠密的大气层中，机体周围的空气受到强烈的压缩和剧烈的摩擦作用，气流大部分动能转化为热能，导致气流温度急剧升高，此时，高温气流和机体表面产生了巨大温差，部分热能迅速向机体表面传递，促使机体表面温度急剧升高。再入过程中，为了不使机体表面温度过高，导致热防护系统失效，一般需要对驻点处热流密度加以限制，这将有助于减少防热材料质量，节省成本。因此，定义热流密度约束：

$$Q=Q_aQ_r\leqslant Q_{max} \tag{9.10}$$

式中，Q 表示热流密度；Q_{max} 表示高超声速飞行器机体所能承受的最大热流密度，可通过式(9.11)计算：

$$Q_a=h_0+h_1\alpha+h_2\alpha^2+h_3\alpha^3,\quad Q_a=C\rho^{N_Q}v^{M_Q} \tag{9.11}$$

式中，$N_Q=0.5$，$M_Q=3.07$，$C=9.289\times10^{-9}\,\text{BTU}\cdot\text{s}^{2.07}/(\text{ft}^{3.57}\cdot\text{slug}^{0.5})$，$h_0=1.067$，$h_1=-1.101$，$h_2=0.6988$，$h_3=-0.1903$。

② 动压约束。

高超声速飞行器再入过程中，速度和高度的剧烈变化使动压产生较大的变化幅值，动压的变化将直接对高超声速飞行器的受力产生影响，过大的幅值变化加剧了姿态控制系统的设计难度。此外，限制动压可以减少飞行器结构重量和控制舵承受的载荷，有利于最终实现飞行器的姿态控制。根据动压的定义，再入过程中动压满足

$$q=\frac{1}{2}\rho v^2\leqslant q_{max} \tag{9.12}$$

式中，q_{max} 表示再入过程中飞行器所能允许的最大动压。

③ 过载约束。

高超声速飞行器再入过程中，由于受到自身结构强度的限制，飞行器的轴向过载和法向过载必须限定在一定的范围之内，达到保证飞行器安全飞行的目的。此外，限制过载可以降低结构承受的载荷。因此，定义飞行器的总过载满足

$$n=\sqrt{L^2+D^2}/(mg)\leqslant n_{max} \tag{9.13}$$

式中，n_{max} 表示再入飞行过程中所能承受的最大过载。

(2) 状态量和控制量约束。

受机动性能及高超声速飞行器执行机构等因素的影响，飞行器再入过程中，要满足一定的状态量和控制量约束，以保证执行器结构能够对机动飞行做出相应的反应。因此，建立如下的状态量约束式(9.14)和控制量约束式(9.15)：

$$\begin{gathered}R_e\leqslant r_e\leqslant(R_e+300000)\text{ft},\quad -90^\circ\leqslant\theta\leqslant90^\circ,\quad -89^\circ\leqslant\phi\leqslant89^\circ\\ 1\text{ft/s}\leqslant v\leqslant30000\text{ft/s},\quad -180^\circ\leqslant\chi\leqslant180^\circ,\quad -89^\circ\leqslant\gamma\leqslant89^\circ\end{gathered} \tag{9.14}$$

$$-10^\circ\leqslant\alpha\leqslant50^\circ,\quad -80^\circ\leqslant\sigma\leqslant80^\circ \tag{9.15}$$

2. 再入姿态模型

为方便阅读，将 8.1 节中的高超声速飞行器再入姿态模型重写为

$$\dot{\Theta}=R\omega+\Delta_F \tag{9.16}$$

$$I\dot{\omega}=-\Omega I\omega+M+\Delta_M \tag{9.17}$$

式中，$\omega=[p,q,r]^{\mathrm{T}}$ 表示高超声速再入飞行过程中的姿态角速率向量；$\Theta=[\alpha,\beta,\sigma]^{\mathrm{T}}$ 表示姿态角向量；$M=[M_x,M_y,M_z]^{\mathrm{T}}$ 表示系统的控制力矩；I 表示转动惯量矩阵；Δ_{F} 是由于模型简化而引入的不确定；Δ_{M} 是由于外界扰动和未建模动态引入的不确定。基于上述模型，本章研究的再入姿态控制问题可描述为：设计控制输入（控制力矩），使得模型在参数不确定和外界干扰影响的情况下，系统输出 $y=\Theta=[\alpha,\beta,\sigma]^{\mathrm{T}}$ 在有限时间 T 内，实现对给定制导指令（$\Theta^*=[\alpha^*,\beta^*,\sigma^*]^{\mathrm{T}}$）的稳定跟踪控制，即使得式(9.18)成立：

$$\lim_{t\mapsto T}\|\alpha-\alpha^*\|=0,\quad \lim_{t\mapsto T}\|\beta-\beta^*\|=0,\quad \lim_{t\mapsto T}\|\sigma-\sigma^*\|=0 \tag{9.18}$$

9.1.2　问题描述

高超声速飞行器的六自由度再入模型是一个集多变量、强耦合、非线性、不确定、多约束及潜在执行器故障影响的复杂被控对象，其高自主性、高可靠性、高安全性和高灵活性的制导控制系统设计面临巨大挑战，据统计，美国、欧洲国家和日本自 1990 年以来的各种飞行事故中，有近一半的事故可通过轨迹实时重构与姿态协同控制方法解决[5,6]。因此，需要对高超声速飞行器的实时轨迹与姿态协同控制问题进行研究。具体而言，针对上述的六自由度再入模型，综合考虑热流密度约束式(9.10)、动压约束式(9.12)、过载约束式(9.13)、状态量约束式(9.14)、控制量约束式(9.15)及模型参数不确定对再入过程的影响，研究基于实时再入轨迹的制导控制方法，在给定再入初始位置及再入落点的情况下，通过设计再入制导律和再入姿态控制器，完成多约束及不确定影响下的实时再入轨迹与姿态协同控制。

9.2　高超声速飞行器实时再入轨迹与姿态协同控制设计

9.2.1　轨迹与姿态协同总体框架

高超声速飞行器实时轨迹与姿态协同控制的结构框图如图 9.1 所示，整个系统由三个核心部分构成。第一部分：在给定飞行任务的情况下，研究基于 Gauss 伪谱法的离线轨迹设计；第二部分：将离线设计的轨迹作为实时再入轨迹优化求解的初值，研究基于自适应 Gauss 伪谱法的实时最优反馈再入制导律设计，并为姿态控制系统提供可行的再入制导指令；第三部分：基于飞行器的多时间尺度特性，将再入姿态模型划分为内外双环，研究基于控制器-观测器综合的设计方法，完成对给定制导指令的高精度快速跟踪。在上述研究的基础上，构建如图 9.1 所示的先进制导控制一体化结构框图，实现多约束及不确定综合影响下的实时轨迹与姿态协同控制。

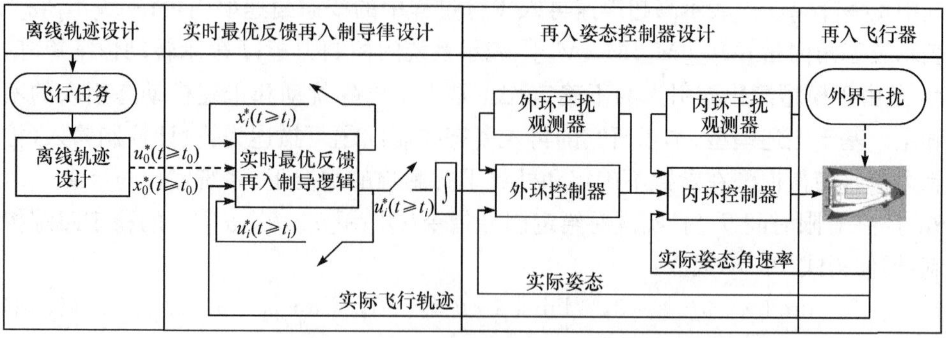

图 9.1　高超声速飞行器实时轨迹与姿态协同控制结构框图

9.2.2　基于 Gauss 伪谱法的离线轨迹设计

本节将基于 Gauss 伪谱离散方法[7,8]，对多约束条件下的再入轨迹优化问题进行离散化处理，从而将其转化为一个非线性规划问题。

1. 区间变换

上述描述的再入轨迹优化问题的时间区间 $t\in[t_0,t_f]$，基于 Gauss 伪谱法对上述问题进行求解时，需将时间区间转换到 $\tau\in[-1,+1]$。因此，进行如式(9.19)所示的映射变换：

$$\tau=\frac{2t}{t_f-t_0}-\frac{t_f+t_0}{t_f-t_0} \tag{9.19}$$

为表述方便，再入轨迹优化问题在映射变换式(9.19)下，可变为式(9.20)～式(9.23)所示的形式：

$$\min J=\Phi(x(\tau_0),t_0,x(\tau_f),t_f)+\frac{t_f-t_0}{2}\int_{\tau_0}^{\tau_f}G(x(\tau),u(\tau),\tau;t_0,t_f)\mathrm{d}\tau \tag{9.20}$$

$$\dot{x}(\tau)=\frac{t_0-t_f}{2}F(x(\tau),u(\tau),\tau;t_0,t_f),\quad \tau\in[-1,1] \tag{9.21}$$

$$\Psi(x(\tau_0),x(\tau_f);t_0,t_f)=0 \tag{9.22}$$

$$C(x(\tau),u(\tau),\tau;t_0,t_f))\leqslant 0 \tag{9.23}$$

式中，式(9.20)中的 J 代表轨迹优化的目标函数；式(9.21)代表再入轨迹运动模型式(9.1)～式(9.6)；式(9.22)中的 Ψ 代表再入轨迹优化问题的边值约束；式(9.23)中的 C 代表再入过程的路径约束式(9.10)～式(9.13)及状态量和控制量约束式(9.14)及式(9.15)。

2. 最优控制问题的转化

设基于 Gauss 伪谱法对问题进行离散处理时，选取的离散点个数为 $N+2$，记为 $\tau_0, \tau_1, \cdots, \tau_N, \tau_f$。其中 $\tau_0=-1, \tau_f=1, \tau_k(1\leqslant k\leqslant N)$ 为如下 N 阶 Legendre 多项式的零点，也称为 Legendre-Gauss(LG)点。

$$P_N(\tau)=\frac{1}{2^N N!}\frac{\mathrm{d}^N}{\mathrm{d}\tau^N}[(\tau^2-1)^N] \tag{9.24}$$

这些零点位于[-1,1]，且在两端分布比较密集，能很好地避免数值逼近中可能导致的龙格现象。基于上述定义，状态变量和控制变量可通过式(9.25)和式(9.26)进行逼近：

$$x(\tau)\approx X(\tau)=\sum_{i=0}^{N}X(\tau_i)L_i(\tau) \tag{9.25}$$

$$u(\tau)\approx U(\tau)=\sum_{k=1}^{N}U(\tau_k)\bar{L}_k(\tau) \tag{9.26}$$

式中，$L_i(\tau)$ 和 $\bar{L}_k(\tau)$ 分别表示以 $\tau_i(0\leqslant i\leqslant N)$ 和 $\tau_k(1\leqslant k\leqslant N)$ 为节点的拉格朗日插值基函数，定义为

$$L_i(\tau)=\prod_{j=0,j\neq i}^{N}\frac{\tau-\tau_j}{\tau_i-\tau_j},\quad \bar{L}_k(\tau)=\prod_{j=1,j\neq k}^{N}\frac{\tau-\tau_j}{\tau_k-\tau_j} \tag{9.27}$$

由式(9.25)～式(9.27)不难发现，基于拉格朗日插值多项式逼近的状态和控制在插值节点处与实际的状态和控制是相等的，即：$x(\tau_i)=X(\tau_i), u(\tau_k)=U(\tau_k)$。注意式(9.25)，并没有包含终端状态约束，而对于高超声速飞行器的再入轨迹设计问题，其终端状态约束是必须要满足的，利用 Gauss 伪谱法对问题进行离散时，终端状态约束为

$$X(\tau_f)=X(\tau_0)+\frac{t_f-t_0}{2}\sum_{k=1}^{N}\omega_k F(X(\tau_k),U(\tau_k),\tau_k;t_0,t_f) \tag{9.28}$$

式中，ω_k 表示高斯型求积公式的权系数，计算公式为

$$\omega_k=\int_{-1}^{1}\bar{L}_k(\tau)\mathrm{d}\tau=\frac{2}{(1-\tau_k^2)\,[\dot{P}_N(\tau_k)]^2} \tag{9.29}$$

式中，$\dot{P}_N$ 表示 N 阶 Legendre 多项式的微分。进一步，对式(9.25)进行求导可得

$$\dot{x}(\tau)\approx\dot{X}(\tau)=\sum_{i=0}^{N}\dot{L}_i(\tau)x(\tau_i) \tag{9.30}$$

式中，拉格朗日多项式在 LG 点处的微分，可通过微分矩阵 $D\in\mathbb{R}^{N\times(N+1)}$ 求得，当插值节点个数给定时，该矩阵为一常值，矩阵 D 可通过式(9.31)计算：

$$D_{ki}=\dot{L}_i(\tau_k)=\begin{cases}\dfrac{(1+\tau_k)\dot{P}_N(\tau_k)+P_N(\tau_k)}{(\tau_k-\tau_i)[(1+\tau_i)\dot{P}_N(\tau_i)+P_N(\tau_i)]}, & i\neq k\\[2ex] \dfrac{(1+\tau_i)\ddot{P}_N(\tau_i)+2\dot{P}_N(\tau_i)}{2[(1+\tau_i)\dot{P}_N(\tau_i)+P_N(\tau_i)]}, & i=k\end{cases} \tag{9.31}$$

经过上述变换，最优控制问题的微分约束式(9.21)可近似为式(9.32)所示的代数约束：

$$\sum_{i=0}^{N} D_{ki} X(\tau_i) - \frac{t_f - t_0}{2} F(X(\tau_k), U(\tau_k); t_0, t_f) = 0 \tag{9.32}$$

终端状态的微分约束通过式(9.28)近似，再入飞行过程中，轨迹的边值约束式(9.22)，路径约束式(9.23)可利用插值节点处的约束进行逼近，得到

$$\Psi(X_0, t_0, X_f, t_f) = 0 \tag{9.33}$$

$$C[(X_k, U_k, \tau_k; t_0, t_f)] \leqslant 0 \tag{9.34}$$

进一步，利用 Gauss 求积公式，对轨迹优化问题的目标函数式(9.20)进行逼近，可得

$$\min J = \Phi(x(\tau_0), t_0, x(\tau_f), t_f) + \frac{t_f - t_0}{2} \sum_{k=1}^{N} \omega_k G(X_k, U_k, \tau_k; t_0, t_f) \tag{9.35}$$

3. 非线性规划问题的建立

经过上述转化，轨迹优化问题式(9.20)～式(9.23)的求解可转化为对下述非线性规划问题的求解：求插值节点处的状态变量 $X(\tau_k)(k=0,1,2,\cdots,N)$、$X(\tau_f)$，控制变量 $U(\tau_k)(k=1,2,\cdots,N)$ 及初始时刻 t_0 和终端时刻 t_f，使系统轨迹在满足终端状态约束式(9.28)，动力学方程约束式(9.32)，边值约束式(9.33)和路径约束式(9.34)的条件下，性能指标式(9.35)最优。

4. 非线性规划问题的求解

经伪谱法离散后的非线性规划问题是一个复杂的优化问题，不恰当的初值猜测将导致问题难以收敛或陷于局部最优。此外，上述非线性规划问题待求变量的数量级差别很大，进一步加剧了问题的求解难度。因此，首先对上述非线性规划问题进行缩放处理。

1) 缩放处理

在对上述非线性规划问题的求解过程中，为了使计算结果更好地收敛到最优解，一个有效的缩放准则是保证优化变量的值具有相似的数量级。为此，对再入飞行过程中的状态量和控制量进行式(9.36)所示的缩放变换：

$$\tilde{r}_e = \frac{r_e}{R_e}, \quad \tilde{\phi} = \frac{\phi}{\pi}, \quad \tilde{\theta} = \frac{\theta}{\pi}, \quad \tilde{v} = \frac{v}{v_0}, \quad \tilde{\chi} = \frac{\chi}{\pi}, \quad \tilde{\gamma} = \frac{\gamma}{\pi}, \quad \tilde{\alpha} = \frac{\alpha}{\pi}, \quad \tilde{\sigma} = \frac{\sigma}{\pi} \tag{9.36}$$

式中，角度的单位取为 rad，由再入过程中飞行器状态量和控制量的约束，即式(9.14)和式(9.15)可知，经过式(9.36)的缩放变换，缩放后的变量具有相近的数量级，缩放变换将有助于非线性规划问题更快收敛。

2）初值猜测

直接法是在求解轨迹优化问题中一种常用的初值生成策略：首先，选用较少的插值节点，对问题进行求解；然后，为了获得更高的求解精度，在下一步的计算中选取更多的插值节点，并以较少节点产生的轨迹作为此次计算的初值，对问题进行计算，本研究中采用此种初值生成策略。

3）非线性规划问题的求解

目前对非线性规划问题求解的各种方法中，序列二次规划算法以其整体的收敛性和局部超一次收敛，被认为是求解非线性规划问题最有效的方法之一。对上述大规模的非线性规划问题求解，选用集成了该算法的非线性规划求解器 SNOPT[9]。

9.2.3　基于自适应 Gauss 伪谱法的实时最优反馈再入制导律设计

1. Gauss 伪谱离散策略的局限性分析

虽然 Gauss 伪谱法具有求解精度高、收敛速度快的优点，而且在求解复杂的最优控制问题中得以广泛的应用。然而，该方法在应用过程中存在一个重要假设：非线性规划问题的解，经全局插值多项式近似后，对最优控制问题的解具有很好的逼近。高超声速飞行器的再入轨迹优化问题，由于其气动数据的非光滑性，往往导致飞行状态和控制上的不连续或是产生比较大的跳变。基于全局插值的 Gauss 伪谱法在对这类问题进行处理时，通过不断增加插值节点的个数，以获得对实际飞行轨迹更高程度的逼近。然而，插值节点过多往往导致转化后的非线性规划问题难以求解，而且，增加的节点不是有针对性地分布在飞行轨迹产生不连续或是发生跳变的地方，这就增加了不必要的计算负担，图 9.2(a)阐明了上述表达的思想。利用 Gauss 伪谱法对问题进行离散处理时，为了获得对实际轨迹的高精度逼近，不得不采用更多的插值节点去覆盖整个轨迹区间，而实际轨迹变化比较平缓的区域，如图 9.2 中虚线区域，不需要分配过多的插值节点，即能获得较高的求解精度，不必要的插值节点无疑会影响算法的收敛性及最终的计算精度。因此，根据轨迹自身变化特点，动态的分配网格对捕捉实际轨迹的特性和提高算法的实时性是非常必要的，图 9.2(b)是对轨迹进行逼近时期望得到的网格分配和插值节点分布图，其具体实现过程将在 9.2.4 节给出。

2. 基于自适应 Gauss 伪谱法的离散策略

基于对上述离散策略的分析和文献[10]和[11]的结果，给出一种自适应的 Gauss 伪谱离散策略。该策略将根据系统轨迹的特点，自动调整网格个数及网格内插值节点个数，以达到对实际轨迹的更好逼近。

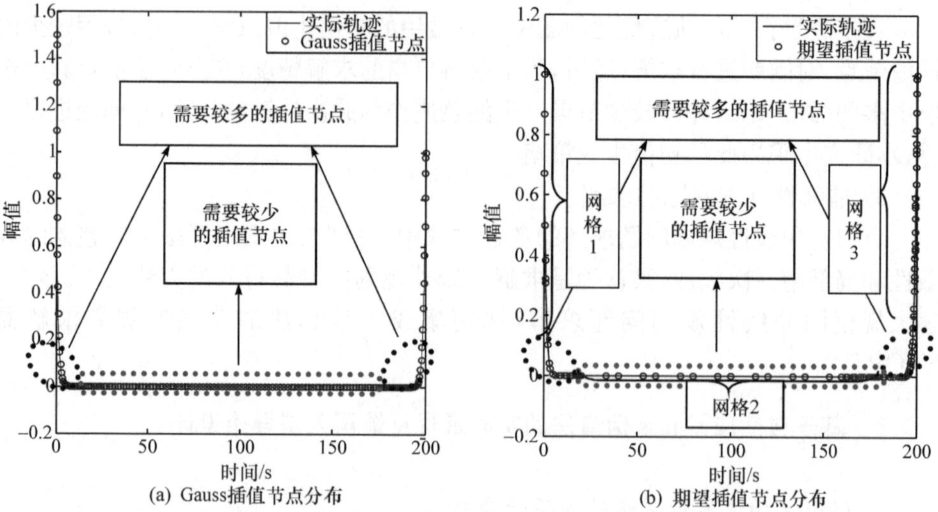

图 9.2 Gauss 伪谱插值节点与自适应 Gauss 伪谱插值节点分布示意图

首先，假设再入轨迹的飞行时域 $t\in[t_0,t_f]$ 已经被划分为 P 个网格，定义每个网格 $p\in[1,2,\cdots,P]$ 的时间区间为 $[t_{p-1},t_p]$，且该网格内的离散点个数为 N_p+2，分别为 $t_{p0},t_{p1},\cdots,t_{pN_p},t_{pf}$，其中 $t_{p0}=t_{p-1},t_{pf}=t_p$。经过与式(9.19)类似的变换，该网格的时域 $t\in[t_{p-1},t_p]$ 可映射到时间区间 $\tau_p=(\tau_{p0},\tau_{p1},\cdots,\tau_{pN_p},\tau_{pf})\in[-1,1]$。定义网格 p 内相邻节点处的中点时间：

$$\bar{\tau}_{pk}=\frac{\tau_{pk}+\tau_{p(k+1)}}{2},\quad k=1,2,\cdots,N_p-1 \tag{9.37}$$

将式(9.37)所描述的点定义为配点，利用上文给出的 Gauss 伪谱离散策略，对每个网格内的轨迹进行离散化处理和多项式逼近，则配点处的状态 $\bar{X}=[X(\bar{\tau}_{p1}),X(\bar{\tau}_{p2}),\cdots,X(\bar{\tau}_{p(N_p-1)})]^{\mathrm{T}}$ 和控制 $\bar{U}=[U(\bar{\tau}_{p1}),U(\bar{\tau}_{p2}),\cdots,U(\bar{\tau}_{p(N_p-1)})]^{\mathrm{T}}$ 可通过拉格朗日插值多项式得到。配点 $\bar{\tau}_{pk}$ 处，基于式(9.32)对微分状态约束进行逼近的误差可定义为

$$r(\bar{\tau}_{pk})=\left|\sum_{i=0}^{N_p}D_{ki}X(\bar{\tau}_{pi})-\frac{t_p-t_{p-1}}{2}F(X(\bar{\tau}_{pk}),U(\bar{\tau}_{pk});t_{p-1},t_p)\right| \tag{9.38}$$

记 $r_{\max}(\bar{\tau}_{pk})=\max(r(\bar{\tau}_{pk}))$ 表示在 $\bar{\tau}_{pk}$ 处的最大逼近误差，则整个系统轨迹在配点处的最大逼近误差向量可定义为

$$r_{\max}=[r_{\max}(\bar{\tau}_{p1}),r_{\max}(\bar{\tau}_{p2}),\cdots,r_{\max}(\bar{\tau}_{p(N_p-1)})]^{\mathrm{T}} \tag{9.39}$$

向量 $r_{\max}$ 中元素的平均值计算式为

$$\bar{r}_{\max}=\frac{\sum_{i=1}^{N_p-1}r_{\max}(\bar{\tau}_{pi})}{N_p-1} \tag{9.40}$$

进一步，定义向量：

$$\bar{r}=\begin{bmatrix}\bar{r}(\bar{\tau}_{p1})\\ \vdots \\ \bar{r}(\bar{\tau}_{p(N_p-1)})\end{bmatrix}=\begin{bmatrix}r(\bar{\tau}_{p1})/\bar{r}_{\max}\\ \vdots \\ r(\bar{\tau}_{p(N_p-1)})/\bar{r}_{\max}\end{bmatrix} \tag{9.41}$$

式中，$\bar{r}$ 表示配点处基于拉格朗日插值多项式逼近的微分状态约束与实际微分状态约束之间偏离程度的一个度量；$\bar{r}(\bar{\tau}_{pk})$ 的值由轨迹的自身特性决定，$\bar{r}(\bar{\tau}_{pk})$ 值越大，表明二者在配点 $\bar{\tau}_{pk}$ 处的偏离程度越大。下面通过对 $\bar{r}$ 的分析，给出本研究的自适应算法，首先定义 $\bar{r}$ 的如下两种误差属性：

(1) 一致性误差：此时 $\bar{r}$ 中所有数据元素的值非常接近。

(2) 非一致性误差：此时 $\bar{r}$ 中存在一部分数据值，明显大于 $\bar{r}$ 中的其他值。

给定两个误差上限 ε_1 和 ε_2：ε_1 表示微分动态约束式(9.38)允许的最大误差，主要由轨迹所要求的求解精度决定；ε_2 表示进行网格划分的控制误差，同时也是对 $\bar{r}$ 中误差属性的一个定量描述，即当 $\bar{r}$ 中的所有元素小于 ε_2 时，称 $\bar{r}$ 中的误差属性体现为一致性误差，否则体现为非一致性误差。基于上述定义，自适应离散策略的迭代求解过程如下：

步骤 1　对问题进行初始化，给定初始离散点个数 $N+2$，并对问题进行离散化处理。

步骤 2　基于 9.2.2 节中提供的非线性规划方法对离散后的问题进行求解。

步骤 3　判断所有网格内微分状态约束逼近误差式(9.38)是否在给定误差 ε_1 之内，当满足要求时，迭代计算终止；否则，记 $p(p\in 1,2,\cdots,P)$ 网格为不满足求解精度要求的网格，并转步骤 4。

步骤 4　判断 p 网格度量误差式(9.41)是否在给定的网格控制误差 ε_2 之内(即 $\bar{r}$ 中的误差属性是否体现为一致性误差)，当满足要求时，依据式(9.42)对该网格内的插值节点个数进行更新，并对该网格内的轨迹重新进行离散化处理；否则转步骤 5：

$$N_p^{(k+1)}=N_p^{(k)}+L_0 \tag{9.42}$$

步骤 5　记 p 网格内的配点 $\bar{\tau}_{pk}(k\in 1,2,\cdots,N_p-1)$ 是导致该网格的度量误差式(9.41)体现为非一致性误差的时间点，以该配点 $\bar{\tau}_{pk}$ 为新的网格点，对其进行网格重新分配，并对新网格进行初始化，给定新网格初始插值节点个数为 N_0，最后，依据新的网格对问题进行离散化处理，然后转步骤 2。

式(9.42)中，$N_p^{(k)}$ 表示第 k 次迭代求解时网格 p 内的插值节点个数；L_0 表示 $k+1$ 次迭代时网格 p 内插值节点的递增量。经过上述的自适应离散化处理，可将轨迹优化问题的求解转化为非线性规划问题的求解。

3. 实时最优反馈再入制导逻辑设计

基于自适应 Gauss 伪谱法的实时最优反馈再入制导律算法的具体实现步骤

归纳如下：

步骤 1 首先将离线获得再入轨迹求解精度定为实时轨迹优化的默认求解精度，设置飞行器第一次开始进行实时轨迹优化计算的时刻 t_1，并计 $i=1$。

步骤 2 读取当前飞行器实际飞行轨迹 $x_{t=t_i}$，并将其作为第 $i(i=1,2,\cdots,N)$ 次实时轨迹优化求解的再入初值，综合飞行任务需求、优化目标及路径约束等信息，完成第 i 次实时轨迹优化求解时再入轨迹模型的修正。

步骤 3 设计基于配点决策的自适应 Gauss 伪谱离散策略，将出现约束违背的配点和路径点作为伪谱离散的新起点，使得其附近被安置较多的离散点，从而实现对离散点的有效配置，进而确保再入轨迹满足所有约束条件；在上述离散策略的基础上，将第 i 次实时轨迹优化问题转化为非线性规划问题，并利用序列二次规划算法对其进行求解(为了加快算法的收敛速度，可将第 $i-1$ 次获得的飞行轨迹作为第 i 次优化计算的初值猜测)，最终获得第 i 次实时再入轨迹。

步骤 4 保存第 i 次的实时轨迹数据，并记录第 i 次实时轨迹优化计算所需时间 Δt_i，进而确定第 $i+1$ 次实时轨迹优化计算的起始时刻 $t_{i+1}=t_i+\Delta t_i$，并令 $i=i+1$。

步骤 5 判断当前飞行状态是否满足事先设定的再入落点精度，若满足，则计算终止，再入过程结束；否则，重复步骤 2～步骤 5。

9.2.4 基于多时间尺度特性的再入姿态控制器-观测器综合设计

在上述实时最优反馈再入制导律设计的基础上，本小节将利用高超声速再入飞行器的多时间尺度特性，将再入姿态模型划分为内-外双环的形式，即姿态角为外环，姿态角速率为内环，并利用基于干扰观测器的方法进行内-外环控制器的设计，进而实现对上述制导指令的快速跟踪。

1. 外环控制器-观测器设计

定义再入姿态跟踪误差 $E_\Theta=\Theta-\Theta^*=[\alpha-\alpha^*,\beta-\beta^*,\sigma-\sigma^*]^{\mathrm{T}}$，则基于再入姿态误差的动态方程满足

$$\dot{E}_\Theta=R\omega-\dot{\Theta}^*+\Delta_{\mathrm{F}} \tag{9.43}$$

式中，$\beta^*=0$，α^* 和 σ^* 由制导系统提供，为分析方便，定义变量：$E_\Theta=[E_{\theta1},E_{\theta2},E_{\theta3}]^{\mathrm{T}}$，$F_\theta=-\dot{\Theta}^*=[F_{\theta1},F_{\theta2},F_{\theta3}]^{\mathrm{T}}$ 和 $U_\theta=R\omega=[U_{\theta1},U_{\theta2},U_{\theta3}]^{\mathrm{T}}$。则式(9.43)可转化为如下的标量形式：

$$\dot{E}_{\theta j}=U_{\theta j}+F_{\theta j}+\Delta f_j,\quad j=1,2,3 \tag{9.44}$$

假设 9.1 假设式(9.44)的干扰 Δf_j 满足 $|\Delta\dot{f}_j|\leqslant L_j$，其中 L_j 为已知的正常值。

定理 9.1 考虑系统式(9.44)且满足假设 9.1，若控制器设计为

$$U_{\theta j}=-\Delta\hat{f}_j-F_{\theta j}-k_{p\theta}^j\,|E_{\theta j}|^{m/(m+1)}\operatorname{sgn}(E_{\theta j})+\omega_{\theta j},\quad \dot{\omega}_{\theta j}=-k_{I\theta}^j\,|E_{\theta j}|^{(m-1)/(m+1)}\operatorname{sgn}(E_{\theta j}) \tag{9.45}$$

式中，$k_{p\theta}^j$ 和 $k_{I\theta}^j$ 为大于零的正常值；参数 m 满足 $m\geqslant 2$；干扰估计 $\Delta\hat{f}_j=z_1^j$ 通过以下干扰观测器获得

$$\begin{aligned}&\dot{z}_0^j=v_0+U_{\theta j}+F_{\theta j},\quad v_0=-3L_j^{1/3}\,|z_0^j-E_{\theta j}|^{2/3}\operatorname{sgn}(z_0^j-E_{\theta j})+z_1^j\\&\dot{z}_1^j=v_1,\quad v_1=-1.5L_j^{1/2}\,|z_1^j-v_0|^{1/2}\operatorname{sgn}(z_1^j-v_0)+z_2^j\\&\dot{z}_2^j=-1.1L_j^{1/3}\operatorname{sgn}(z_2^j-v_1)\end{aligned} \tag{9.46}$$

则姿态跟踪误差 $E_{\theta j}(j=1,2,3)$ 在有限时间收敛到零。

证明　基于文献[12]中的引理 2 可知，观测器状态 z_0^j、z_1^j、z_2^j 将在有限时间内实现对 $E_{\theta j}$、Δf_j 和 $\Delta\dot{f}_j$ 的在线观测。将式(9.45)代入式(9.44)可得

$$\dot{E}_{\theta j}=E_1^j-k_{p\theta}^j\,|E_{\theta j}|^{m/(m+1)}\operatorname{sgn}(E_{\theta j})+\omega_{\theta j},\quad \dot{\omega}_{\theta j}=-k_{I\theta}^j\,|E_{\theta j}|^{(m-1)/(m+1)}\operatorname{sgn}(E_{\theta j}) \tag{9.47}$$

式中，$E_1^j=\Delta f_j-\Delta\hat{f}_j$，为证明系统式(9.47)的稳定性，构造如式(9.48)所示的 Lyapunov 函数：

$$V=\frac{1}{2}\omega_{\theta j}^2+\frac{m+1}{2m}k_I^jE_{\theta j}^{2m/(m+1)} \tag{9.48}$$

对其求导可得

$$\begin{aligned}\dot{V}&=-k_I^j\omega_{\theta j}\,|E_{\theta j}|^{(m-1)/(m+1)}\operatorname{sgn}(E_{\theta j})\\&\quad+k_I^j\,|E_{\theta j}|^{(m-1)/(m+1)}\operatorname{sgn}(E_{\theta j})[-E_1^j-k_p^j\,|E_{\theta j}|^{m/(m+1)}\operatorname{sgn}(E_{\theta j})+\omega_{\theta j}]\\&=-k_I^jk_p^j\,|E_{\theta j}|^{(2m-1)/(m+1)}-k_I^jE_1^j\,|E_{\theta j}|^{(m-1)/(m+1)}\operatorname{sgn}(E_{\theta j})\\&\leqslant k_I^j\,|E_1^j|\,|E_{\theta j}|^{(m-1)/(m+1)}\end{aligned} \tag{9.49}$$

如果 $|E_{\theta j}|\leqslant 1$，则式(9.49)中 Lyapunov 函数的导数满足 $\dot{V}\leqslant k_I^j|E_1^j|$；如果 $|E_1^j|\geqslant 1$，则 $\dot{V}\leqslant k_I^j\,|E_1^j|\,|E_{\theta j}|^{(m-1)/(m+1)}\leqslant k_I^j\,|E_1^j|\,|E_{\theta j}|^{m/(m+1)}\leqslant\sqrt{2mk_I^j/(m+1)}\cdot|E_1^j|V^{1/2}$。因为干扰估计误差 E_1^j 有界且最终收敛到零，因此，系统式(9.47)的状态不可能有限时间逃逸。E_1^j 收敛到零后，系统式(9.47)将等效为 $\dot{E}_{\theta j}=-k_{p\theta}^j\cdot|E_{\theta j}|^{m/(m+1)}\operatorname{sgn}(E_{\theta j})+\omega_V$，$\dot{\omega}_V=-k_{I\theta}^j\,|E_{\theta j}|^{(m-1)/(m+1)}\operatorname{sign}(E_{\theta j})$。容易验证，此时 Lyapunov 函数的导数满足 $\dot{V}\leqslant -k_I^jk_p^j\,|E_{\theta j}|^{(2m-1)/(m+1)}\leqslant 0$，且系统具有负的齐次度。因此，根据引理 5.4 可知，姿态跟踪误差 $E_{\theta j}$ 在有限时间收敛到零。

2. 内环控制器-观测器设计

内环控制的主要任务是设计控制器使再入姿态角速率 ω 在有限时间内实现对参考指令 ω_{ref} 的稳定跟踪，再入姿态角速率满足

$$I\dot{\omega}-I\dot{\omega}_{\mathrm{ref}}=-\Omega I\omega-I\dot{\omega}_{\mathrm{ref}}+M+\Delta_{\mathrm{M}} \tag{9.50}$$

为分析方便，定义变量 $E_\omega=I(\dot{\omega}-\dot{\omega}_{\mathrm{ref}})=[E_{\omega 1},E_{\omega 2},E_{\omega 3}]^{\mathrm{T}}$ 和 $F_\omega=-\Omega I\omega-$

$I\dot{\omega}_{\mathrm{ref}}=[F_{\omega1},F_{\omega2},F_{\omega3}]^{\mathrm{T}}$，则式(9.50)可转化为

$$\dot{E}_{\omega j}=M_j+F_{\omega j}+\Delta D_j,\quad j=1,2,3 \tag{9.51}$$

与外环控制方法类似，设计如下的内环控制器：

$$\begin{aligned}M_j&=-\Delta\hat{D}_j-F_{\omega j}-k_{p\omega}^j\,|E_{\omega j}|^{m/(m+1)}\operatorname{sgn}(E_{\omega j})+\omega_{\omega j}\\ \dot{\omega}_{\omega j}&=-k_{I\omega}^j\,|E_{\omega j}|^{(m-1)/(m+1)}\operatorname{sgn}(E_{\omega j})\end{aligned} \tag{9.52}$$

式中，$k_{p\omega}^j$和$k_{I\omega}^j$为大于零的正常值；参数m满足$m\geqslant2$；干扰估计$\Delta\hat{D}_j$可通过类似式(9.46)的干扰观测器在线获得，内环控制器-观测器综合的稳定性证明与外环类似，此处不再赘述。

9.2.5 仿真分析

1. 仿真条件

仿真过程中，再入过程中热流密度的上限$\dot{Q}_{\max}=200\mathrm{BTU/(ft^2\cdot s)}$，动压上限$q_{\max}=280\mathrm{slug/ft^2}$，过载上限$n_{\max}=2.5$。飞行器模型的物理参数$I_{xx}=434270\mathrm{slug\cdot ft^2}$，$I_{xz}=17880\mathrm{slug\cdot ft^2}$，$I_{yy}=961200\mathrm{slug\cdot ft^2}$，$I_{zz}=1131541\mathrm{slug\cdot ft^2}$，$I_{xy}=I_{yz}=0\mathrm{slug\cdot ft^2}$，仿真过程中外部干扰模拟为

$$\Delta_{\mathrm{M}}=k\begin{bmatrix}1+\sin(\pi t/125)+\sin(\pi t/250)\\1+\sin(\pi t/125)+\sin(\pi t/250)\\1+\sin(\pi t/125)+\sin(\pi t/250)\end{bmatrix} \tag{9.53}$$

式中，k为干扰幅值变量。此外，仿真中模型的惯性矩阵加入10%的不确定，即$\Delta I=10\%I$，控制器-观测器参数设置如下：$k_{p\theta}^1=k_{p\theta}^2=k_{p\theta}^3=1$，$k_{I\theta}^1=k_{I\theta}^2=k_{I\theta}^3=0.1$，$k_{p\omega}^1=k_{p\omega}^2=k_{p\omega}^3=10$，$k_{I\omega}^1=k_{I\omega}^2=k_{I\omega}^3=0.1$，$L_j=1(j=1,2,3)$，$m=8$。仿真中的再入终端约束满足

$$|h_{\mathrm{d}}-h_{\mathrm{f}}|\leqslant30\mathrm{ft},\quad |V_{\mathrm{d}}-V_{\mathrm{f}}|\leqslant1\mathrm{ft/s},\quad |\gamma_{\mathrm{d}}-\gamma_{\mathrm{f}}|\leqslant0.01^\circ \tag{9.54}$$

式中，h_{d}、V_{d}和γ_{d}为期望的终端高度、速度和航迹角，高超声速飞行器再入初始条件为$h_0=183.33\mathrm{kft}$，$\phi_0=60.43^\circ$，$\theta_0=14.55^\circ$，$V_0=17147.04\mathrm{ft/s}$，$\gamma_0=-0.30^\circ$，$\chi_0=57.51^\circ$。

2. 仿真结果

1) 初始再入扰动下的仿真验证

假设高超声速飞行器再入终点位于终端能量管理的起点，定义为$h_{\mathrm{f}}=80000\mathrm{ft}$，$V_{\mathrm{f}}=2500\mathrm{ft/s}$，$\gamma_{\mathrm{f}}=-5^\circ$，选取对再入制导性能最为敏感的参数：高度、速度及航迹角为初始扰动变量，规定其最大初始再入扰动范围为$\Delta h=2000\mathrm{ft}$，$\Delta V=100\mathrm{ft/s}$，$\Delta\gamma=0.1^\circ$，高超声速飞行器外界干扰$\Delta_{\mathrm{M}}$中的$k=10^6$。9种情形下的初始

再入条件及利用本章给出的方法获得的再入制导精度归纳如表 9.1 所示，其中 Case0 表示标称情况下的仿真结果，Case1～Case8 分别表示在最大初始再入扰动情形下的仿真测试结果，$|h_d-h_d^*|$、$|V_d-V_d^*|$ 和 $|\gamma_d-\gamma_d^*|$ 分别表示高超声速再入飞行器的落点精度，平均时间表示该种情形下实时轨迹优化求解的平均用时，反馈数表示整个再入过程中所进行的实时轨迹优化求解次数。从表 9.1 的仿真结果可以看出，即使高超声速飞行器存在较大初始再入扰动的情况，基于自适应 Gauss 伪谱法的实时最优反馈再入制导方法，仍能确保其再入制导精度满足事先给定的约束式(9.54)。9 种飞行条件下的再入飞行轨迹曲线如图 9.3 所示，从中可以看出再入轨迹变化平缓，易于工程实现。图 9.4 给出了再入飞行过程中攻角、侧滑角、侧倾角、路径约束（热流、动压及过载）和控制力矩（滚转、俯仰及偏航）的变化曲线，仿真结果表明，基于自适应 Gauss 伪谱法获得的实时再入轨迹能够很好地满足实现给定的路径约束。

表 9.1　初始再入扰动下的再入制导精度分析

类别	初始高度 /kft	初始速度 /(ft/s)	初始航迹角/(°)	$\lvert h_d-h_d^*\rvert$ /ft	$\lvert V_d-V_d^*\rvert$ /(ft/s)	$\lvert\gamma_d-\gamma_d^*\rvert$ /(°)	平均时间/s	反馈数
Case0	183.326	17147.043	−0.303	12.854	0.927	0.007	0.5884	1804
Case1	185.326	17247.043	−0.203	18.748	0.994	0.003	0.5961	1800
Case2	185.326	17247.043	−0.403	15.550	0.930	1.792×10^{-4}	0.6061	1764
Case3	185.326	17047.043	−0.203	9.446	0.985	0.018	0.5964	1767
Case4	185.326	17047.043	−0.403	4.546	0.950	0.049	0.5982	1756
Case5	181.326	17247.043	−0.203	14.816	0.993	3.216×10^{-5}	0.5934	1806
Case6	181.326	17247.043	−0.403	28.854	0.988	0.017	0.6088	1755
Case7	181.326	17047.043	−0.203	29.414	0.863	0.059	0.5787	1819
Case8	181.326	17047.043	−0.403	14.265	0.964	0.003	0.5864	1788

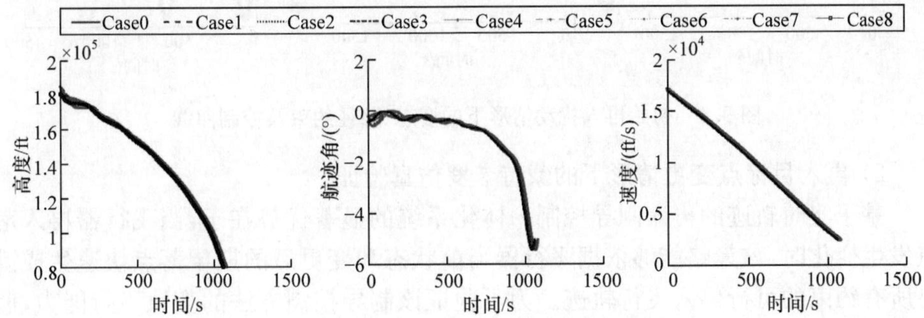

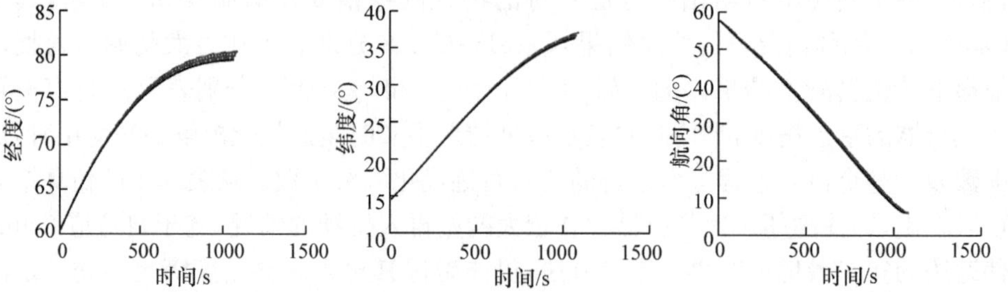

图 9.3 初始再入扰动情形下的再入飞行轨迹

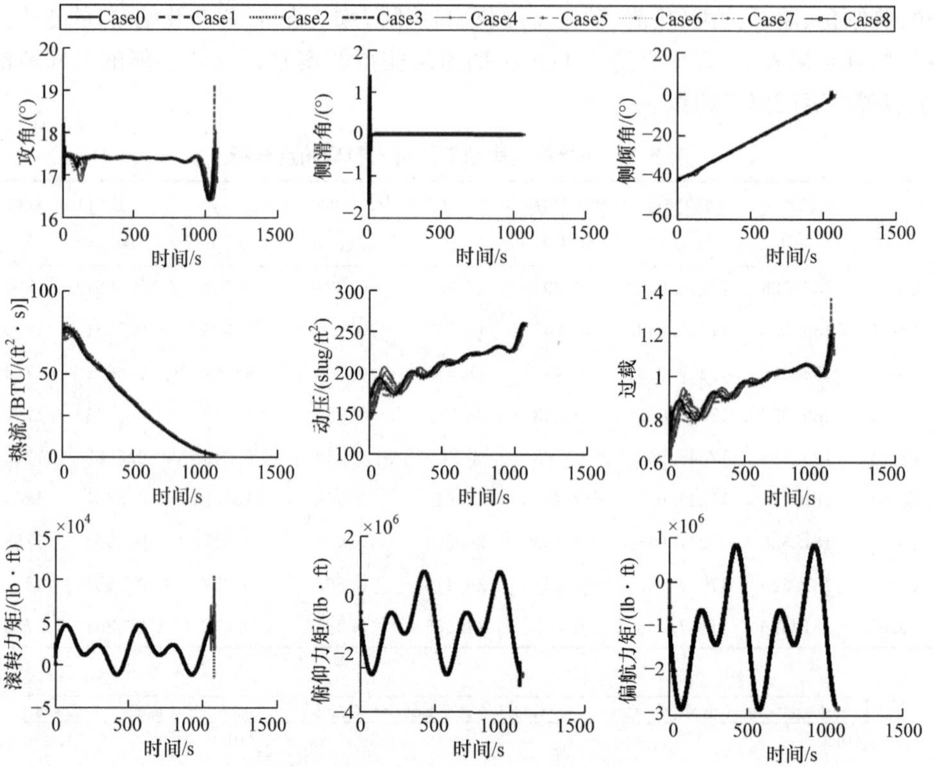

图 9.4 初始再入扰动情形下的姿态、路径约束及控制曲线

2）再入目标点变更情形下的蒙特卡罗仿真验证

基于实时轨迹的再入制导控制一体化系统的显著优势在于，当飞行器再入落点发生变化时，该策略能够依据飞行器当前状态和变更后的期望落点快速生成满足所有约束的可行再入飞行轨迹。为了验证该制导控制方法的变轨飞行能力，假定高超声速飞行器实际飞行过程中目标点由 $h_f=80000\text{ft}, V_f=2500\text{ft/s}, \gamma_f=-5°$ 变更为 $h_f=80000\text{ft}, V_f=2000\text{ft}, \gamma_f=-6°$。除此之外，为了对算法的鲁棒性进行

充分验证，进行 200 次蒙特卡罗仿真，仿真过程中假设飞行器惯性矩阵参数不确定 ΔI 为[0～10%]I，高超声速飞行器外界干扰 Δ_M 中的 k 在 10^4～10^6 随机选择，并假设当飞行器高度低于 121kft 时，高超声速飞行器开始变轨飞行。此种情形下的仿真结果如图 9.5 和图 9.6 所示。其中图 9.5 表示变轨飞行条件下姿态角、姿态角速率及控制力矩的变化曲线，图 9.6(a)中的两条曲线分别表示未发生变轨飞行时的再入飞行轨迹和变轨飞行条件下的再入轨迹。图 9.6(b)～(d)分别给出了 200 次蒙特卡罗仿真下再入终端的高度、速度及航迹角的落点精度，从中可以看出，再入落点精度很好地满足事先给定的约束。

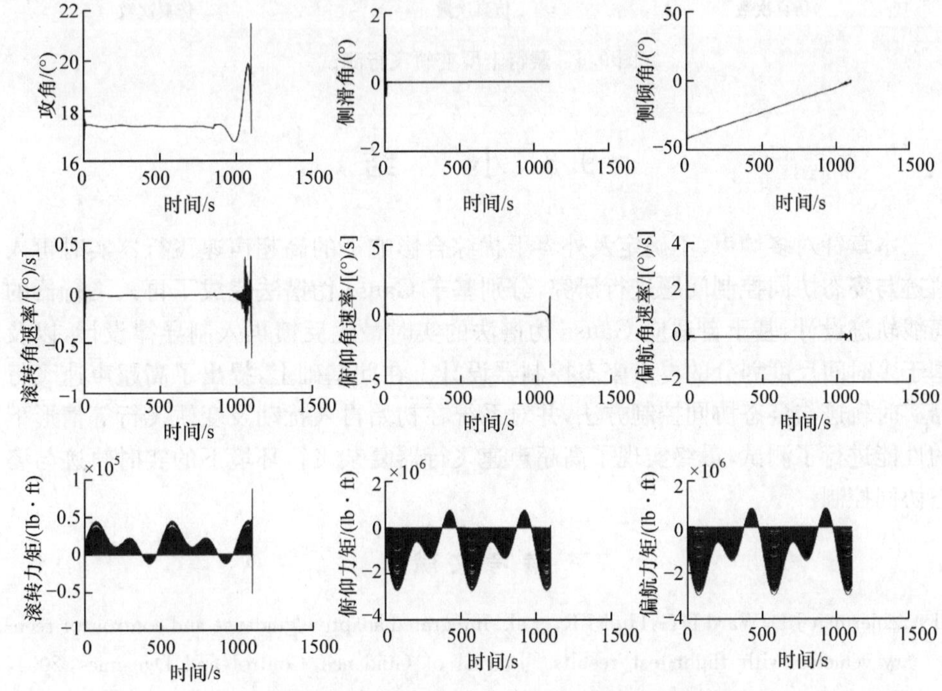

图 9.5　蒙特卡罗仿真下的姿态及控制变化曲线

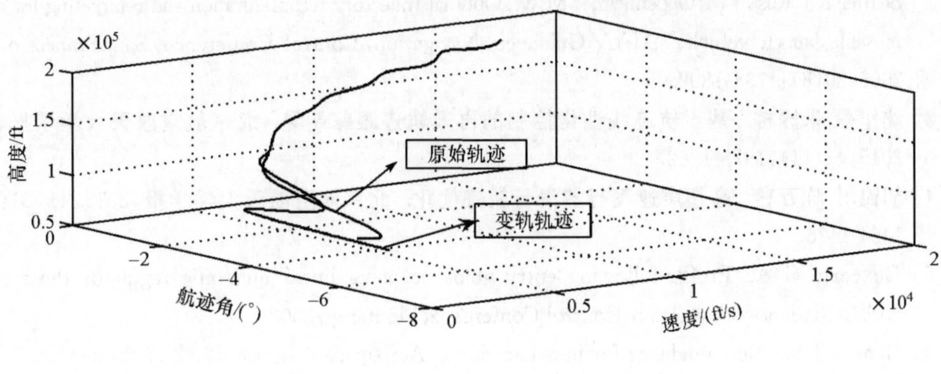

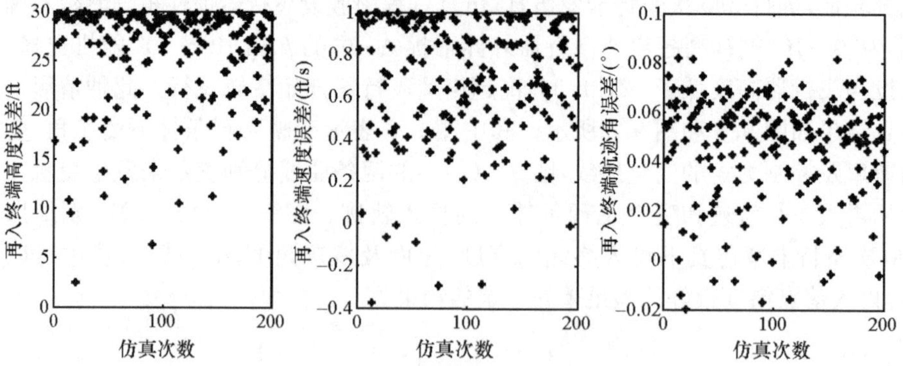

图 9.6　蒙特卡罗变轨飞行测试

9.3　小　结

本章针对多约束、不确定及外界干扰综合影响下的高超声速飞行器实时再入轨迹与姿态协同控制问题进行研究，分别基于 Gauss 伪谱法完成了再入飞行器的离线轨迹设计，基于自适应 Gauss 伪谱法的实时最优反馈再入制导律设计，以及基于多时间尺度划分的再入姿态控制器设计。在此基础上，提出了高超声速飞行器实时轨迹与姿态协同控制方法，并对系统在初始再入扰动及变轨飞行等情形下的性能进行了测试，最终实现了高超声速飞行器复杂飞行环境下的实时轨迹与姿态协同控制。

参考文献

[1] Schierman J D, Ward D G, Hull J R, et al. Integrated adaptive guidance and control for reentry vehicles with flight-test results. Journal of Guidance, Control and Dynamics, 2004, 27(6):975-988.

[2] Shaffer P J, Ross I M, Oppenheimer M W. Optimal trajectory reconfiguration and retargeting for a reusable launch vehicle. AIAA Guidance, Navigation, Control Conference, San Francisco, 2005, 30(6):1794-1802.

[3] 沈作军，朱国栋. 基于轨迹线性化控制的再入轨迹跟踪制导. 北京航空航天大学学报，2015，41(11):1975-1982.

[4] 胡锦川，陈万春. 高超声速飞行器滑行航迹优化. 北京航空航天大学学报，2015，41(8):1464-1475.

[5] Dukeman G A. Profile-following entry guidance using linear quadratic regulator theory. AIAA Guidance, Navigation, Control Conference, Monterey, 2002.

[6] Hanson J M. New guidance for new launchers. Aerospace American, 2003, (3):36-41.

[7] Huntington G T, Rao A V. Optimal reconfiguration of tetrahedral spacecraft formations using the Gauss pseudospectral method. Journal of Guidance, Control, and Dynamics, 2008, 31(3): 689-698.

[8] Hou H, Hager W W, Rao A V. Convergence of a Gauss pseudospectral method for optimal control. AIAA Guidance, Navigation, and Control Conference, Minnesota, 2012.

[9] GillP E, Murray W, Saunders M A. SNOPT: An SQP algorithm for large-scale constrained optimization. SIAM Review, 2005, 47(1): 99-131.

[10] Darby C L, Hager W W, Rao A V. An hp-adaptive pseudospectral method for solving optimal control problems. Optimal Control Applications and Methods, 2011, 32(4): 476-502.

[11] Darby C L, Hager W W, Rao A V. Direct trajectory optimization using a variable low-order adaptive pseudospectral method. Journal of Spacecraft and Rockets, 2011, 48(3): 433-445.

[12] Shtessel Y B, Shkolnikovb I A, Levant A. Smooth second-order sliding modes: Missile guidance application. Automatica, 2007, 43(8): 1470-1476.